大学公共数学系列

概率论与数理统计学习指导与典型题详解

（第二版）

■ 王文祥　余长安　龚小庆　刘禄勤　编著

WUHAN UNIVERSITY PRESS
武汉大学出版社

图书在版编目(CIP)数据

概率论与数理统计学习指导与典型题详解/王文祥等编著.
—2版.—武汉：武汉大学出版社,2021.9(2022.7重印)
大学公共数学系列
ISBN 978-7-307-22569-5

Ⅰ.概…　Ⅱ.王…　Ⅲ.①概率论—高等学校—教学参考资料
②数理统计—高等学校—教学参考资料　Ⅳ.O21

中国版本图书馆CIP数据核字(2021)第182320号

责任编辑:杨晓露　　责任校对:李孟潇　　版式设计:马　佳

出版发行：**武汉大学出版社**　(430072　武昌　珞珈山)
(电子邮箱：cbs22@ whu.edu.cn　网址：www.wdp. com.cn)
印刷:武汉图物印刷有限公司
开本:720×1000　1/16　印张:17.5　字数:314千字　插页:1
版次:2007年4月第1版　2021年9月第2版
2022年7月第2版第2次印刷
ISBN 978-7-307-22569-5　定价:40.00元

第二版前言

“概率论与数理统计”是一门重要的公共数学课程，为了给初学者提供一份参考资料，特编写这本学习指导与典型题详解，以便与教材配套使用。这版主要是对《概率论与数理统计》第二版（齐民友主编，高等教育出版社出版）中的习题作出解答，是在本书第一版基础上的完善和补充。本书第二版由王文祥负责修订，第二版教材中增加的习题由王文祥给出解答过程和答案。

最后，感谢武汉大学出版社编辑，他们为本书的出版提供了大力支持和热心帮助。

编者

2021 年 8 月

第一版前言

“概率论与数理统计”是高等院校理科（数学、统计学除外）、工科、经济学、管理学、医学、农学等学科门类各专业学生必修的公共基础课，也是硕士研究生入学考试的一门必考科目。它是学生首次接触的以随机现象为研究对象的课程，不同于研究确定现象的其他数学课程，学习起来有较大难度。初学这门课程的同学往往觉得概念难以理解，不知如何去解题，或无法表达清楚，做完习题后也不敢肯定是否做对了。为了配合这门课程的教学，扩大课堂信息量，帮助同学们正确理解基本概念，掌握解题方法与技巧，提高应试能力，我们以教育部的课程教学大纲和全国硕士研究生入学考试大纲为依据，编写了这本学习指导书，目的是想从各种角度给出示范，告诉同学们应该如何思考、分析和表达。

本书按照大学公共数学教材《概率论与数理统计》（武汉大学数学与统计学院编，高等教育出版社出版，2002 年版）的章节顺序，分为 8 章和 2 个附录。每章均设计了如下几个模块：大纲要求、内容提要、疑难点解析、教材习题（基本题和补充题）解答、测试题及其解答；附录部分提供了客观题及其解答。本书对教材中的全部 289 道习题给出了解答，目的是方便同学们学习时对照和分析。除此以外，本书还在测试题及解答和客观题部分新收录了 174 道从最近几年研究生入学考试试题中精选的有代表性的题目并给出了详细解答和分析。这些题目涉及内容广、类型多、技巧性强，也反映了考试的重点和难点，旨在提高同学们的分析能力和综合能力。有些题目给出了多种解法以便同学们开阔思路，有些题目注有方法的总结与思路的分析，目的是使同学们从学习中提高举一反三的能力。对客观题，我们不仅给出了答案，还提供了解答和分析思路。在疑难点解析部分，根据我们的教学经验，对一些难以理解或容易混淆的概念、原理和结论，从多个角度给予解疑释惑，有助于同学们准确理解和掌握这些概念和结论。总之，本书既可用作学习“概率论与数理统计”课程的配套辅导参考书，又可满足有意报考硕士研究生的同学们复习备考的需要。

本书由余长安主持编写，体例结构由刘禄勤与余长安讨论商定。第二、三章和第四章的一部分由余长安编写，第一、五章和第四章的一部分由王文祥编写，第六、七、八章由龚小庆编写（其中疑难点解析部分由余长安编写），两个附录（客观题）由余长安编写。全书由刘禄勤修改、定稿。

感谢武汉大学数学与统计学院从事“概率论与数理统计”课程教学的老师们，是他们的关心、鼓励和支持才使得本书问世，本书在编写过程中吸收了他们在教学实践中提出的很多有益的意见和建议。特别要感谢钟六一老师，他认真阅读了本书的初稿，作了仔细的校对和修改。感谢武汉大学出版社顾素萍编辑，她为本书的出版提供了大力支持与热心帮助。

由于水平和能力有限，书中不当乃至错误之处在所难免，恳请读者提出宝贵意见，以期作进一步改进。

编　者

2007 年 2 月

目 录

第一章　随机事件与概率

一、大纲要求及疑难点解析

(一) 大纲要求

1. 理解随机事件的概念，掌握事件的关系与运算，了解样本空间的概念.

2. 理解概率、条件概率概念，掌握概率的基本性质，会计算古典型概率，掌握概率的加法公式、乘法公式、全概率公式及贝叶斯公式.

3. 理解事件的独立性概念，掌握用事件独立性进行概率计算，理解重复独立试验的概念，掌握计算有关事件的概率的方法.

(二) 内容提要

随机试验，随机事件与样本空间，事件的关系与运算，样本空间的划分(完备事件组)，概率，古典概型与几何概型，条件概率，事件的独立性，独立重复试验与伯努利概型.

(三) 疑难点解析

1. 如何理解概率的公理化定义？

答　由频率的稳定性，我们知道事件发生的可能性大小(即概率)是可以描述的，是客观存在的；对事件而言，某次试验时事件是否发生是偶然的、不可预知的，但事件发生的可能性大小可以通过在大量重复试验时频率的稳定值来刻画. 然而，频率的稳定性很难说明或处理一些常见的问题. 例如，两个事件的和事件的概率与这两个事件的概率应是何种关系？ 对这个问题，如果是互斥事件，从直觉或通过试验从频率的稳定值上看，此时和事件的概率应是两个互斥事件的概率之和；但如果没有互斥的条件，即对任意的两个事件考虑，则很难用直觉或试验结果加以说明. 这说明我们应该将有关概率的常见且重要的性质从理论上加以精确地规范，而不必总是采用试验或直觉去解释. 这就足以说明公理化定义的重要性.

公理化定义是一种抽象的概括，它是将在大量试验时事件的频率可能观察到的规律性加以数学概括，从正确的直觉认识中抽象出本质所在. 这些抽象概括出的东西应是普遍认可的事实，这些普遍认可的事实就作为公理. 例如，$P(\Omega)=1$ 可以认为对任意的样本空间都成立，可作为公理. 公理的个数可能有多个，此时总要求公理之间不能互推且相容，经过研究表明，关于概率，选择了三条事实作为公理，以此三条公理作为基础，由此形成概率的公理化定义，而概率的其他性质就可作为此公理体系推导出的结论.

概率的公理化定义便于我们处理和了解事件概率之间的关系，有助于理解概率的本质含义，同时也有利于解决事件概率的计算. 本教材中给出的公理体系是柯尔莫哥洛夫(Kolmogoroff) 于 20 世纪初，在总结了当时的一些研究成果的基础之上提出的，他为概率论的发展与成熟奠定了坚实的基础.

2. 如何计算概率?

答 关于概率的计算有以下常见的思路：

依据事件属于何种模型，而决定计算方法. 在教材中，介绍了三种常见且重要的模型 —— 古典概型、几何概型及伯努利概型. 在不同的概型中，概率的计算有不同的方法和公式. 在计算古典概型中某事件 A 的概率时，要分别求出样本空间 Ω 及事件 A 中所含的基本事件的个数(分别记为 $\#\Omega$ 和 $\#A$)，个数可通过列举或排列组合知识求出，然后计算比值，即得

$$P(A)=\frac{\#A}{\#\Omega}.$$

在计算几何概型中事件 A 的概率时，要先设变量，将可能结果(样本点)看成一个或几个变量的取值，求出变量的变化范围 Ω (Ω 是可求几何量的区域或区间) 以及表示事件 A 的子区域或子区间(仍用 A 表示)，再计算出区域或区间的几何量(长度、面积、体积)，分别记为 $m(\Omega)$ 和 $m(A)$，最后求出相应的比值，即得

$$P(A)=\frac{m(A)}{m(\Omega)}.$$

在计算伯努利概型中事件的概率时，要利用事件的独立性，比较基本的结果有：n 重伯努利概型中，事件 A 发生 k 次的概率为 $\binom{n}{k}p^k(1-p)^{n-k}$，其中 p

为一次试验中 A 发生的概率. 这个基本结果有助于我们求解有关事件的概率.

当已知某些事件的概率或某些事件的概率较易求出，而所求事件的概率与这些已知或可求出的概率有关联时，就需要借助概率的计算公式. 常见的公式有：加法公式、乘法公式、全概率公式、贝叶斯公式，有时还要利用独立性、互斥等概念进行综合处理. 乘法公式和加法公式分别适用于有明确的关系即用于积事件、和事件等通过事件的运算表达的关系等情形.全概率公式与贝叶斯公式适用于事件之间有因果关系的情形.

3. 如何利用全概率公式和贝叶斯公式计算概率?

答　全概率公式和贝叶斯公式是概率计算中两个有用的公式. 在利用这两个公式时，需要考虑多个事件以及它们之间的关联性，即需要考虑事件之间的关联不是以直接的事件运算形式(比如和、积、差等运算形式) 出现，而是以原因(或条件) 与结果的关系出现. 例如在医疗技术中，多种原因(患肝炎，或其他情况) 都可导致血液呈阳性这个结果，此时患肝炎及其他情况这些事件与血液呈阳性这个事件就是一种因果关系. 再例如在摸球问题中，从甲袋中摸出球放入乙袋中，然后从乙袋中任意摸球，这时从甲袋中摸出各种颜色的球这些事件就是条件，而从乙袋中摸球的事件就是结果，从甲袋中摸出不同颜色的球将对从乙袋中摸球的概率产生影响，不同的条件对结果的发生可能产生不同的影响，这就是条件与结果的关系.

在具有因果关系(或条件与结果关系) 的若干个事件中，要计算结果发生的概率，就用全概率公式. 当已知结果发生，需考虑某个原因(或条件) 发生的条件概率时，就用贝叶斯公式. 需要注意的是，在应用这两个公式时，要求作为原因(或条件) 的这些事件构成样本空间的划分(完备事件组).

二、习 题 解 答

(一) 基本题解答

1. 写出下列试验的样本空间：

(1) 将一枚硬币抛掷三次，观察正面出现的次数；

(2) 一射手对某目标进行射击，直到击中目标为止，观察其射击次数；

(3) 在单位圆内任取一点，记录它的坐标；

(4) 在单位圆内任取两点，观察这两点的距离；

(5) 掷一颗质地均匀的骰子两次，观察前后两次出现的点数之和；

(6) 将一尺之棰折成三段，观察各段的长度；

(7) 观察某医院一天内前来就诊的人数.

解 (1) $\Omega=\{0,1,2,3\}$.

(2) $\Omega=\{1,2,\cdots\}=\{n \mid n$ 是正整数$\}$.

(3) $\Omega=\{(x,y) \mid x^2+y^2<1\}$.

(4) $\Omega=\{x \mid 0 \leqslant x<2\}$.

(5) $\Omega=\{2,3,\cdots,12\}$.

(6) $\Omega=\{(x,y,z) \mid x+y+z=1,\ x>0,\ y>0,\ z>0\}$.

(7) $\Omega=\{0,1,2,\cdots\}$.

2. 设 A,B,C 为三个事件，用 A,B,C 的运算关系表示下列各事件：

(1) A 与 B 都发生，但 C 不发生；

(2) A 发生，且 B 与 C 至少有一个发生；

(3) A,B,C 至少有一个发生；

(4) A,B,C 恰好有一个发生；

(5) A,B,C 至少有两个发生；

(6) A,B,C 不全发生.

解 (1) $AB\overline{C}$.　　(2) $A(B \cup C)$.

(3) $A \cup B \cup C$.　　(4) $A\overline{B}\,\overline{C} \cup \overline{A}B\overline{C} \cup \overline{A}\,\overline{B}C$.

(5) $AB \cup BC \cup AC$.　　(6) $\overline{A} \cup \overline{B} \cup \overline{C}$ (或$\overline{ABC}$).

3. 设 $P(A)=x$，$P(B)=y$，且 $P(AB)=z$，用 x,y,z 表示下列事件的概率：$P(\overline{A} \cup \overline{B})$，$P(\overline{A}B)$，$P(\overline{A} \cup B)$，$P(\overline{A}\,\overline{B})$.

解

$$
\begin{aligned}
P(\overline{A} \cup \overline{B}) &= P(\overline{AB})=1-P(AB)=1-z, \\
P(\overline{A}B) &= P(B-AB)=P(B)-P(AB)=y-z, \\
P(\overline{A} \cup B) &= P(\overline{A})+P(B)-P(\overline{A}B)=1-x+y-(y-z) \\
&= 1-x+z, \\
P(\overline{A}\,\overline{B}) &= P(\overline{A \cup B})=1-P(A \cup B) \\
&= 1-(P(A)+P(B)-P(AB)) \\
&= 1-x-y+z.
\end{aligned}
$$

4. 设随机事件 A,B 及其和事件 $A \cup B$ 的概率分别为 0.4,0.3 和 0.6，求 $P(A\overline{B})$.

解　$P(A\overline{B})=P(A-AB)=P(A)-P(AB)$

$$=P(A)-(P(A)+P(B)-P(A\cup B))$$

$$=P(A\cup B)-P(B)=0.6-0.3=0.3.$$

5. 设 A,B 为随机事件，$P(A)=0.7$，$P(A-B)=0.3$，求 $P(\overline{AB})$.

解　$P(\overline{AB})=1-P(AB)=1-P(A-(A-B))$

$$=1-P(A)+P(A-B)=1-0.7+0.3=0.6.$$

6. 已知 $P(A)=P(B)=P(C)=\dfrac{1}{4}$，$P(AB)=0$，$P(AC)=P(BC)=\dfrac{1}{9}$. 求事件 A,B,C 全不发生的概率.

解　$P(\overline{A}\,\overline{B}\,\overline{C})=P(\overline{A\cup B\cup C})=1-P(A\cup B\cup C)$

$$=1-\big(P(A)+P(B)+P(C)-P(AB)$$

$$-P(AC)-P(BC)+P(ABC)\big)$$

$$=1-\left(\frac{1}{4}+\frac{1}{4}+\frac{1}{4}-0-\frac{1}{9}-\frac{1}{9}+0\right)=\frac{17}{36}.$$

7. 设对于事件 A,B,C，有 $P(A)=P(B)=P(C)=\dfrac{1}{4}$，$P(AB)=P(BC)=0$，$P(AC)=\dfrac{1}{8}$. 求 A,B,C 三个事件中至少有一个发生的概率.

解　$P(A\cup B\cup C)=P(A)+P(B)+P(C)-P(AB)$

$$-P(AC)-P(BC)+P(ABC)$$

$$=\frac{1}{4}+\frac{1}{4}+\frac{1}{4}-0-\frac{1}{8}-0+0=\frac{5}{8}.$$

8. 设 A,B 是任意两个随机事件，试求 $P\big((\overline{A}\cup B)(A\cup B)(\overline{A}\cup\overline{B})(A\cup\overline{B})\big)$.

解　因为 $(\overline{A}\cup B)(A\cup B)(\overline{A}\cup\overline{B})(A\cup\overline{B})=(\overline{A}A\cup B)(\overline{A}A\cup\overline{B})=B\overline{B}=\varnothing$，所以

$$P((\overline{A}\cup B)(A\cup B)(\overline{A}\cup\overline{B})(A\cup\overline{B}))=P(\varnothing)=0.$$

9. 某一企业与甲、乙两公司签订某物资长期供货关系的合同，由以往的统计得知，甲公司能按时供货的概率为 0.9，乙公司能按时供货的概率为 0.75，两公司都能按时供货的概率为 0.7. 求至少有一公司能按时供货的概率.

解　设 $A=$“甲公司按时供货”，$B=$“乙公司按时供货”，则所求概率为

$$\begin{aligned}P(A\cup B)&=P(A)+P(B)-P(AB)\\&=0.9+0.75-0.7=0.95.\end{aligned}$$

10. 将C,C,E,E,I,N,S这7个字母随机地排成一行，试求恰好排成英文单词SCIENCE的概率.

解 7个字母任意排有7！种排法，且每一排法的可能性相同，这是一个古典概型问题，而排成SCIENCE有 $1\times2\times1\times2\times1\times1\times1=4$ 种排法，故所求概率为 $\frac{4}{7!}=\frac{1}{1\,260}$.

11. 一批产品共有10个正品和2个次品，从中任意抽取两次，每次抽取一个，抽出后不再放回，试求第二次抽的是次品的概率.

解 12件产品按不放回方式抽两次有 12×11 种抽取法，且每一种取法的概率相等，这是一个古典概型问题，而第二次抽出次品的抽取法有 11×2 种，故所求事件的概率为 $\frac{11\times2}{12\times11}=\frac{1}{6}$.

12. 把10本书随意排放在书架上，求其中指定的5本书放在一起的概率.

解 10本书随意排放共有10！种排法. 将指定的5本书先排放有5！种排法，再将这指定的5本书的每一种排法看成一个整体，与余下的5本书任意排放有6！种排法，故所求概率为

$$p=\frac{6!\times5!}{10!}=\frac{1}{42}.$$

13. 从5副不同的手套中任取4只，求这4只都不配对的概率.

解 从5副手套中任取4只共有 $\binom{10}{4}$ 种取法，取出4只手套都不配对共有 $\binom{5}{4}\times2^4$ 种取法，故所求概率为

$$p=\binom{5}{4}\times2^4\Big/\binom{10}{4}=\frac{8}{21}.$$

14. 一批产品共100件，对产品进行不放回抽样检查，整批产品不合格的条件是：在被抽查的5件产品中至少有一件是废品. 现假定该批产品中有5件废品，求该批产品经抽查而被认为不合格的概率.

解 从100件产品中不放回地任取5件共有 $100\times99\times98\times97\times96$ 种取法，抽取5件产品中都不是废品有 $95\times94\times93\times92\times91$ 种取法，故所求概

率为

$$p=1-\frac{95\times94\times93\times92\times91}{100\times99\times98\times97\times96}\approx0.2304.$$

15. 将 r 个红球与 b 个黑球任意排成一列($r\leqslant b$)，求没有两个红球相邻的概率.

解 将 $r+b$ 个球任意排成一列共有 $(r+b)!$ 种排法. 而没有两个红球相邻的排法可以这样分析：先将 b 个黑球排成一列有 $b!$ 种排法，再在这 b 个黑球的间隔空位(包括前后)任意排放 r 个红球有 $\binom{b+1}{r}r!$ 种排法，于是没有两个红球相邻共有 $\binom{b+1}{r}r!\ b!$ 种排法. 故所求概率为

$$p=\frac{\binom{b+1}{r}r!\ b!}{(r+b)!}=\frac{(b+1)!\ b!}{(r+b)!\ (b-r+1)!}.$$

16. 将 3 个不同的球任意放入编号为 1,2,3,4 的 4 个盒中，每个球入各盒均等可能，求在有球的盒中最小编号是 2 这个事件的概率.

解 将 3 个球任意放入 4 个盒中共有 4^3 种放法. 记 $A=$“在有球的盒中最小编号是 2”，此时事件 A 的放法种数可以用排除法分析：将 3 个球任意放入 2,3,4 号盒中共有 3^3 种放法，减去这 3 个球任意放入 3,4 号盒中的放法 2^3 种，于是 A 中元素的个数为 3^3-2^3，故

$$P(A)=\frac{3^3-2^3}{4^3}=\frac{19}{64}.$$

17. 从区间(0,1)中任取两个数，求这两个数的积小于 $\frac{1}{4}$ 的概率.

解 设任取的两个数分别为 x,y，则样本空间

$$\Omega=\{(x,y)\mid 0<x<1,\ 0<y<1\}.$$

记 $A=$“取出两数的积小于 $\frac{1}{4}$”，则 $A=\left\{(x,y)\mid xy<\frac{1}{4},\ (x,y)\in\Omega\right\}$. 因 Ω 和 A 的面积分别为

$$S_\Omega=1,\quad S_A=\frac{1}{4}+\int_{\frac{1}{4}}^{1}\frac{1}{4x}\mathrm{d}x=\frac{1}{4}+\frac{1}{2}\ln 2,$$

故所求概率 $P(A)=\dfrac{S_A}{S_\Omega}=\dfrac{1}{4}+\dfrac{1}{2}\ln 2.$

18. 随机地向半圆 $0<y<\sqrt{2ax-x^2}$ (a 为正常数)内掷一点，点落在半圆

内任何区域的概率与该区域的面积成正比，试求原点和该点的连线与 Ox 轴的夹角小于$\frac{\pi}{4}$的概率.

解 设点的坐标为(x,y)，则样本空间

$$\Omega=\left\{(x,y)\mid 0<y<\sqrt{2ax-x^2}\right\}.$$

由条件知这是一个几何概型问题且原点和该点的连线与 Ox 轴的夹角小于$\frac{\pi}{4}$的事件 A 为

$$A=\left\{(x,y)\mid 0<y<\sqrt{2ax-x^2},\ y<x\right\}.$$

因 Ω 的面积 $S_\Omega=\frac{1}{2}\pi a^2$，$A$ 的面积 $S_A=\frac{1}{4}\pi a^2+\frac{1}{2}a^2$，故所求概率为

$$P(A)=\frac{\frac{1}{4}\pi a^2+\frac{1}{2}a^2}{\frac{1}{2}\pi a^2}=\frac{\pi+2}{2\pi}.$$

19. 两艘轮船都要停靠同一个泊位，它们可能在一昼夜的任意时刻到达. 设两艘轮船停靠泊位的时间分别为 1 小时和 2 小时，求有一艘船停靠泊位时需要等待一段时间的概率.

解 设两艘船到达的时刻分别是 x 和 y，则样本空间为

$$\Omega=\{(x,y)\mid 0\leqslant x\leqslant 24,\ 0\leqslant y\leqslant 24\}.$$

由实际意义可知这是一个几何概型问题，且有一艘船需要等待一段时间的事件 A 为

$$A=\{(x,y)\mid -2\leqslant x-y\leqslant 1,\ (x,y)\in\Omega\}.$$

因 Ω 的面积 $S_\Omega=24^2$，A 的面积 $S_A=24^2-\frac{1}{2}(23^2+22^2)$，故所求概率为

$$P(A)=\frac{S_A}{S_\Omega}\approx 0.121.$$

20. 在圆周上任取三个点 A,B,C，求 $\triangle ABC$ 为锐角三角形的概率.

解 不妨设是单位圆，三点 A,B,C 将单位圆周分成 $x,y,2\pi-x-y$ 三段，于是样本空间 Ω 为

$$\Omega=\{(x,y)\mid 0<x<2\pi,\ 0<y<2\pi,\ 0<2\pi-(x+y)<2\pi\}.$$

由实际意义知这是几何概型问题，当且仅当三段弧长都小于 π 时，$\triangle ABC$ 为锐角三角形，即 $\triangle ABC$ 为锐角三角形的事件 A 为

$$A=\{(x,y)\mid 0<x<\pi,\ 0<y<\pi,\ 0<2\pi-(x+y)<\pi,\ (x,y)\in\Omega\}.$$

因 Ω 的面积 $S_\Omega=\frac{1}{2}(2\pi)^2$，$A$ 的面积 $S_A=\frac{1}{2}\pi^2$，故所求概率为

$$P(A)=\frac{\frac{1}{2}\pi^2}{\frac{1}{2}(2\pi)^2}=\frac{1}{4}.$$

21. 某种动物由出生活到 10 岁的概率为 0.8，活到 12 岁的概率为 0.56，问现年 10 岁的这种动物活到 12 岁的概率是多少？

解　设 $A=$“动物活到10岁”，$B=$“动物活到12岁”，显然有 $B\subset A$，故所求概率为

$$p=P(B\mid A)=\frac{P(AB)}{P(A)}=\frac{P(B)}{P(A)}=\frac{0.56}{0.8}=0.7.$$

22. 某厂的产品中有 4% 的废品，在 100 件合格品中有 75 件一等品，试求在该厂产品中任取一件产品是一等品的概率.

解　设 $A=$“任取一件产品是一等品”，$B=$“任取一件产品是合格品”，显然 $A\subset B$，故所求概率为

$$P(A)=P(AB)=P(B)P(A\mid B)=(1-0.04)\times 0.75=0.72.$$

23. 用高射炮射击飞机，如果每门高射炮击中飞机的概率是 0.6，试问：

(1)　用两门高射炮分别射击一次，击中飞机的概率是多少？

(2)　若有一架敌机入侵，需要多少门高射炮同时射击才能以 99% 的概率命中敌机？

解　(1)　设 $A_i=$“第 i 门高射炮击中飞机，$i=1,2$. 由实际意义知 A_1 和 A_2 相互独立，故所求概率为

$$\begin{aligned}P(A_1\cup A_2)&=1-P(\overline{A_1}\,\overline{A_2})=1-P(\overline{A_1})P(\overline{A_2})\\&=1-(1-0.6)^2=0.84.\end{aligned}$$

(2)　设需要 n 门高射炮同时射击才能以 99% 的概率击中敌机，$A_i=$“第 i 门高射炮击中飞机”，$i=1,2,\cdots,n$，则由独立性知击中飞机的概率为 $1-0.4^n$. 于是 $1-0.4^n\geqslant 0.99$，从而

$$n\geqslant\frac{\lg 0.01}{\lg 0.4}\approx 5.026.$$

故 $n=6$.

24. 设10件产品中有4件不合格品，从中任取2件，已知所取2件产品中有一

件是不合格品，试求另一件也是不合格品的概率.

解 这可看成条件概率问题.

方法1 设 A 表示第一次取到不合格品，B 表示第二次取到不合格品，则所求概率是 $P(AB|A\cup B)$. 按条件概率的定义有

$$P(AB|A\cup B)=\frac{P(AB(A\cup B))}{P(A\cup B)}=\frac{P(AB)}{P(A\cup B)}.$$

因 $P(AB)=\frac{4\times 3}{10\times 9}$，$P(A\cup B)=\frac{4\times 6+4\times 6+4\times 3}{10\times 9}$，故所求概率为

$$P(AB|A\cup B)=\frac{4\times 3}{4\times 6+4\times 6+4\times 3}=\frac{1}{5}.$$

方法2 如果是同时从中任取2件产品，其中有一件是不合格品，则共有 $C_4^2+C_4^1C_6^1$ 种取法，而已知有一件是不合格品时，另一件也是不合格品的取法共有 C_4^2 种，故所求概率为 $\frac{C_4^2}{C_4^2+C_4^1C_6^1}=\frac{1}{5}$.

注 方法2是在缩减的样本空间中考虑条件概率的计算.

25. 袋中装有编号为 $1,2,\cdots,n$ 的 n 个球，先从袋中任取一球，若该球不是1号球就放回袋中，是1号球就不放回，然后再任取一次，求第二次取到2号球的概率.

解 设 $A=$"第一次取到1号球"，$B=$"第二次取到2号球"，显然 A，$\overline{A}$ 是完备事件组，由全概率公式得

$$\begin{aligned}P(B)&=P(A)P(B|A)+P(\overline{A})P(B|\overline{A})\\&=\frac{1}{n}\cdot\frac{1}{n-1}+\frac{n-1}{n}\cdot\frac{1}{n}=\frac{1}{n-1}-\frac{1}{n^2}.\end{aligned}$$

26. 有朋友自远方来，他乘火车、轮船、汽车、飞机来的概率分别为0.3，0.2，0.1，0.4. 如果他乘火车、轮船、汽车来的话，迟到的概率分别为 $\frac{1}{4}$，$\frac{1}{3}$，$\frac{1}{12}$，而乘飞机则不会迟到. 求：

(1) 他迟到的概率；

(2) 若他迟到了，则他乘火车来的概率为多少？

解 (1) 用全概率公式得他迟到的概率为

$$0.3\times\frac{1}{4}+0.2\times\frac{1}{3}+0.1\times\frac{1}{12}+0.4\times 0=0.15.$$

(2) 用贝叶斯公式得所求概率是 $\frac{0.3\times\frac{1}{4}}{0.15}=\frac{1}{2}$.

27. 一批产品中，一、二、三等品各占 60%，30%，10%，从中随意取出一件，结果不是三等品，试求取到的是一等品的概率.

解　用 A,B,C 分别表示取出的是一、二、三等品三个事件，则所求概率为

$$P(A|\overline{C})=\frac{P(A\overline{C})}{P(\overline{C})}=\frac{P(A-AC)}{1-P(C)}=\frac{P(A)}{1-P(C)}=\frac{0.6}{1-0.1}=\frac{2}{3}.$$

其中利用到 $AC=\varnothing$，即 A 与 C 互斥.

28. 设工厂 A 和工厂 B 的产品的次品率分别为 1% 和 2%，现从由 A 和 B 的产品分别占 60% 和 40% 的一批产品中随机抽取一件，(1) 求抽出的是次品的概率；(2) 发现抽出的是次品，但属于哪家工厂生产的标记已经脱落，求该次品由工厂 A 生产的概率.

解　(1) 由全概率公式知，抽出的产品是次品的概率为

$$p_1=0.01\times0.6+0.02\times0.4=0.014.$$

(2) 由贝叶斯公式知，当抽出的产品是次品时该次品由工厂 A 生产的概率为

$$p_2=\frac{0.01\times0.6}{0.01\times0.6+0.02\times0.4}=\frac{3}{7}.$$

29. 已知产品中 96% 是合格的，现有一种简化的检查方法，它把真正的合格品确认为合格品的概率为 0.98，而误认废品为合格品的概率为 0.05. 求用简化法检查为合格品的一个产品确定是合格品的概率.

解　设 $A=$“产品是合格品”，$B=$“用简化法认为产品是合格品”，由贝叶斯公式得

$$P(A|B)=\frac{P(A)P(B|A)}{P(A)P(B|A)+P(\overline{A})P(B|\overline{A})}=\frac{0.96\times0.98}{0.96\times0.98+0.04\times0.05}$$
$$\approx0.998.$$

30. 根据以往的临床记录，知道癌症患者对某种试验呈阳性反应的概率为 0.95，非癌症患者对这种试验呈阳性反应的概率为 0.01. 设被试验者患有癌症的概率为 0.005. 若某人对试验呈阳性反应，求此人患有癌症的概率.

解　设 $A=$“检查者患有癌症”，$B=$“检查者试验呈阳性”，由贝叶斯公式得

$$P(A|B)=\frac{P(A)P(B|A)}{P(A)P(B|A)+P(\overline{A})P(B|\overline{A})}$$
$$=\frac{0.005\times0.95}{0.005\times0.95+0.995\times0.01}\approx0.323.$$

31. 设两两相互独立的三个事件 A,B,C 满足条件: $ABC=\varnothing$, $P(A)=P(B)=P(C)<\frac{1}{2}$, 且已知 $P(A\cup B\cup C)=\frac{9}{16}$, 试求 $P(A)$.

解 由条件及加法公式,有

$$\begin{aligned}P(A\cup B\cup C)&=P(A)+P(B)+P(C)-P(AB)-P(AC)\\&\quad-P(BC)+P(ABC)\\&=3P(A)-3(P(A))^2=\frac{9}{16},\end{aligned}$$

即 $16(P(A))^2-16P(A)+3=0$. 解之得 $P(A)=\frac{1}{4}$ 或 $P(A)=\frac{3}{4}$ (舍去).

故 $P(A)=\frac{1}{4}$.

32. 设两个相互独立的随机事件 A 和 B 都不发生的概率为 $\frac{1}{9}$, A 发生 B 不发生的概率与 B 发生 A 不发生的概率相等, 试求 $P(A)$.

解 由条件知 $P(\overline{A}\,\overline{B})=\frac{1}{9}$, 且 $P(A\overline{B})=P(\overline{A}B)$.

由 $P(A\overline{B})=P(\overline{A}B)$, 得 $P(A-AB)=P(B-AB)$, 即 $P(A)-P(AB)=P(B)-P(AB)$. 从而 $P(A)=P(B)$.

由独立性, 有 $P(\overline{A}\,\overline{B})=P(\overline{A})P(\overline{B})=\frac{1}{9}$, 从而 $P(\overline{A})=\frac{1}{3}$. 故

$$P(A)=1-P(\overline{A})=\frac{2}{3}.$$

33. 设事件 $A_1,A_2,\cdots,A_n$ 相互独立, $P(A_k)=p_k(1\leqslant k\leqslant n)$. 试求:

(1) 诸事件中至少发生其一的概率;

(2) 诸事件中恰好发生其一的概率;

(3) 所有事件全不发生的概率.

解 (1) 所求概率为 $q_1=P\left(\bigcup_{i=1}^{n}A_i\right)=1-\prod_{i=1}^{n}(1-p_i)$.

(2) 所求概率为

$$\begin{aligned}q_2&=p_1(1-p_2)\cdots(1-p_n)+(1-p_1)p_2(1-p_3)\cdots(1-p_n)\\&\quad+\cdots+(1-p_1)\cdots(1-p_{n-1})p_n.\end{aligned}$$

(3) 所求概率为 $\qquad q_3=\prod_{i=1}^{n}(1-p_i)$.

34. 一批产品的废品率为 0.1，每次抽取一个，观察后再放回去，独立地重复 5 次，求 5 次观察中恰有 2 次是废品的概率.

解 由于是独立放回抽样，这可看成 5 重伯努利试验，所求概率为

$$p=\binom{5}{2}\times 0.1^2\times 0.9^3=0.072\,9.$$

35. 射手对同一目标独立地进行 4 次射击. 若至少命中一次的概率为 $\frac{80}{81}$，试求该射手的命中率.

解 设射手的命中率为 p，则由题意得 $1-(1-p)^4=\frac{80}{81}$. 解之得 $p=\frac{2}{3}$.

36. 在 4 次独立试验中，事件 A 至少出现一次的概率为 0.590 4，求在 3 次独立试验中，事件 A 出现 1 次的概率.

解 设 $P(A)=p$，则由题意得

$$1-(1-p)^4=0.590\,4.$$

解之得 $p=0.2$. 在三次独立试验中，事件 A 出现一次的概率是

$$C_3^1p(1-p)^2=3\times 0.2\times 0.8^2=0.384.$$

37. 设甲、乙两篮球运动员投篮命中率分别为 0.7 和 0.6，每人投篮 3 次，求两人进球数相等的概率.

解 设 $A_i=$“甲投中 i 个球”，$B_i=$“乙投中 i 个球”，$i=0,1,2,3$. 由伯努利试验知

$$P(A_i)=\binom{3}{i}\cdot 0.7^i\cdot 0.3^{3-i},\ P(B_i)=\binom{3}{i}\cdot 0.6^i\cdot 0.4^{3-i},\quad i=0,1,2,3,$$

由 A_i 与 B_i 相互独立得所求概率为

$$\begin{aligned}P\left(\bigcup_{i=0}^{3}(A_iB_i)\right)&=\sum_{i=0}^{3}P(A_i)P(B_i)\\&=\sum_{i=0}^{3}\binom{3}{i}\cdot 0.7^i\cdot 0.3^{3-i}\cdot\binom{3}{i}\cdot 0.6^i\cdot 0.4^{3-i}\\&\approx 0.32.\end{aligned}$$

38. 某厂长有 7 个顾问，假定每个顾问贡献正确意见的百分比为 0.6，现为某事可行与否而个别征求各顾问的意见，并按多数人的意见做出决策. 求做出正确决策的概率.

解 设 $A=$“做出正确决策”，即 $A=$“至少有 4 个顾问贡献正确意见”，这可看成 7 重伯努利试验. 故

$$P(A)=\sum_{k=4}^{7}\binom{7}{k}\cdot 0.6^{k}\cdot 0.4^{7-k}\approx 0.71.$$

39. 从某一批产品中用有放回抽样的方法进行抽样检查，先后取出 200 件，发现其中有 4 件次品，试分析可否相信这一批产品的次品率不超过 0.005.

解 以 p 表示这批产品的次品率，假设 $p\leqslant 0.005$，则 200 件产品中次品数为 4 的概率为

$$q=\binom{200}{4}p^{4}(1-p)^{200-4}\approx\frac{(200p)^{4}}{4!}\mathrm{e}^{-200p}.$$

当 $p\leqslant 0.005$ 时(注意到当 $\lambda<4$ 时，$\frac{\lambda^{4}}{4!}\mathrm{e}^{-\lambda}$ 是递增的)，有

$$q\leqslant\frac{(200\times 0.005)^{4}}{4!}\mathrm{e}^{-200\times 0.005}\approx 0.0153,$$

即知当 $p\leqslant 0.005$ 时，200 件产品中有 4 件次品是一个小概率事件. 由实际推断原理知小概率事件在一次试验中几乎不可能发生，现在由抽样知此事件发生了，从而 $p\leqslant 0.005$ 值得怀疑. 故由抽样结果这批产品次品率不超过 0.005 不可信.

(二) 补充题解答

1. 设 M 件产品中有 m 件是不合格品，从中任取两件.

(1) 在所取的产品中有一件是不合格品的条件下，求另一件也是不合格品的概率.

(2) 在所取的产品中有一件是合格品的条件下，求另一件是不合格品的概率.

解 (1) 类似于本章基本题 11，这里不妨认为是同时取出两件产品，此时取出的产品中有一件是不合格品有 $C_m^2+C_m^1C_{M-m}^1$ 种取法，而已知两件中有一件是不合格品时，另一件也是不合格品有 C_m^2 种取法，故所求概率为

$$\frac{C_m^2}{C_m^2+C_m^1C_{M-m}^1}=\frac{m-1}{2M-m-1}.$$

(2) 取出产品中有一件是合格品有 $C_{M-m}^2+C_m^1C_{M-m}^1$ 种取法，而已知两件中有一件是合格品时，另一件是不合格品有 $C_{M-m}^1C_m^1$ 种取法，故所求概率为

$$\frac{C_{M-m}^1C_m^1}{C_{M-m}^2+C_m^1C_{M-m}^1}=\frac{2m}{M+m-1}.$$

注 这里采用的是在缩减的样本空间中计算条件概率的方法，且题中

"有一件"其意应是"至少有一件"而不能理解为"只有一件"，这是因为对另一件是否不合格还不知道.

2. 一批产品共20件，其中5件是次品，其余为正品. 现从这20件产品中不放回地任意抽取三次，每次只取一件，求下列事件的概率：

(1) 在第一、第二次取到正品的条件下，第三次取到次品；

(2) 第三次才取到次品；

(3) 第三次取到次品.

解　(1) 这是条件概率，下面考虑在缩减的样本空间中计算. 第一、第二次取到正品有 $15\times14\times18$ 种取法，在此条件下第三次取到次品有 $15\times14\times5$ 种取法，故所求概率为 $\dfrac{15\times14\times5}{15\times14\times18}=\dfrac{5}{18}$.

注　上述是将样本空间中的元素看成三次取完后的结果，也可更简单地只考虑以第三次取的结果作为样本空间中的元素，即在第一、第二次取到正品时，第三次取时有18种取法，而在第一次、第二次取到正品时，第三次取次品有5种取法，故所求概率为 $\dfrac{5}{18}$.

(2) 此问是要求事件"第一、第二次取到正品，且第三次取到次品"的概率(与(1)不同的在于这里没有将第一、第二次取到正品作为已知条件，而是同时发生)，按题意，三次取产品共有 $20\times19\times18$ 种取法，而第三次才取到次品共有 $15\times14\times5$ 种取法，故所求概率为 $\dfrac{15\times14\times5}{20\times19\times18}=\dfrac{35}{228}$.

(3) 三次取产品共有 $20\times19\times18$ 种取法，第三次取到次品有 $5\times19\times18$ 种取法，故所求概率为 $\dfrac{5\times19\times18}{20\times19\times18}=\dfrac{1}{4}$.

注　(3) 也可用类似于(1) 中注的方法去解决，即只考虑以第三次取得的结果作为样本空间的元素，可很快求得答案是 $\dfrac{5}{20}=\dfrac{1}{4}$.

3. 有两箱同种类的零件，第一箱装有50只，其中10只一等品；第二箱装30只，其中18只一等品. 今从两箱中任挑出一箱，然后从该箱中取零件两次，每次任取一只，取出后不放回. 试求：

(1) 第一次取到的零件是一等品的概率；

(2) 在第一次取到的零件是一等品的条件下，第二次取到的也是一等品的概率.

解　令 A 表示挑选出的是第一箱，$B_i\ (i=1,2)$ 表示第 i 次取到的零件是一等品.

(1) 由全概率公式，有

$$P(B_1)=P(B_1|A)P(A)+P(B_1|\overline{A})P(\overline{A})$$
$$=\frac{10}{50}\times\frac{1}{2}+\frac{18}{30}\times\frac{1}{2}=\frac{4}{10}=0.4.$$

(2) 由全概率公式，有

$$P(B_1B_2)=P(B_1B_2|A)P(A)+P(B_1B_2|\overline{A})P(\overline{A})$$
$$=\frac{10\times 9}{50\times 49}\times\frac{1}{2}+\frac{18\times 17}{30\times 29}\times\frac{1}{2}=\frac{276}{1\,421}.$$

于是所求条件概率是

$$P(B_2|B_1)=\frac{P(B_1B_2)}{P(B_1)}=\frac{\frac{276}{1\,421}}{0.4}\approx 0.485\,6.$$

4. 随机选取的一个家庭正好有 k 个孩子的概率为 p_k，$k=0,1,2,\cdots$，又假设各个孩子的性别独立，且生男生女的概率各为0.5，试求随机选取的一个家庭中所有孩子均为同一性别的概率.

解 以 A_k 表示有 k 个孩子，B 表示所有孩子均为同一性别，由全概率公式有

$$P(B)=\sum_{k=0}^{\infty}P(B|A_k)P(A_k)=p_0+\sum_{k=1}^{\infty}P(B|A_k)P(A_k)$$
$$=p_0+\sum_{k=1}^{\infty}[(0.5)^k+(0.5)^k]p_k=p_0+\sum_{k=1}^{\infty}\frac{p_k}{2^{k-1}}.$$

5. 甲、乙两人比赛射击，每次胜者得 1 分. 而每次射击中，甲胜的概率为 a，乙胜的概率为 b，$a+b=1$. 比赛直到有一人的得分比对方多 2 分为止，多 2 分者最终获胜. 求甲最终获胜的概率.

解 记 A 为事件"甲最终获胜"，B_1 为"在第一、二回射击中甲得 2 分"，B_2 为"在第一、二回射击中乙得 2 分"，B_3 为"在第一、二回射击中甲、乙各得 1 分". 则 B_1,B_2,B_3 形成样本空间的一个划分(B_1,B_2,B_3 两两互不相容，且 $B_1\cup B_2\cup B_3=\Omega$). 从而，由全概率公式，可得

$$P(A)=P(B_1)P(A|B_1)+P(B_2)P(A|B_2)+P(B_3)P(A|B_3).$$

易知 $P(B_1)=a^2$，$P(B_2)=b^2$，$P(B_3)=2ab$，

$$P(A|B_1)=1,\quad P(A|B_2)=0.$$

特别要注意的是：若 B_3 发生，则比赛重新开始，所以 $P(A|B_3)=P(A)$. 由此得 $P(A)=a^2+2abP(A)$，从中解得 $P(A)=\dfrac{a^2}{1-2ab}$.

6. 甲、乙、丙三人独立地向同一飞机射击，设击中的概率分别为 0.4，0.5，0.7. 如果只有一人击中，则飞机被击落的概率为 0.2；如果有两人击中，则飞机被击落的概率为 0.6；如果三人都击中，则飞机一定被击落. 求飞机被击落的概率.

解　以 $A_i\,(i=1,2,3)$ 分别表示甲、乙、丙击中飞机，$B_i\,(i=0,1,2,3)$ 表示有 i 个人击中飞机，C 表示飞机被击落，则

$$
\begin{aligned}
P(B_0)&=P(\overline{A_1}\,\overline{A_2}\,\overline{A_3})=P(\overline{A_1})P(\overline{A_2})P(\overline{A_3})\\
&=0.6\times0.5\times0.3=0.09,\\
P(B_1)&=P(A_1\,\overline{A_2}\,\overline{A_3})+P(\overline{A_1}\,A_2\,\overline{A_3})+P(\overline{A_1}\,\overline{A_2}A_3)\\
&=0.4\times0.5\times0.3+0.6\times0.5\times0.3+0.6\times0.5\times0.7\\
&=0.36,\\
P(B_2)&=P(A_1A_2\,\overline{A_3})+P(A_1\,\overline{A_2}A_3)+P(\overline{A_1}A_2A_3)\\
&=0.4\times0.5\times0.3+0.4\times0.5\times0.7+0.6\times0.5\times0.7\\
&=0.41,\\
P(B_3)&=1-P(B_0)-P(B_1)-P(B_2)\\
&=1-0.09-0.36-0.41=0.14.
\end{aligned}
$$

由全概率公式，有

$$
\begin{aligned}
P(C)&=\sum_{i=0}^{3}P(C\,|\,B_i)P(B_i)\\
&=0\times0.09+0.2\times0.36+0.6\times0.41+1\times0.14\\
&=0.458.
\end{aligned}
$$

注　在这里，A_1,A_2,A_3 不构成样本空间的划分，因为它们不是两两互斥的，可同时发生.

7. (1)　做一系列独立的试验，每次试验中成功的概率为 p，求在成功 n 次之前已经失败了 m 次的概率.

(2)　构造适当的概率模型证明等式：

$$
\binom{m}{m}+\binom{m+1}{m}+\cdots+\binom{m+n-1}{m}=\binom{m+n}{m+1}.
$$

解　(1)　n 次成功之前已经失败了 m 次，表示进行了 $m+n$ 次试验，第 $m+n$ 次试验一定成功，而前面的 $m+n-1$ 次试验中有 m 次失败，$n-1$ 次成功，从而所求概率为

$$
\binom{m+n-1}{m}(1-p)^m p^{n-1}\cdot p=\binom{m+n-1}{m}p^n(1-p)^m.
$$

(2) 令 A 表示 n 次成功之前已有 $m+1$ 次失败，$A_i(i=1,2,\cdots,n)$ 表示 n 次成功之前已有 $m+1$ 次失败且第 $m+1$ 次(即最后一次)失败在第 $m+i$ 次试验中发生，则有

$$P(A)=\binom{m+n}{m+1}p^n(1-p)^{m+1},$$

且 $A=\bigcup_{i=1}^{n}A_i$，$A_1,A_2,\cdots,A_n$ 两两互斥，事件 A_i 表示在 $m+n+1$ 次试验中，从第 $m+i+1$ 次试验至第 $m+n+1$ 试验都成功，第 $m+i$ 次试验失败(最后一次失败)，而前面的 $m+i-1$ 次试验中有 m 次失败、$i-1$ 次成功，于是

$$\begin{aligned}P(A_i)&=\binom{m+i-1}{m}p^{i-1}(1-p)^m\cdot(1-p)\cdot p^{n-i+1}\\&=\binom{m+i-1}{m}p^n(1-p)^{m+1},\quad i=1,2,\cdots,n.\end{aligned}$$

由于 $P(A)=P(A_1)+P(A_2)+\cdots+P(A_n)$，所以

$$\begin{aligned}\binom{m+n}{m+1}p^n(1-p)^{m+1}&=\binom{m}{m}p^n(1-p)^{m+1}+\binom{m+1}{m}p^n(1-p)^{m+1}\\&\quad+\cdots+\binom{m+n-1}{m}p^n(1-p)^{m+1},\end{aligned}$$

消去 $p^n(1-p)^{m+1}$ 立得结论成立.

8. 假设一厂家生产的每台仪器以概率 0.70 可以直接出厂；以概率 0.30 需进一步调试，经调试后以概率 0.80 可以出厂；以概率 0.20 定为不合格不能出厂. 现该厂新生产了 n $(n\geqslant 2)$ 台仪器(假设各台仪器的生产过程相互独立)，求：

(1) 全部能出厂的概率；

(2) 其中恰好有两件不能出厂的概率；

(3) 其中至少有两件不能出厂的概率.

解 由全概率公式，每台仪器能出厂的概率

$$p=1\times0.7+0.8\times0.3=0.94.$$

将每台仪器能否出厂看成是一次试验，则 n 台仪器就是 n 次试验. 由于每次试验只有两个结果：能出厂或不能出厂，且各次试验相互独立，则这是一个 n 重伯努利概型问题.

(1) 全部能出厂的概率为 0.94^n.

(2) 其中恰好有两件不能出厂的概率为 $C_n^2\cdot0.94^{n-2}\cdot0.06^2$.

(3) 其中至少有两件不能出厂的概率为 $1-0.94^n-n\cdot0.94^{n-1}\cdot0.06$.

三、测试题及测试题解答

(一) 测试题

1. 玻璃杯成箱出售，每箱 20 只，假设各箱含 0,1,2 只残次品的概率分别为 0.8,0.1,0.1. 一顾客欲买下一箱玻璃杯，在购买时，售货员随意取出一箱，而顾客开箱随意查看其中的 4 只，若无残次品，则买下该箱玻璃杯，否则退回. 试求：

(1) 顾客买下该箱玻璃杯的概率 α；

(2) 在顾客买下的一箱玻璃杯中，确实没有残次品的概率 β.

2. 设有一架长机、两架僚机飞往某目的地进行轰炸，由于只有长机装有导航设备，因此僚机不能单独到达目的地，并在飞行途中要经过敌方高射炮防御地带，每架飞机被击落的概率为 0.2，到达目的地后，各机独立轰炸，每架飞机炸中目标的概率为 0.3，求目标被炸中的概率.

3. (巴拿赫火柴盒问题) 某人随身带着两盒火柴，一个袋里放一盒(此人有两个口袋)，每盒中有 N 根火柴，每次用时，随意地任取一盒，然后抽取一根，求发现一盒空而另一盒恰剩 r 根火柴的概率.

4. 父、母、子三人举行家庭围棋比赛，每局无和局，每局的优胜者与未参加此局的人再进行比赛，如果某人首先取胜了两局，则他就是比赛的优胜者，由父亲决定第一局是哪两人参加. 因为三人中儿子实力最强，父次之，所以父为了使自己得胜的概率达到最大，就决定第一局由他与妻子先比赛. 试证：父的决策为最优策略(假定每个人胜同一对手的概率是不变的且各局之间是彼此独立的).

(二) 测试题解答

1.解　设 A_i 表示箱中含有 i 只残次品，$i=0,1,2$，B 表示顾客买下所察看的一箱. 由已知，$P(A_0)=0.8$，$P(A_1)=P(A_2)=0.1$，

$$P(B|A_0)=1,\quad P(B|A_1)=\frac{C_{19}^4}{C_{20}^4}=\frac{4}{5},\quad P(B|A_2)=\frac{C_{18}^4}{C_{20}^4}=\frac{12}{19},$$

从而

(1) $\alpha = P(B) = \sum_{i=0}^{2} P(A_i)P(B|A_i)$

$= 0.8 \times 1 + 0.1 \times \frac{4}{5} + 0.1 \times \frac{12}{19} \approx 0.943$;

(2) $\beta = P(A_0|B) = \frac{P(A_0)P(B|A_0)}{P(B)} = \frac{0.8 \times 1}{0.943} \approx 0.848.$

2.解 目标被炸中与有多少架飞机到达目的地是因果关系，而由于只有长机有导航设备，于是到达目的地的飞机中必定有长机，这样令 B_0 表示没有飞机到达目的地，B_1 表示只有长机到达目的地，B_2 表示长机与一架僚机飞到目的地，B_3 表示三架飞机都到达目的地，A 表示目标被炸中，则由已知，有

$$P(B_1) = 0.8 \times 0.2 \times 0.2 = 0.032,$$

$$P(B_2) = C_2^1 \times 0.8 \times 0.8 \times 0.2 = 0.256,$$

$$P(B_3) = 0.8^3 = 0.512,$$

$$P(B_0) = 1 - P(B_1) - P(B_2) - P(B_3)$$

$$= 1 - 0.032 - 0.256 - 0.512 = 0.2,$$

且 $P(A|B_0) = 0, P(A|B_1) = 0.3,$

$$P(A|B_2) = P(\text{长机或僚机炸中目标}|B_2)$$

$$= 0.3 + 0.3 - 0.3^2 = 0.51,$$

$$P(A|B_3) = 1 - (1 - 0.3)^3 = 0.657.$$

故所求概率为

$$P(A) = \sum_{i=0}^{3} P(B_i)P(A|B_i)$$

$$= 0.2 \times 0 + 0.032 \times 0.3 + 0.256 \times 0.51 + 0.512 \times 0.657$$

$$\approx 0.477.$$

3.解 不妨将两盒火柴分别编上号码Ⅰ,Ⅱ. 将每一次选择某盒中的火柴看成一次试验，此试验只有两种结果：使用 Ⅰ 号盒中的火柴或使用 Ⅱ 号盒中的火柴，且由实际意义知试验是独立的，可见此题为伯努利概型问题.

若此人首次发现 Ⅰ 号盒是空的，而这时 Ⅱ 号盒中恰剩 r 根火柴，则可知共做了 $N + 1 + (N - r) = 2N - r + 1$ 次试验. 这些试验中，有 $N - r$ 次使用 Ⅱ 号盒中火柴，且最后一次是要使用 Ⅰ 号盒子中的火柴(发现是空的)，而使用 Ⅰ 号盒子中的火柴的概率为$\frac{1}{2}$. 因此，发现 Ⅰ 号盒空时，Ⅱ 号盒中恰剩

r 根火柴的概率为

$$C_{2N-r}^{N}\left(\frac{1}{2}\right)^{N}\cdot\left(\frac{1}{2}\right)^{N-r}\cdot\frac{1}{2}.$$

由对称性，发现 Ⅱ 号盒空时，Ⅰ 号盒中恰剩 r 根火柴的概率也为

$$C_{2N-r}^{N}\left(\frac{1}{2}\right)^{N}\cdot\left(\frac{1}{2}\right)^{N-r}\cdot\frac{1}{2}.$$

故发现一盒空而另一盒恰有 r 根火柴的概率为

$$2\cdot C_{2N-r}^{N}\left(\frac{1}{2}\right)^{N}\left(\frac{1}{2}\right)^{N-r}\frac{1}{2}=\frac{1}{2^{2N-r}}C_{2N-r}^{N}.$$

4.证　第一局的比赛有三种情况：父对母、父对子、母对子，在这三种情况下，父亲获得优胜的概率不尽相同，此题要证明的是在题设条件下，以第一局是父对母时，父获得优胜的概率最大.

设父对母时，父胜母的概率为 p_1，母胜父的概率为 $q_1=1-p_1$；父对子时，父胜子的概率为 p_2，子胜父的概率为 $q_2=1-p_2$；母对子时，母胜子的概率为 p_3，子胜母的概率为 $q_3=1-p_3$. 由题给条件，儿子实力最强，父次之，于是有 $q_2>p_2$，$q_3>p_3$，以及 $p_1>p_2$.

令 A_i,B_i,C_i 分别表示父、母、子在第 i 局获胜，$i=1,2,3,\cdots$，显然至多赛 4 局就可结束比赛. 若父对母开始第一局的比赛，则父获优胜的概率是

$$\begin{aligned}r_1&=P(A_1A_2)+P(A_1C_2B_3A_4)+P(B_1C_2A_3A_4)\\&=P(A_1)P(A_2)+P(A_1)P(C_2)P(B_3)P(A_4)\\&\quad+P(B_1)P(C_2)P(A_3)P(A_4)\\&=p_1p_2+p_1q_2p_3p_1+q_1q_3p_1p_2.\end{aligned}$$

若父对子开始第一局的比赛，则父获优胜的概率是

$$\begin{aligned}r_2&=P(A_1A_2)+P(A_1B_2C_3A_4)+P(C_1B_2A_3A_4)\\&=p_1p_2+p_2q_1q_3p_2+q_2p_3p_1p_2.\end{aligned}$$

若母对子开始第一局的比赛，则父获优胜的概率是

$$r_3=P(B_1A_2A_3)+P(C_1A_2A_3)=p_3p_1p_2+q_3p_2p_1=p_1p_2.$$

显然 $r_3<r_1$，$r_3<r_2$. 又

$$r_1-r_2=q_2p_3p_1(p_1-p_2)+q_1q_3p_2(p_1-p_2)>0,$$

即有 $r_3<r_2<r_1$，故以父对母开始第一局比赛时，父取胜的概率最大，故父的决策为最优策略.

第二章　随机变量及其概率分布

一、大纲要求及疑难点解析

(一) 大纲要求

1. 理解随机变量及其概率分布的概念；理解分布函数 $F(x)=P\{X\leqslant x\}$ $(-\infty<x<+\infty)$ 的概念及性质；会计算与随机变量相联系的事件的概率.

2. 理解离散型随机变量及其概率分布的概念，掌握0-1分布、二项分布、超几何分布、泊松(Poisson)分布及其应用.

3. 了解泊松定理的结论和应用条件，会用泊松分布近似表示二项分布.

4. 理解连续型随机变量及其概率密度的概念，掌握均匀分布、正态分布 $N(\mu,\sigma^2)$、指数分布及其应用.

5. 会根据随机变量的概率分布求其简单函数的概率分布.

(二) 内容提要

随机变量及其概率分布，随机变量的分布函数的概念及其性质，离散型随机变量的概率分布，连续型随机变量的概率密度，常见随机变量的概率分布，随机变量函数的概率分布.

(三) 疑难点解析

1. 为什么要引入随机变量?

答　概率统计是从数量上来研究随机现象的统计规律的，为了便于数学上的推导和计算，必须把随机事件数量化. 我们在进行某种试验和观测时，由于随机因素的影响，使试验出现各种不同结果，因而用来描述随机事件的量也随之以偶然的方式取不同的值，当把一个随机试验的不同结果用一个变量来表示时，便得到随机变量的概念.

引入随机变量之后，使我们有可能利用数学分析的方法来研究随机试验. 随机变量是研究随机试验的有效工具.

2. 随机变量作为实单值函数与普通函数有什么区别？

答　1）随机变量的取值具有随机性，它随试验结果的不同而取不同的值，试验之前只知道它可能取值的范围，而不能预知它取什么值.

2）随机变量的取值具有统计规律性，由于试验结果的出现有一定的概率，因而随机变量取各个值也有一定的概率.

3）随机变量是定义在样本空间 Ω 上的函数，Ω 中的元素不一定是实数，而普通函数只是定义在实数轴上.

3. 引入随机变量的分布函数有哪些作用？

答　对于随机变量 X，我们不仅要知道 X 取哪些值，而且要知道 X 取这些值的概率；更重要的是要知道 X 在任意区间 $(x_1, x_2]$ 内取值的概率. 而定义分布函数 $F(x)=P\{X\leqslant x\}$，可知

$$P\{x_1<X\leqslant x_2\}=P\{X\leqslant x_2\}-P\{X\leqslant x_1\}=F(x_2)-F(x_1),$$

$$P\{X=x\}=P\{X\leqslant x\}-P\{X<x\}=F(x)-F(x-0),$$

这样，分布函数就完整地描述了随机变量的统计规律性.

另外，分布函数是一个普通实值函数，是我们在高等数学中早已熟悉的对象，它又有相当好的性质，有了随机变量和分布函数就好像在随机现象和高等数学之间架起了一座桥梁，这样就可以用高等数学的方法来研究随机现象的统计规律.

4. 不同的随机变量，它们的分布函数一定不相同吗？

答　不一定. 例如抛均匀硬币试验，令

$$X_1=\begin{cases}1, & \text{出现正面};\\ -1, & \text{出现反面},\end{cases}\quad X_2=\begin{cases}-1, & \text{出现正面};\\ 1, & \text{出现反面},\end{cases}$$

X_1 与 X_2 在样本空间上的对应法则不同，是两个不同的随机变量，但它们却有相同的分布函数

$$F(x)=\begin{cases}0, & x<-1;\\ \dfrac{1}{2}, & -1\leqslant x<1;\\ 1, & x\geqslant 1.\end{cases}$$

5. 为什么说正态分布是概率论中最重要的分布？

答　正态分布有极其广泛的实际背景. 如测量的误差、炮弹的弹着点、

产品的数量指标(直径、长度、体积、重量)等，都服从或近似服从正态分布.可以说，正态分布是自然界和社会现象中最常见的一种分布.一方面，一个变量如果受到大量微小的、独立的随机因素的影响，那么，这个变量一般是一个正态随机变量.另一方面，有些分布(如二项分布、泊松分布)的极限分布是正态分布；有些分布(如χ^2分布、t分布)又可通过正态分布导出.所以，无论在实际中，还是在理论上，正态分布是概率论中最重要的一种分布.

6. 如何计算随机变量X的函数$Y=g(X)$的分布?

答 计算随机变量X的函数$g(X)$的分布，因与X是离散型还是连续型及$y=g(x)$的函数特点有关，故需分别予以讨论.

(1) X为离散型随机变量

当X是离散型时，Y仍是离散型的.首先要正确确定Y的取值范围，即$\{g(a_1),g(a_2),\cdots\}$，其中$\{a_1,a_2,\cdots\}$是X的值域；然后将有相同函数值$g(a_i)$的a_i相应的概率$P\{X=a_i\}$相加作为$P\{Y=g(a_i)\}$.

(2) X为连续型随机变量

(ⅰ) $y=g(x)$为分段函数.设连续型随机变量X有概率密度$f(x)$，且函数$Y=g(X)$的取值仅为有限或可列无穷多个点，即为分段函数

$$Y=a_i,\quad X\in B_i\quad(i=1,2,3,\cdots),$$

那么Y是离散型随机变量，其值域为$\{a_1,a_2,\cdots\}$，其概率分布为$P\{Y=a_i\}=p_i(i=1,2,\cdots)$，其中$p_i=\int_{B_i}f(x)\mathrm{d}x=P\{X\in B_i\}$.

(ⅱ) $y=g(x)$为连续可导函数.设连续型随机变量X有概率密度$f(x)$，那么Y仍是连续型随机变量，其概率密度可按下面步骤求得：

(a) 首先确定Y的值域.

(b) 计算Y的分布函数：

$$F_Y(y)=P\{Y\leqslant y\}=P\{g(X)\leqslant y\}=P\{X\in B_y\}=\int_{B_y}f(x)\mathrm{d}x,$$

其中$B_y=\{x\,|\,g(x)\leqslant y\}$是$X$的值域上的一个集合，它通常是区间或者是若干个区间的并集.

(c) Y的概率密度可求得，即$f_Y(y)=\dfrac{\mathrm{d}}{\mathrm{d}y}F(y)$，此时常用下列公式：

$$\frac{\mathrm{d}}{\mathrm{d}x}\int_{\alpha(x)}^{\beta(x)}f(t)\mathrm{d}t=f(\beta(x))\beta'(x)-f(\alpha(x))\alpha'(x).$$

(ⅲ) $y=g(x)$为单调连续可导函数.

(a) 设随机变量X有概率密度$f_X(x)$，x的函数$y=g(x)$是单调函数且具有连续导数，它的反函数为$x=h(y)$，那么$Y=g(X)$的密度函数为

$$f_Y(y)=f_X(h(y))|h'(y)|.$$

（b）设随机变量 X 有概率密度 $f_X(x)$，如果函数 $y=g(x)$ 的定义域能划分为若干个不相重叠的区间 $I_i(i=1,2,\cdots)$，而在各个区间 I_i，函数 $y=g(x)$ 是单调函数且有反函数 $x=h_i(y)$，且 $h_i'(y)$ 连续，那么随机变量 $Y=g(X)$ 的概率密度为

$$f_Y(y)=\sum_i f(h_i(y))|h_i'(y)|.$$

二、习题解答

(一) 基本题解答

1. 掷一颗匀称的骰子两次，以 X 表示前后两次出现的点数之和，求 X 的分布律.

解　样本空间

$$\Omega=\{(1,1),(1,2),\cdots,(1,6),(2,1),(2,2),\cdots,(2,6),\cdots,\\(6,1),(6,2),\cdots,(6,6)\}.$$

这里，例如(6,1)表示掷第一次得6点，掷第二次得1点，其余类推.

以 X 表示两次所得点数的和，则 X 的分布律为

X	2	3	4	5	6	7	8	9	10	11	12
P	$\frac{1}{36}$	$\frac{2}{36}$	$\frac{3}{36}$	$\frac{4}{36}$	$\frac{5}{36}$	$\frac{6}{36}$	$\frac{5}{36}$	$\frac{4}{36}$	$\frac{3}{36}$	$\frac{2}{36}$	$\frac{1}{36}$

2. 一汽车沿一街道行驶，需要通过三个均设有红绿信号灯的路口，每个信号灯为红或绿与其他信号灯为红或绿相互独立，且红、绿两种信号显示的时间相等. 以 X 表示该汽车首次遇到红灯前已通过的路口的个数，求 X 的分布律.

分析　显然 X 服从离散型概率分布，而且 X 的可能取值为0,1,2,3. 问题归结为求概率 $P\{X=k\}$，$k=0,1,2,3$.

解　由题设，X 的可能值为0,1,2,3. 以 $A_i(i=1,2,3)$ 表示事件“汽车在

第 i 个路口遇到红灯”；A_1,A_2,A_3 相互独立，且 $P(A_i)=P(\overline{A_i})=\dfrac{1}{2}$，$i=1$，2,3. 于是

$$P\{X=0\}=P(A_1)=\frac{1}{2},\quad P\{X=1\}=P(\overline{A_1}A_2)=\frac{1}{2^2},$$

$$P\{X=2\}=P(\overline{A_1}\,\overline{A_2}A_3)=\frac{1}{2^3},\quad P\{X=3\}=P(\overline{A_1}\,\overline{A_2}\,\overline{A_3})=\frac{1}{2^3}.$$

X 的分布律为

X	0	1	2	3
P	$\frac{1}{2}$	$\frac{1}{4}$	$\frac{1}{8}$	$\frac{1}{8}$

3. 一个口袋中装有 m 个白球、$n-m$ 个黑球($n>m$)，不放回地连续从袋中取球，直到取出黑球为止. 设此时已经取出了 X 个白球，试求 X 的分布律.

解 设“$X=k$”表示前 k 次取出白球，第 $k+1$ 次取出黑球，则 X 的分布律为

$$P\{X=k\}=\frac{m(m-1)\cdots(m-k+1)(n-m)}{n(n-1)\cdots(n-k)}\quad(k=0,1,\cdots,m).$$

4. 设离散型随机变量 X 的分布律为 $P\{X=k\}=\dfrac{C}{15}$，$k=1,2,3,4,5$.

(1) 试确定常数 C. (2) 求 $P\{1\leqslant X\leqslant 3\}$.

(3) 求 $P\{0.5<X<2.5\}$.

解 (1) 因为

$$\sum_{k=1}^{5}P\{X=k\}=\sum_{k=1}^{5}\frac{C}{15}=\frac{C}{15}\cdot 5=\frac{C}{3}=1,$$

所以 $C=3$.

(2) $P\{1\leqslant X\leqslant 3\}=\displaystyle\sum_{k=1}^{3}\frac{1}{5}=\frac{3}{5}$.

(3) $P\{0.5<X<2.5\}=\displaystyle\sum_{k=1}^{2}\frac{1}{5}=\frac{2}{5}$.

5. 设一个试验只有两种结果：成功或失败，且每次试验成功的概率为 p $(0<p<1)$. 现反复试验，直到获得 k 次成功为止. 以 X 表示试验停止时一共进行的试验次数，求 X 的分布律.

解 设共进行了 i 次试验，其中有 k 次试验成功之事件设为 A，则此事件

包含有两层意思：它意味着第 i 次($i \geqslant k$)成功，记为 A_1，且 $i-1$ 次试验中成功 $k-1$ 次，记为 A_2，即 $A=A_1A_2$，那么

$$P(A)=P(A_1A_2)=P(A_1)P(A_2) \quad (A_1 \text{ 与 } A_2 \text{ 相互独立}).$$

而 $P(A_1)=p$，

$$P(A_2)=C_{i-1}^{k-1}p^{k-1}\cdot q^{i-1-(k-1)}=C_{i-1}^{k-1}p^{k-1}q^{i-k} \quad (q=1-p),$$

于是，所求试验次数 X 的分布律为

$$P\{X=i\}=p\cdot C_{i-1}^{k-1}p^{k-1}q^{i-k}=C_{i-1}^{k-1}p^kq^{i-k}$$
$$(i=k,k+1,\cdots;\ q=1-p).$$

6. 设某商店每月销售某种商品的数量服从参数为 5 的泊松分布，问在月初进货时要库存多少此种商品，才能保证当月不脱销的概率不低于0.999?

解 设 ξ 为该种商品每月销售数，x 为该种商品每月进货数，则

$$P\{\xi \leqslant x\} \geqslant 0.999.$$

查泊松分布的数值表，得 $x \geqslant 13$.

7. 一个完全不懂中文的外国人去参加一个中文考试. 假设此考试有 5 个选择题，每题有 4 个选项，其中只有一种选择是正确的. 试求他能答对至少三题而及格的概率.

解 设 X 为“该外国人在 5 个选择题中答对的题数”，则 $X \sim B\left(5,\dfrac{1}{4}\right)$.

又设 A 为“答对题数不少于 3 题”，则依题设知

$$P(A)=\sum_{k=3}^{5}P\{X=k\}=\sum_{k=3}^{5}C_5^k\left(\frac{1}{4}\right)^k\left(\frac{3}{4}\right)^{5-k}=\frac{53}{512}\approx 0.103\,5.$$

8. 为保证设备的正常运行，必须配备一定数量的设备维修人员. 现有同类设备 180 台，且各台工作相互独立，任意时刻发生故障的概率都是 0.01. 假设一台设备的故障需一人进行修理，问至少应配备多少名修理工人，才能保证设备发生故障后能得到及时维修的概率不小于 0.99?

解 设 X 为“180 台同类设备中同时发生故障的设备的台数”，则 $X \sim B(180,0.01)$. 又设配备 N 个维修人员，则

$$P\{X>N\}=P\{X\geqslant N+1\}=\sum_{k=N+1}^{180}P\{X=k\},$$

而 $P\{X=k\}=C_{180}^k(0.01)^k(0.99)^{180-k}$，故

$$P\{X>N\}=\sum_{k=N+1}^{180}C_{180}^k(0.01)^k(0.99)^{180-k}\approx\sum_{k=N+1}^{\infty}\frac{1.8^k}{k!}\mathrm{e}^{-1.8},$$

这里 $np=180\times 0.01=1.8=\lambda$. 欲使

$$\sum_{k=N+1}^{\infty} \frac{1.8^k}{k!} e^{-1.8} \leqslant 1-0.99=0.01,$$

查泊松分布表，可知 $N+1=7$，因而应至少配备 6 名工人.

9. 一台设备由三大部件构成，在设备运转中各部件需要调整的概率相应为 0.10，0.20 和 0.30，假设各部件的工作状态相互独立. 以 X 表示同时需要调整的部件数，试求 X 的分布律.

解 设 $A_i=\{$部件 i 需要调整$\}$ $(i=1,2,3)$，则

$$P(A_1)=0.10,\quad P(A_2)=0.20,\quad P(A_3)=0.30.$$

由于 A_1,A_2,A_3 相互独立，因此，有

$$\begin{aligned}
P\{X=0\}&=P(\overline{A_1}\,\overline{A_2}\,\overline{A_3})=P(\overline{A_1})P(\overline{A_2})P(\overline{A_3})\\
&=(1-0.1)\times(1-0.2)\times(1-0.3)=0.504,\\
P\{X=1\}&=P(A_1\overline{A_2}\,\overline{A_3})+P(\overline{A_1}A_2\overline{A_3})+P(\overline{A_1}\,\overline{A_2}A_3)\\
&=0.1\times0.8\times0.7+0.9\times0.2\times0.7+0.9\times0.8\times0.3\\
&=0.398,\\
P\{X=2\}&=P(A_1A_2\overline{A_3})+P(A_1\overline{A_2}A_3)+P(\overline{A_1}A_2A_3)\\
&=0.092,\\
P\{X=3\}&=P(A_1A_2A_3)=P(A_1)P(A_2)P(A_3)\\
&=0.1\times0.2\times0.3=0.006.
\end{aligned}$$

因此，X 的分布律为

X	0	1	2	3
P	0.504	0.398	0.092	0.006

10. 设有 80 台同类型设备，各台工作相互独立，发生故障的概率都是 0.01，且一台设备的故障由一个工人能排除. 考虑两种配备维修工人的方案：一是由 4 人维修，每人承包 20 台；二是由 3 人共同维护 80 台，试比较两种方案的优劣.

解 (1) 记 $A_i=$“第 i 个人承包的 20 台机器不能及时维修”$(i=1,2,3,4)$. 因为

$$P(A_i)=\sum_{k=2}^{20}\binom{20}{k}\cdot 0.01^k\cdot 0.99^{20-k}\approx\sum_{k=2}^{\infty}\frac{0.2^k}{k!}e^{-0.2}\approx 0.0175,$$

故所求概率为

$$P\left(\bigcup_{i=1}^{4}A_i\right)=1-(1-0.0175)^4\approx 0.068\,2.$$

(2) 以 X 表示这 80 台机器中出现故障的机器的台数，则不能及时维修的概率为

$$P\{X \geqslant 4\}=\sum_{k=4}^{80}\binom{80}{k}\cdot 0.01^{k}\cdot 0.99^{80-k}\approx\sum_{k=4}^{\infty}\frac{0.8^{k}}{k!}\mathrm{e}^{-0.8}\approx 0.0091.$$

从上述计算结果可以看出，第二种方式较好.

11. 设随机变量 $X \sim B(2,p)$，$Y \sim B(3,p)$. 若 $P\{X \geqslant 1\}=\frac{5}{9}$，试求概率 $P\{Y \geqslant 1\}$.

解 由于

$$P\{X \geqslant 1\}=1-P\{X=0\}=1-(1-p)^{2}=\frac{5}{9},$$

解得 $p=\frac{1}{3}$. 故

$$P\{Y \geqslant 1\}=1-P\{Y=0\}=1-(1-p)^{3}=\frac{19}{27}.$$

12. 设随机变量 X 服从泊松分布，且已知 $P\{X=1\}=P\{X=2\}$. 求 $P\{X=4\}$.

解 由 $P\{X=1\}=P\{X=2\}$ 得

$$\frac{\lambda}{1!}\mathrm{e}^{-\lambda}=\frac{\lambda^{2}}{2!}\mathrm{e}^{-\lambda}.$$

于是 $\lambda=2$ ($\lambda=0$ 不合题意，舍去). 故

$$P\{X=4\}=\frac{2^{4}}{4!}\mathrm{e}^{-2}=\frac{2}{3}\mathrm{e}^{-2}.$$

13. 若每条蚕的产卵数服从参数为 λ 的泊松分布，而每个卵变为成虫的概率为 p，且各卵是否变为成虫彼此独立. 求每蚕养活 k 只小蚕的概率.

解 以 X 表示蚕的产卵数，则 $X \sim P(\lambda)$. 以 A 表示每蚕养活 k 只小蚕，则由全概率公式得

$$P(A)=\sum_{i=0}^{\infty}P\{X=i\}P(A \mid X=i).$$

显然，当 $i<k$ 时 $P(A \mid X=i)=0$，且当 $i \geqslant k$ 时

$$P(A \mid X=i)=\binom{i}{k}p^{k}(1-p)^{i-k}.$$

因此

$$P(A)=\sum_{i=k}^{\infty}\frac{\lambda^k}{i!}\mathrm{e}^{-\lambda}\binom{i}{k}p^k(1-p)^{i-k}=\frac{(\lambda p)^k}{k!}\mathrm{e}^{-\lambda}\sum_{i=k}^{\infty}\frac{[\lambda(1-p)]^{i-k}}{(i-k)!}$$

$$=\frac{(\lambda p)^k}{k!}\mathrm{e}^{-\lambda(1-p)}\cdot\mathrm{e}^{-\lambda}=\frac{(\lambda p)^k}{k!}\mathrm{e}^{-\lambda p}.$$

14. 设随机变量 X 的分布函数

$$F(x)=P\{X\leqslant x\}=\begin{cases}0, & x<-1;\\ 0.4, & -1\leqslant x<1;\\ 0.8, & 1\leqslant x<3;\\ 1, & x\geqslant 3.\end{cases}$$

试求 X 的分布律.

解 $F(x)$ 为一个阶梯函数，则 X 可能取的值为 $F(x)$ 的跳跃点：$-1,1,3$.

$$P\{X=-1\}=F(-1)-F(-1-0)=0.4,$$
$$P\{X=1\}=F(1)-F(1-0)=0.8-0.4=0.4,$$
$$P\{X=3\}=F(3)-F(3-0)=1-0.8=0.2,$$

即有

X	-1	1	3
P	0.4	0.4	0.2

注：$F(x-0)$ 表示在点 x 处的左极限.

15. 设连续型随机变量 X 的分布函数为

$$F(x)=\begin{cases}a+b\mathrm{e}^{-\frac{x^2}{2}}, & x\geqslant 0;\\ 0, & x<0.\end{cases}$$

(1) 求常数 a 和 b.

(2) 求随机变量 X 的概率密度函数.

解 (1) 由于 $\lim\limits_{x\to+\infty}F(x)=1$，所以有

$$\lim_{x\to+\infty}\left(a+b\mathrm{e}^{-\frac{x^2}{2}}\right)=a=1,$$

即 $a=1$. 又由于 X 为连续型随机变量，$F(x)$ 应为 x 的连续函数，应有

$$\lim_{x\to 0^-}F(x)=0=\lim_{x\to 0^+}F(x)=\lim_{x\to 0^+}\left(a+b\mathrm{e}^{-\frac{x^2}{2}}\right)=a+b.$$

所以 $a+b=0$，$b=-a=-1$. 代入 a,b 之值，得

$$F(x)=\begin{cases}1-\mathrm{e}^{-\frac{x^2}{2}}, & x\geqslant 0;\\ 0, & x<0.\end{cases}$$

（2）对函数 $F(x)$ 求导，得 X 的概率密度

$$f(x)=\begin{cases}x\mathrm{e}^{-\frac{x^2}{2}}, & x\geqslant 0;\\ 0, & x<0.\end{cases}$$

16. 已知随机变量 X 的概率密度函数 $f(x)=\frac{1}{2}\mathrm{e}^{-|x|}$，$-\infty<x<\infty$，试求 X 的分布函数.

解　当 $x\leqslant 0$ 时，$F(x)=\int_{-\infty}^{x}\frac{1}{2}\mathrm{e}^{t}\,\mathrm{d}t=\frac{1}{2}\mathrm{e}^{x}$；当 $x>0$ 时，

$$F(x)=\frac{1}{2}\left(\int_{-\infty}^{0}\mathrm{e}^{t}\,\mathrm{d}t+\int_{0}^{x}\mathrm{e}^{-t}\,\mathrm{d}t\right)=\frac{1}{2}[1+(1-\mathrm{e}^{-x})]$$

$$=1-\frac{1}{2}\mathrm{e}^{-x}.$$

所以，我们有 $F(x)=\begin{cases}\frac{1}{2}\mathrm{e}^{x}, & x\leqslant 0;\\ 1-\frac{1}{2}\mathrm{e}^{-x}, & x>0.\end{cases}$

17. 设随机变量 X 的概率密度为

$$f(x)=\begin{cases}\frac{1}{3}, & x\in[0,1];\\ \frac{2}{9}, & x\in[3,6];\\ 0, & \text{其他}.\end{cases}$$

若 k 使得 $P\{X\geqslant k\}=\frac{2}{3}$，试求 k 的取值范围.

解　由 $P\{X\geqslant k\}=\frac{2}{3}$ 得 $P\{X<k\}=\frac{1}{3}$，即应选 k，使 $\int_{-\infty}^{k}f(x)\mathrm{d}x=\frac{1}{3}$.

注意

$$\int_{-\infty}^{0}f(x)\mathrm{d}x=0,\ \int_{0}^{1}f(x)\mathrm{d}x=\frac{1}{3},\ \int_{1}^{3}f(x)\mathrm{d}x=0,\ \int_{3}^{6}f(x)\mathrm{d}x=\frac{2}{3},$$

可见当 $1\leqslant k\leqslant 3$ 时，

$$\int_{-\infty}^{k}f(x)\mathrm{d}x=\int_{-\infty}^{0}f(x)\mathrm{d}x+\int_{0}^{1}f(x)\mathrm{d}x+\int_{1}^{k}f(x)\mathrm{d}x=\frac{1}{3},$$

所以 k 的取值范围应为 $1 \leqslant k \leqslant 3$.

18. 设某地区每天的用电量 X（单位：$10^6\,\mathrm{kW\cdot h}$）是一连续型随机变量，其概率密度

$$f(x)=\begin{cases}12x(1-x)^2, & 0<x<1;\\ 0, & \text{其他}.\end{cases}$$

假设该地区每天的供电量仅有 $80\times10^4\,\mathrm{kW\cdot h}$，求该地区每天供电量不足的概率. 若每天的供电量上升到 $90\times10^4\,\mathrm{kW\cdot h}$，每天供电量不足的概率是多少？

解

$$P\{X>0.8\}=\int_{0.8}^{1}12x(1-x)^2\mathrm{d}x=0.027\,2,$$

$$P\{X>0.9\}=\int_{0.9}^{1}12x(1-x)^2\mathrm{d}x=0.003\,7.$$

19. 某型号的飞机雷达发射管的寿命 X（单位：h）服从参数为 $\frac{1}{200}$ 的指数分布，求下列事件的概率：

(1) 发射管的寿命不超过 100 h；

(2) 发射管的寿命超过 300 h.

解 $X\sim E\left(\frac{1}{200}\right)$.

(1) $P\{X\leqslant100\}=F(100)=1-\mathrm{e}^{-\frac{100}{200}}=1-\mathrm{e}^{-\frac{1}{2}}\approx0.393\,5$.

(2) $P\{X>300\}=\mathrm{e}^{-\frac{1}{200}\cdot300}=\mathrm{e}^{-\frac{3}{2}}\approx0.223\,1$.

20. 考虑一元二次方程 $x^2+Bx+C=0$，其中 B,C 分别是将一枚骰子接连掷两次先后出现的点数，求该方程有实根的概率 p 和有重根的概率 q.

解法1 用随机变量法. 令 X_i 表示第 i 次掷骰子出现的点数，$i=1,2$. 显然 X_1 和 X_2 独立同分布，

$$P\{X_i=j\}=\frac{1}{6}\quad(j=1,2,\cdots,6;\ i=1,2),$$

则方程变为 $x^2+X_1x+X_2=0$. 它有重根的充要条件是 $X_1^2-4X_2=0$，有实根的充要条件是 $X_1^2-4X_2\geqslant0$，故

$$\begin{aligned}q&=P\{X_1^2-4X_2=0\}\\&=P(\{X_2=1,\ X_1=2\}\cup\{X_2=4,\ X_1=4\})\\&=P\{X_2=1,\ X_1=2\}+P\{X_2=4,\ X_1=4\}\\&=P\{X_2=1\}P\{X_1=2\}+P\{X_2=4\}P\{X_1=4\}\end{aligned}$$

$$=\frac{1}{6}\times\frac{1}{6}+\frac{1}{6}\times\frac{1}{6}=\frac{1}{18}.$$

由全概率公式可得

$$\begin{aligned}
p&=P\{X_1^2-4X_2\geqslant 0\}=P\left\{X_2\leqslant\frac{X_1^2}{4}\right\}\\
&=\sum_{j=1}^{6}P\{X_1=j\}P\left\{X_2\leqslant\frac{X_1^2}{4}\,\middle|\,X_1=j\right\}\\
&=P\{X_1=1\}P\left\{X_2\leqslant\frac{1}{4}\right\}+P\{X_1=2\}P\left\{X_2\leqslant\frac{2^2}{4}\right\}\\
&\quad+P\{X_1=3\}P\left\{X_2\leqslant\frac{3^2}{4}\right\}+P\{X_1=4\}P\left\{X_2\leqslant\frac{4^2}{4}\right\}\\
&\quad+P\{X_1=5\}P\left\{X_2<\frac{5^2}{4}\right\}+P\{X_1=6\}P\left\{X_2\leqslant\frac{6^2}{4}\right\}\\
&=\frac{1}{6}\times 0+\frac{1}{6}\times\frac{1}{6}+\frac{1}{6}\times\frac{2}{6}+\frac{1}{6}\times\frac{4}{6}+\frac{1}{6}\times 1+\frac{1}{6}\times 1\\
&=\frac{19}{36}.
\end{aligned}$$

解法 2 用枚举法. 一枚骰子掷 2 次，其基本事件总数为 36. 方程有实根和重根的充要条件分别为 $B^2-4C\geqslant 0$ 和 $B^2-4C=0$.

B 的取值	1	2	3	4	5	6
使 $B^2-4C\geqslant 0$ 的基本事件个数	0	1	2	4	6	6
使 $B^2-4C=0$ 的基本事件个数	0	1	0	1	0	0

故使方程有实根的基本事件总数为 $1+2+4+6+6=19$，有重根的基本事件总数为 $1+1=2$. 因此 $p=\frac{19}{36}$，$q=\frac{2}{36}=\frac{1}{18}$.

21. 假设某设备开机后无故障工作的时间 T 服从参数为 λ 的指数分布，若设备在 2 h 内出现故障就自动关机；在无故障的情况下，工作到 2 h 就关机. 试求该设备每次开机后无故障工作时间 X 的分布函数，并画出分布函数的图形.

解 由题意知 $X=\min\{T,2\}$，且 $T\sim\mathscr{E}(\lambda)$，$T$ 的分布函数为

$$F_T(t)=\begin{cases}0, & t\leqslant 0;\\ 1-\mathrm{e}^{-\lambda t}, & t>0.\end{cases}$$

从而 X 的分布函数 $F_X(x)=P\{X\leqslant x\}$ 为：当 $x\leqslant 0$ 时 $F_X(x)=0$，当 $x\geqslant 2$ 时 $F_X(x)=1$，当 $0<x<2$ 时

$$F_X(x)=P\{\min\{T,2\}\leqslant x\}=P\{T\leqslant x\}=1-\mathrm{e}^{-\lambda x}.$$

故 X 的分布函数为

$$F_X(x)=\begin{cases}0, & x<0;\\ 1-\mathrm{e}^{-\lambda x}, & 0\leqslant x<2;\\ 1, & x\geqslant 2.\end{cases}$$

注 此题中 X 既不是离散型随机变量，也不是连续型随机变量.

22. 某地抽样调查结果表明，考生的外语成绩(百分制)近似服从正态分布 $N(72,\sigma^2)$，96 分以上的占考生总数的 2.3%，试求考生的外语成绩在 60 分至 84 分之间的概率.

附表：

x	0	0.5	1.0	1.5	2.0	2.5	3.0
$\Phi(x)$	0.500	0.692	0.841	0.933	0.977	0.994	0.999

表中 $\Phi(x)$ 是标准正态分布函数.

解 设 X 为考生的外语成绩，由题设知 $X\sim N(\mu,\sigma)$，其中 $\mu=72$. 现在求 σ^2. 由题设，$P\{X\geqslant 96\}=0.023$，

$$P\left\{\frac{X-\mu}{\sigma}\geqslant\frac{96-72}{\sigma}\right\}=1-\Phi\left(\frac{24}{\sigma}\right)=0.023,$$

因此 $\Phi\left(\frac{24}{\sigma}\right)=0.977$. 由 $\Phi(x)$ 的数值表，可见 $\frac{24}{\sigma}=2$. 因此 $\sigma=12$. 这样 $X\sim N(72,12^2)$. 所求概率为

$$\begin{aligned}P\{60\leqslant x\leqslant 84\}&=P\left\{\frac{60-72}{12}\leqslant\frac{X-\mu}{\sigma}\leqslant\frac{84-72}{12}\right\}\\&=P\left\{-1\leqslant\frac{X-\mu}{\sigma}\leqslant 1\right\}=\Phi(1)-\Phi(-1)\\&=2\Phi(1)-1=2\times 0.841-1=0.682.\end{aligned}$$

23. 某种电池的寿命 X 服从正态分布 $N(\mu,\sigma^2)$，其中 $\mu=300$ h，$\sigma=35$ h.

(1) 求电池寿命在 250 h 以上的概率.

(2) 求 x，使寿命在 $\mu-x$ 与 $\mu+x$ 之间的概率不小于 0.9.

解 (1) $P\{X>250\}=P\left\{\frac{X-300}{35}>\frac{250-300}{35}\right\}$

$$=\Phi(1.43)\approx 0.923\,6.$$

(2) $P\{\mu - x < X < \mu + x\} = P\left\{-\frac{x}{35} < \frac{X-300}{35} < \frac{x}{35}\right\}$

$$=\Phi\left(\frac{x}{35}\right)-\Phi\left(-\frac{x}{35}\right)=2\Phi\left(\frac{x}{35}\right)-1\geqslant 0.9,$$

即 $\Phi\left(\frac{x}{35}\right)\geqslant 0.95$. 所以$\frac{x}{35}\geqslant 1.65$，即 $x\geqslant 57.75$.

24. 在电源电压不超过 200V、在 200 ~ 240 V 和超过 240 V 三种情形下，某种电子元件损坏的概率分别为 0.1,0.001 和 0.2，假设电源电压 X 服从正态分布 $N(220,25^2)$. 试求：

(1) 该电子元件损坏的概率 α；

(2) 该电子元件损坏时，电源电压在 200 ~ 240 V 的概率 β.

解　引进下列事件：$A_1=\{$电压不超过 200 V$\}$，$A_2=\{$电压在 200 ~ 240 V$\}$，$A_3=\{$电压超过 240 V$\}$，$B=\{$电子元件损坏$\}$. 由题设，知 $X\sim N(220,25^2)$，因此

$$P(A_1)=P\{X\leqslant 200\}=P\left\{\frac{X-220}{25}\leqslant\frac{200-220}{25}\right\}$$
$$=\Phi(-0.8)=0.212;$$
$$P(A_2)=P\{200\leqslant X\leqslant 240\}=\Phi(0.8)-\Phi(-0.8)$$
$$=0.576;$$
$$P(A_3)=P\{X>240\}=1-0.212-0.576$$
$$=0.212.$$

(1) 由题设条件，知 $P(B|A_1)=0.1$，$P(B|A_2)=0.001$，$P(B|A_3)=0.2$. 于是由全概率公式，有

$$\alpha=P(B)=\sum_{i=1}^{3}P(A_i)P(B|A_i)=0.064\,2.$$

(2) 由条件概率定义(或贝叶斯公式)，知

$$\beta=P(A_2|B)=\frac{P(A_2)P(B|A_2)}{P(B)}\approx 0.009.$$

25. 设随机变量 $X\sim N(2,\sigma^2)$，且 $P\{2<X<4\}=0.3$. 求概率 $P\{X<0\}$.

解　因 $X\sim N(2,\sigma^2)$，则

$$P\{2<x<4\}=P\left\{0<\frac{X-2}{\sigma}<\frac{2}{\sigma}\right\}=\Phi\left(\frac{2}{\sigma}\right)-0.5.$$

由条件知，$\Phi\left(\frac{2}{\sigma}\right)-0.5=0.3$，于是 $\Phi\left(\frac{2}{\sigma}\right)=0.8$. 故

$$P\{X<0\}=P\left\{\frac{X-2}{\sigma}<-\frac{2}{\sigma}\right\}=\Phi\left(-\frac{2}{\sigma}\right)$$
$$=1-\Phi\left(\frac{2}{\sigma}\right)=1-0.8=0.2.$$

26. 设随机变量 X 的概率密度

$$f(x)=\begin{cases}2x, & 0<x<1;\\ 0, & \text{其他}.\end{cases}$$

以 Y 表示对 X 的三次独立重复观察中事件$\left\{X\leqslant\frac{1}{2}\right\}$出现的次数，求 $P\{Y=2\}$.

解 由题设，$Y\sim B(3,p)$，其中

$$p=P\left\{X\leqslant\frac{1}{2}\right\}=\int_{-\infty}^{\frac{1}{2}}f(x)\,\mathrm{d}x=\int_0^{\frac{1}{2}}2x\,\mathrm{d}x=\frac{1}{4}.$$

故 $P\{Y=2\}=C_3^2\left(\frac{1}{4}\right)^2\left(\frac{3}{4}\right)^1=\frac{9}{64}$.

27. 设随机变量 X 的分布律为$\begin{pmatrix}0 & \frac{\pi}{2} & \pi & \frac{3\pi}{2}\\ 0.3 & 0.2 & 0.4 & 0.1\end{pmatrix}$，求 Y 的分布律：

(1) $Y=(2X-\pi)^2$； (2) $Y=\cos(2X-\pi)$.

解 列表计算：

P	0.3	0.2	0.4	0.1
X	0	$\frac{\pi}{2}$	π	$\frac{3}{2}\pi$
$(2X-\pi)^2$	π^2	0	π^2	$4\pi^2$
$\cos(2X-\pi)$	-1	1	-1	1

(1) Y 的分布律为$\begin{pmatrix}0 & \pi^2 & 4\pi^2\\ 0.2 & 0.7 & 0.1\end{pmatrix}$.

(2) Y 的分布律为$\begin{pmatrix}-1 & 1\\ 0.7 & 0.3\end{pmatrix}$.

28. 设随机变量 X 的分布律为$\begin{pmatrix}1 & 2 & \cdots & n & \cdots\\ \frac{1}{2} & \frac{1}{4} & \cdots & \frac{1}{2^n} & \cdots\end{pmatrix}$，求 $Y=\sin\left(\frac{\pi}{2}X\right)$的分

布律.

解　因为

$$\sin\frac{k\pi}{2}=\begin{cases}-1, & k=4n-1;\\ 0, & k=2n; \\ 1, & k=4n-3\end{cases}\qquad (n=1,2,\cdots),$$

所以，$Y=\sin\left(\frac{\pi}{2}X\right)$只有 3 个可能取值 $-1,0,1$，而取这些值的概率分别为

$$\begin{aligned}P\{Y=-1\}&=P\{X=3\}+P\{X=7\}+P\{X=11\}+\cdots\\ &=\frac{1}{2^3}+\frac{1}{2^7}+\frac{1}{2^{11}}+\cdots=\frac{1}{8}\times\frac{1}{1-1/16}=\frac{2}{15},\\ P\{Y=0\}&=P\{X=2\}+P\{X=4\}+P\{X=6\}+\cdots\\ &=\frac{1}{2^2}+\frac{1}{2^4}+\frac{1}{2^6}=\frac{1}{4}\times\frac{1}{1-1/4}=\frac{1}{3},\\ P\{Y=1\}&=P\{X=1\}+P\{X=5\}+P\{X=9\}+\cdots\\ &=\frac{1}{2}+\frac{1}{2^5}+\frac{1}{2^9}+\cdots=\frac{1}{2}\times\frac{1}{1-1/16}=\frac{8}{15}.\end{aligned}$$

于是，$Y=\sin\left(\frac{\pi}{2}X\right)$的分布列为$\begin{pmatrix}-1 & 0 & 1\\ \frac{2}{15} & \frac{1}{3} & \frac{8}{15}\end{pmatrix}$.

29. 随机变量 X 服从$[0,2]$上的均匀分布，试求随机变量$Y=X^2$ 的概率密度.

解　因为 $X\sim U[0,2]$，可知当 $y<0$ 时，$F_Y(y)=0$；当 $0\leqslant y\leqslant 4$ 时，

$$\begin{aligned}F_Y(y)&=P\{Y\leqslant y\}=P\{X^2\leqslant y\}=P\{X\leqslant\sqrt{y}\}\\ &=F_X(\sqrt{y})=\frac{\sqrt{y}}{2};\end{aligned}$$

而当 $y>4$ 时，$F_Y(y)=1$. 因此 y 的概率密度为

$$f_Y(y)=\begin{cases}\dfrac{1}{4\sqrt{y}}, & 0\leqslant y\leqslant 4;\\ 0, & \text{其他}.\end{cases}$$

30. 设随机变量 X 的概率密度为

$$f(x)=\begin{cases}e^{-x}, & x\geqslant 0;\\ 0, & x<0.\end{cases}$$

求随机变量 $Y=e^X$ 的概率密度.

解　应先求出 y 的分布函数$F_Y(y)$，再对 y 求导即得其概率密度 $f_Y(y)$.
因

$$F_Y(y)=P\{Y<y\}=P\{e^X<y\}=\begin{cases}0, & y<1;\\ P\{X<\ln y\}, & y\geqslant 1,\end{cases}$$

故当 $y\geqslant 1$ 时,

$$F_Y(y)=P\{X<\ln y\}=\int_0^{\ln y}e^{-x}\,dx.$$

而 $f_Y(y)=F'_Y(y)=\dfrac{1}{y^2}$, 因此 $f_Y(y)=\begin{cases}0, & y<1;\\ \dfrac{1}{y^2}, & y\geqslant 1.\end{cases}$

31. 设随机变量 X 的概率密度为

$$f(x)=\begin{cases}\dfrac{1}{6\sqrt[3]{x^2}}, & x\in[1,27];\\ 0, & 其他.\end{cases}$$

(1) 求 X 的分布函数 $F(x)$.

(2) 证明:$Y=F(X)$ 服从区间$[0,1]$上的均匀分布.

解 (1) 当 $x<1$ 时, $F(x)=0$; 当 $1\leqslant x<27$ 时,

$$F(x)=P\{X\leqslant x\}=\int_{-\infty}^{x}f(t)\,dt=\int_1^x\frac{1}{6\sqrt[3]{t^2}}dt=\frac{1}{2}(\sqrt[3]{x}-1);$$

当 $x\geqslant 27$ 时, $F(x)=1$.

(2) 记$Y=F(X)$的分布函数为$G(y)$. 易知:当 $y\leqslant 0$时, $G(y)=0$; 当 $0<y<1$ 时,

$$\begin{aligned}G(y)&=P\{Y\leqslant y\}=P\{F(X)\leqslant y\}=P\left\{\frac{1}{2}(\sqrt[3]{X}-1)\leqslant y\right\}\\&=P\{X\leqslant(2y+1)^3\}=F((2y+1)^3)\\&=\frac{1}{2}(\sqrt[3]{(2y+1)^3}-1)=y;\end{aligned}$$

当 $y\geqslant 1$ 时, $G(y)=1$. 故 $Y\sim U[0,1]$.

32. 假设随机变量 $X\sim N(0,1)$, 求下列随机变量 Y 的概率密度函数:

(1) $Y=e^{-X}$;　　　(2) $Y=2X^2+1$;

(3) $Y=|X|$.

解 (1) $Y=e^{-X}$的分布函数 $F_Y(y)$ 为: $y\leqslant 0$ 时, $F_Y(y)=0$; $y>0$ 时,

$$\begin{aligned}F_Y(y)&=P\{Y\leqslant y\}=P\{e^{-X}\leqslant y\}=P\{X\geqslant -\ln y\}\\&=1-P\{X\leqslant -\ln y\}=1-\Phi(-\ln y)\end{aligned}$$

$$=1-\int_{-\infty}^{-\ln y}\frac{1}{\sqrt{2\pi}}e^{-\frac{x^2}{2}}dx.$$

密度函数 $f_Y(y)=F'_Y(y)$，即有 $f_y(y)=0\ (y\leqslant 0)$；

$$f_Y(y)=\frac{-1}{\sqrt{2\pi}}e^{-\frac{1}{2}(-\ln y)^2}\left(-\frac{1}{y}\right)=\frac{1}{\sqrt{2\pi}\ y}e^{-\frac{1}{2}(\ln y)^2}\quad (y>0).$$

(2) $Y=2X^2+1$ 的分布函数 $F_Y(y)=P\{2X^2+1\leqslant y\}$. 当 $y\leqslant 1$ 时，$F_Y(y)=0$；当 $y>1$ 时，

$$F_Y(y)=P\{2X^2+1\leqslant y\}=P\left\{-\sqrt{\frac{y-1}{2}}\leqslant X\leqslant\sqrt{\frac{y-1}{2}}\right\}$$

$$=\int_{-\sqrt{\frac{y-1}{2}}}^{\sqrt{\frac{y-1}{2}}}\frac{1}{\sqrt{2\pi}}e^{-\frac{x^2}{2}}dx=\frac{2}{\sqrt{2\pi}}\int_0^{\sqrt{\frac{y-1}{2}}}e^{-\frac{x^2}{2}}dx,$$

即 $F_Y(y)=\begin{cases}0, & y\leqslant 1;\\ \dfrac{2}{\sqrt{2\pi}}\displaystyle\int_0^{\sqrt{\frac{y-1}{2}}}e^{-\frac{x^2}{2}}dx, & y>1.\end{cases}$ 故概率密度为

$$f_Y(y)=\begin{cases}\dfrac{1}{2\sqrt{\pi(y-1)}}e^{-\frac{y-1}{4}}, & y>1;\\ 0, & y\leqslant 1.\end{cases}$$

(3) $Y=|X|$ 的分布函数 $F_Y(y)=P\{Y\leqslant y\}=P\{|X|\leqslant y\}$. 当 $y\leqslant 0$ 时，$F_Y(y)=0$；当 $y>0$ 时，

$$F_Y(y)=P\{|X|\leqslant y\}=P\{-y\leqslant X\leqslant y\}$$

$$=\int_{-y}^{y}\frac{1}{\sqrt{2\pi}}e^{-\frac{x^2}{2}}dx=\frac{2}{\sqrt{2\pi}}\int_{-y}^{y}e^{-\frac{x^2}{2}}dx.$$

于是，Y 的概率密度函数为

$$f_Y(y)=F'_Y(y)=\begin{cases}0, & y\leqslant 0;\\ \sqrt{\dfrac{2}{\pi}}e^{-\frac{1}{2}y^2}, & y>0.\end{cases}$$

33. 设随机变量 X 服从参数为 $r>0$，$A>0$ 的帕雷托(Pareto)分布，即 X 的概率密度函数为 $f(x)=\begin{cases}\dfrac{rA^r}{x^{r+1}}, & x\geqslant A,\\ 0, & 其他.\end{cases}$

(1) 验证 X 的危险率函数为 $h(x)=\dfrac{r}{x}$，$x\geqslant A$.

(2) 试证明：对任何 $\lambda>0$，随机变量 $\dfrac{r}{\lambda}\ln\dfrac{X}{A}$ 服从参数为 λ 的指数分布.

解 (1) 记 X 的分布函数为 $F(x)$. 当 $x<1$ 时, $F(x)=0$; 当 $x\geqslant A$ 时,

$$F(x)=P\{X\leqslant x\}=\int_A^x \frac{rA^r}{x^{r+1}}\mathrm{d}t=1-\left(\frac{A}{x}\right)^r.$$

故当 $x\geqslant A$ 时, X 的危险率函数为

$$h(x)=\frac{f(x)}{1-F(x)}=\frac{rA^r/x^{r+1}}{1-\left(1-\left(\frac{A}{x}\right)^r\right)}=\frac{r}{x}.$$

(2) 令 $Y=\frac{r}{\lambda}\ln\frac{X}{A}$, 记 Y 的分布函数为 $G(y)$. 由 X 的取值范围易知: 当 $y\leqslant 0$ 时, $G(y)=0$; 当 $y>0$ 时, 有

$$\begin{aligned}G(y)&=P\{Y\leqslant y\}=P\left\{\frac{r}{\lambda}\ln\frac{X}{A}\leqslant y\right\}=P\{X\leqslant A\mathrm{e}^{\lambda y/r}\}\\&=F(A\mathrm{e}^{\lambda y/r})=1-\left(\frac{A}{A\mathrm{e}^{\lambda y/r}}\right)^r=1-\mathrm{e}^{-\lambda y}.\end{aligned}$$

故 $Y\sim\mathscr{E}(\lambda)$.

34. 验证对数正态分布(2.4.7)的危险率函数为

$$h(x)=\frac{\frac{1}{x\sigma\sqrt{2\pi}}\exp\left\{-\frac{(\ln ax)^2}{2\sigma^2}\right\}}{1-\Phi\left(\frac{\ln ax}{\sigma}\right)},\quad x\geqslant 0.$$

解 (1) 对数正态分布的概率密度函数为

$$f(x)=\begin{cases}\frac{1}{\sqrt{2\pi}\sigma x}\mathrm{e}^{-\frac{1}{2\sigma^2}(\ln x-\mu)^2}, & x>0;\\ 0, & x\leqslant 0;\end{cases}$$

分布函数 $F(x)=P\{X\leqslant x\}$ 为: 当 $x\leqslant 0$ 时, $F(x)=0$; 当 $x>0$ 时,

$$\begin{aligned}F(x)&=\int_0^x\frac{1}{\sqrt{2\pi}\sigma t}\mathrm{e}^{-\frac{(\ln t-\mu)^2}{2\sigma^2}}\mathrm{d}t\xlongequal{u=(\ln t-\mu)/\sigma}\int_{-\infty}^{\frac{\ln x-\mu}{\sigma}}\frac{1}{\sqrt{2\pi}}\mathrm{e}^{-\frac{u^2}{2}}\mathrm{d}u\\&=\Phi\left(\frac{\ln x-\mu}{\sigma}\right)=\Phi\left(\frac{1}{\sigma}\ln ax\right).\end{aligned}$$

故当 $x\geqslant 0$ 时, 对数正态分布的危险率函数为

$$h(x)=\frac{f(x)}{1-F(x)}=\frac{\frac{1}{\sqrt{2\pi}\sigma x}\mathrm{e}^{-\frac{1}{2\sigma^2}(\ln x-\mu)^2}}{1-\Phi\left(\frac{1}{\sigma}\ln ax\right)},$$

其中 $a=e^{-\mu}$.

(二) 补充题解答

1. 设 X 为随机变量. 证明：对任何实数 k，$P\{X>k\}=P\{X\leqslant k\}$ 的充分必要条件是 $P\{X>k\}P\{X\leqslant k\}=\frac{1}{4}$.

证 充分性 若 $P\{X>k\}P\{X\leqslant k\}=\frac{1}{4}$，记 $p=P\{X>k\}$，则 $P\{X\leqslant k\}=1-p \quad (0\leqslant p\leqslant 1)$，于是有

$$p(1-p)=\frac{1}{4} \text{ 或} (2p-1)^2=0.$$

解得 $p=\frac{1}{2}$，故 $P\{X>k\}=P\{X\leqslant k\}=\frac{1}{2}$.

必要性 若 $P\{X>k\}=P\{X\leqslant k\}$，即 $P\{X>k\}=1-P\{X>k\}$，于是有 $P\{X>k\}=\frac{1}{2}$，且 $P\{X\leqslant k\}=1-P\{X>k\}=\frac{1}{2}$，从而

$$P\{X>k\}P\{X\leqslant k\}=\frac{1}{4}.$$

2. 假设随机变量 X 的绝对值不大于 1，$P\{X=-1\}=\frac{1}{8}$，$P\{X=1\}=\frac{1}{4}$，在事件 $\{-1<X<1\}$ 出现的条件下，X 在 $(-1,1)$ 的任一子区间上取值的条件概率与该子区间长度成正比. 试求：

(1) X 的分布函数 $F(x)=P\{X\leqslant x\}$；

(2) X 取负值的概率 p.

解 (1) 由条件可知，当 $x<-1$ 时，$F(x)=0$；$F(-1)=\frac{1}{8}$；

$$P\{-1<X<1\}=1-\frac{1}{8}-\frac{1}{4}=\frac{5}{8}.$$

易见，在 X 的值属于 $(-1,1)$ 的条件下，事件 $\{-1<X\leqslant x\}$ $(-1<x<1)$ 的条件概率为

$$P\{-1<X\leqslant x\,|-1<X<1\}=\frac{x+1}{2}.$$

于是，对于 $-1<x<1$，有

$$\begin{aligned}P\{-1<X\leqslant x\}&=P\{-1<X\leqslant x,-1<X<1\}\\&=P\{-1<X<1\}P\{-1<X\leqslant x\mid -1<X<1\}\\&=\frac{5}{8}\cdot\frac{x+1}{2}=\frac{5x+5}{16},\end{aligned}$$

$$F(x)=P\{X\leqslant -1\}+P\{-1<X\leqslant x\}=\frac{1}{8}+\frac{5x+5}{16}=\frac{5x+7}{16}.$$

对于 $x\geqslant 1$，有 $F(x)=1$. 从而

$$F(x)=\begin{cases}0, & x<-1;\\ \dfrac{5x+7}{16}, & -1\leqslant x<1;\\ 1, & x\geqslant 1.\end{cases}$$

(2) X 取负值的概率

$$p=P\{X<0\}=F(0)-P\{X=0\}=F(0)=\frac{7}{16}.$$

3. 设一个人在一年中患感冒的次数 X 服从参数为 5 的泊松分布，假设现在市场上正在销售一种预防感冒的新型特效药，对 75% 的人来说，服用这种药可将上述的参数减小到 3 (也就是说，该特效药对这部分人有效)，而对另外 25% 的人则无效. 求对于在一年的试用期内恰患两次感冒的人，此药对他有效的可能性有多大.

解 用 A 表示有效，由题设知

$$P(A)=\frac{3}{4},\quad P(\overline{A})=\frac{1}{4},\quad P(X=k\mid A)=\frac{3^k}{k!}\mathrm{e}^{-3},$$

$$P(X=k\mid \overline{A})=\frac{5^k}{k!}\mathrm{e}^{-5},\quad k=0,1,2,\cdots.$$

应用贝叶斯公式，得

$$\begin{aligned}P(A\mid X=2)&=\frac{P(A)P(X=2\mid A)}{P(A)P(X=2\mid A)+P(\overline{A})P(X=2\mid \overline{A})}\\&=\frac{0.75\times 0.2240}{0.75\times 0.2240+0.25\times 0.0842}\approx 0.8887.\end{aligned}$$

4. 设 G 为曲线 $y=2x-x^2$ 与 x 轴所围成的区域，在 G 中等可能地投点. 该点到 y 轴的距离为 X，求 X 的分布函数与概率密度.

解 当 $x\leqslant 0$ 时，$F(x)=0$；当 $0<x<2$ 时，

$$F(x)=\frac{\int_0^x \mathrm{d}x\int_0^{2x-x^2}\mathrm{d}y}{\int_0^2 \mathrm{d}x\int_0^{2x-x^2}\mathrm{d}y}=\frac{\int_0^x (2x-x^2)\mathrm{d}x}{\int_0^2 (2x-x^2)\mathrm{d}x}=\frac{\left(x^2-\dfrac{x^3}{3}\right)\Big|_0^x}{\left(x^2-\dfrac{x^3}{3}\right)\Big|_0^2}$$

$$=\frac{1}{4-\frac{8}{3}}\left(x^2-\frac{x^3}{3}\right)=\frac{1}{4}(3x^2-x^3);$$

当 $x\geqslant 2$ 时，$F(x)=1$. 故

$$f(x)=\begin{cases}\frac{3}{4}(2x-x^2), & 0<x<2;\\ 0, & \text{其他}.\end{cases}$$

5. 设随机变量 X 在(0,1]上取值，其分布函数为 $F(x)$，且对任意 $0\leqslant x<y\leqslant 1$，$F(y)-F(x)$ 仅与 $y-x$ 有关. 试证明 X 服从[0,1]上的均匀分布.

证　设 $F(x)=P\{X\leqslant x\}$ 为 X 的分布函数，则 $F(x)$ 连续，$P\{X=x\}=0$. 依题意，存在函数 $\varphi(x)$，使得

$$P\{x\leqslant X<y\}=P\{x<X<y\}=\varphi(y-x)$$

从而 $\varphi(y)=P\{0\leqslant X<y\}=F(y)$.

$\forall n\geqslant 1$，有

$$1=F(1)=\sum_{k=0}^{n-1}P\left\{\frac{k}{n}\leqslant X<\frac{k+1}{n}\right\}=\sum_{k=0}^{n-1}\varphi\left(\frac{1}{n}\right)=nF\left(\frac{1}{n}\right),$$

故 $F\left(\frac{1}{n}\right)=\frac{1}{n}$，$\forall n\geqslant 1$.

$\forall m\leqslant n$，有

$$F\left(\frac{m}{n}\right)=P\left\{0\leqslant X<\frac{m}{n}\right\}=\sum_{k=0}^{m-1}P\left\{\frac{k}{n}\leqslant X<\frac{k+1}{n}\right\}=mF\left(\frac{1}{n}\right)=\frac{m}{n},$$

再由 $F(x)$ 的连续性知 $F(x)=x$，$0\leqslant x\leqslant 1$.

即 X 服从[0,1]上的均匀分布.

6. 设随机变量 X 服从[0,1]上的均匀分布，求一单调增函数 $h(x)$，使 $Y=h(X)$ 服从参数为 λ 的指数分布.

分析　欲使 $Y=h(X)$ 服从指数分布，即应有

$$F_Y(y)=\begin{cases}0, & y\leqslant 0;\\ 1-e^{-\lambda y}, & y>0.\end{cases}$$

因 $X\sim U[0,1]$，故知

$$F_X(x)=\begin{cases}0, & x\leqslant 0;\\ x, & 0<x<1;\\ 1, & x\geqslant 1.\end{cases}$$

从而，当 $y>0$ 时，有

$$
\begin{aligned}
F_Y(y) &= F_X(1-\mathrm{e}^{-\lambda y}) = P\{X \leqslant 1-\mathrm{e}^{-\lambda y}\} \\
&= P\{1-X \geqslant \mathrm{e}^{-\lambda y}\} = P\{\ln(1-X) \geqslant -\lambda y\} \\
&= P\left\{-\frac{1}{\lambda}\ln(1-X) \leqslant y\right\} = P\{Y \leqslant y\},
\end{aligned}
$$

其中 $Y=-\frac{1}{\lambda}\ln(1-X)$（为单调增函数）.

解 设 $Y=-\frac{1}{\lambda}\ln(1-X)$，$\lambda>0$. 因为 $X\sim U[0,1]$，所以当 $y\leqslant 0$ 时，$F_Y(y)=0$；当 $y>0$ 时，

$$
\begin{aligned}
F_Y(y) &= P\{Y \leqslant y\} = P\left\{-\frac{1}{\lambda}\ln(1-X) \leqslant y\right\} \\
&= P\{X \leqslant 1-\mathrm{e}^{-\lambda y}\} = F_X(1-\mathrm{e}^{-\lambda y}) = 1-\mathrm{e}^{-\lambda y}.
\end{aligned}
$$

7. 假设随机变量 X 服从 $(0,1)$ 上的均匀分布，求随机变量 $Y=X^{\ln X}$ 的概率密度函数.

解 $Y=X^{\ln X}=\mathrm{e}^{(\ln X)^2}$，令 $Z=(\ln X)^2$，记 Z 的分布函数为 $F_Z(z)$，易知：当 $z\leqslant 0$ 时，$F_Z(z)=0$；当 $z>0$ 时，有

$$
\begin{aligned}
F_Z(z) &= P\{Z \leqslant z\} = P\{(\ln X)^2 \leqslant z\} = P\{-\sqrt{z} \leqslant \ln X \leqslant \sqrt{z}\} \\
&= P\{\mathrm{e}^{-\sqrt{z}} \leqslant X \leqslant \mathrm{e}^{\sqrt{z}}\} = \int_{\mathrm{e}^{-\sqrt{z}}}^{1} \mathrm{d}x = 1-\mathrm{e}^{-\sqrt{z}}.
\end{aligned}
$$

从而 $Z=(\ln X)^2$ 的概率密度函数为

$$
f_Z(z)=\begin{cases}\dfrac{1}{2\sqrt{z}}\mathrm{e}^{-\sqrt{z}}, & z>0; \\ 0, & z\leqslant 0.\end{cases}
$$

设 $Y=\mathrm{e}^Z$ 的分布函数为 $F_Y(y)$，注意到 Z 的取值，易知：当 $y\leqslant 1$ 时，$F_Y(y)=0$；当 $y>1$ 时，

$$
\begin{aligned}
F_Y(y) &= P\{\mathrm{e}^Z \leqslant y\} = P\{0 < Z \leqslant \ln y\} = \int_0^{\ln y} \frac{1}{2\sqrt{z}}\mathrm{e}^{-\sqrt{z}}\,\mathrm{d}z = -\int_0^{\ln y}\mathrm{d}\,\mathrm{e}^{-\sqrt{z}} \\
&= 1-\mathrm{e}^{-\sqrt{\ln y}}.
\end{aligned}
$$

故 Y 的概率密度函数为

$$
f_Y(y)=\begin{cases}\dfrac{1}{2y\sqrt{\ln y}}\mathrm{e}^{-\sqrt{\ln y}}, & y>1; \\ 0, & y\leqslant 1.\end{cases}
$$

三、测试题及测试题解答

（一）测试题

1. 袋中有大小相等的小球10个，编号分别为0,1,2,…,9，从中任取1个观察号码，试按“小于5”、“等于5”、“大于5”三种情况，定义一个随机变量X，并写出X的分布律和分布函数.

2. 已知离散型随机变量X的分布律为

X	-1	0	1
P	$\frac{1}{4}$	a	b

分布函数为

$$F(x)=\begin{cases} c, & -\infty < x < -1; \\ d, & -1 \leqslant x < 0; \\ \frac{3}{4}, & 0 \leqslant x < 1; \\ e, & 1 \leqslant x < +\infty. \end{cases}$$

试求a,b,c,d,e.

3. 随机地向区间$[0,a]$上投掷一个质点，以X表示这个质点的坐标. 设质点落在$[0,a]$中任意小区间内的概率与这个小区间的长度成正比. 试求X的分布函数.

4. 设有一批产品，其中废品率为p.从中有放回地每次抽取一个产品，直到抽到第r个废品为止. 求所需抽取次数X服从的概率分布.

5. 设在3次独立试验中事件A发生的概率相等，若已知事件A至少发生1次的概率为$\frac{19}{27}$，试求事件A最多发生1次的概率.

6. 设某种产品每件上的缺陷数X服从参数为0.9的泊松分布.

（1） 求每件产品最大可能的缺陷数及其概率.

（2） 若1件产品上无缺陷叫特优品，1个缺陷为1级品；2个缺陷为2级品；3个缺陷为3级品；超过3个缺陷为废品，试求各种产品的比率.

7. 对某目标进行独立射击，每次射中的概率为p，直到射中为止，求：

(1) 射击次数 X 的分布律;(2) 脱靶次数 Y 的分布律.

8. 从一批含有 13 只正品、2 只次品的产品中,不放回地抽取 3 次,每次抽取 1 只,求抽得次品数 X 的分布律.

9. 设随机变量 X 的分布函数为

$$F(x)=P\{X\leqslant x\}=\begin{cases}0, & x<-1;\\ 0.2, & -1\leqslant x<2;\\ 0.7, & 2\leqslant x<4;\\ 1, & x\geqslant 4.\end{cases}$$

求 X 的分布律.

10. 设随机变量 X 的概率密度函数为 $f(x)=\begin{cases}\dfrac{a}{x^2}, & x\geqslant 10;\\ 0, & x<10.\end{cases}$

(1) 试确定常数 a.

(2) 求分布函数 $F(x)$.

(3) 若 $F(k)=\dfrac{1}{2}$, 试求 k.

11. 已知随机变量 X 的分布函数为

$$F(x)=\begin{cases}0, & x<0;\\ a\left(1-\cos\dfrac{\pi}{2}x\right), & 0\leqslant x\leqslant 2;\\ 1, & x>2.\end{cases}$$

(1) 试确定常数 a.

(2) 求密度函数 $f(x)$.

(3) 求 $P\left\{X<\dfrac{1}{2}\right\}$.

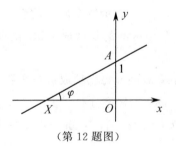

(第 12 题图)

12. 如图所示,设通过点 $A(0,1)$ 任意作直线与 x 轴相交所成的角为 φ $(0<\varphi<\pi)$,求直线在 x 轴上的截距 X 的概率密度.

13. 已知随机变量 X 在 $(-3,3)$ 上服从均匀分布,现有方程

$$4y^2+4Xy+X+2=0.$$

(1) 求方程有实根的概率.

(2) 求方程有重根的概率.

(3) 求方程没有实根(有复根)的概率.

14. 某地区一个月内发生交通事故的次数 X 服从参数为 λ 的泊松分布,

即 $X \sim P(\lambda)$. 据统计资料知，一个月内发生 8 次交通事故的概率是发生 10 次事故概率的 2.5 倍.

(1) 求 1 个月内发生 8 次、10 次交通的概率.

(2) 求 1 个月内至少发生 1 次交通事故的概率.

(3) 求 1 个月内最多发生 2 次交通事故的概率.

15. 设顾客在某银行的窗口等待服务的时间 X（单位：分钟）服从参数 $\lambda=\frac{1}{5}$ 的指数分布，某顾客在窗口等待服务，若超过10分钟，他就离开. 他一个月内到银行 5 次，令 Y 表示他一个月以内未等到服务而离开窗口的次数. 试求 Y 的分布律及 $P\{Y \geqslant 1\}$.

16. 测量某距离时总发生随机误差 X（单位：cm），已知 X 的概率密度函数为 $f(x)=k\mathrm{e}^{-\frac{(x-20)^2}{3\,200}}\ (-\infty<x<+\infty)$.

(1) 确定常数 k.

(2) 求 3 次独立测量中至少有 1 次误差绝对值不超过 30 cm 的概率.

17. 设钢管内径 X 服从正态分布 $N(\mu,\sigma^2)$，规定内径在 98 ～ 102 之间的为合格品；超过 102 的为废品，不足 98 的是次品，已知该批产品次品率为 15.9%，内径超过 101 的产品在总产品中占 2.28%，求整批产品的合格率.

18. 设随机变量 X 服从正态分布 $N(60,9)$，求分点 x_1,x_2，使 X 分别落在$(-\infty,x_1),(x_1,x_2),(x_2,+\infty)$ 的概率之比为 3 ∶ 4 ∶ 5.

19. 假设测量的随机误差 $X \sim N(0,10^2)$. 试求在 100 次独立重复测量中，至少有三次测量误差的绝对值大于 19.6 的概率 α，并利用泊松分布求出 α 的近似值(要求小数点后取两位有效数字).

20. 一条生产线在两次调整之间生产 n 件合格品的概率为 $\frac{1}{\mathrm{e}n!}$ $(n=0,1,2,\cdots)$. 假设合格品中的优质品率为 p $(0<p<1)$. 已知在两次调整间生产了 k 件优质品，求在这两次调整间生产的合格品数 X 的概率分布.

21. 假设随机变量 X 服从$[0,\pi]$上均匀分布，求随机变量 $Y=\sin X$（见图）的概率密度.

22. 设随机变量 X 的分布函数为

$$F(x)=\begin{cases}0, & x \leqslant -2;\\ 0.3, & -2<x \leqslant -1;\\ 0.6, & -1<x \leqslant 1;\\ 1, & x>1.\end{cases}$$

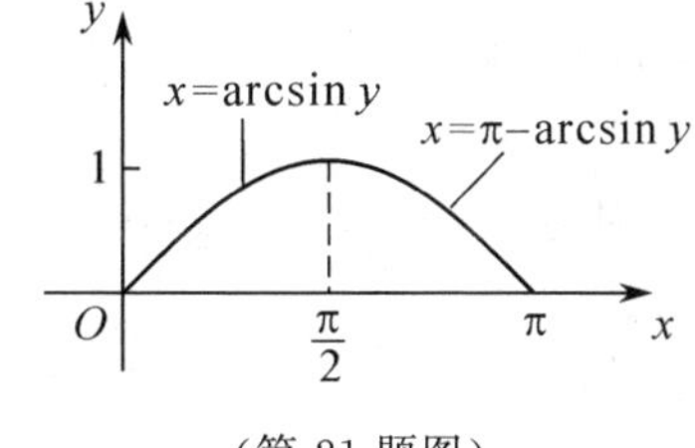

(第 21 题图)

已知$Y=\sin\frac{\pi X}{12}\cos\frac{\pi X}{12}$，求$|Y|$的分布函数.

(二) 测试题解答

1.解 这是一个建立数学模型的问题，X 可有多种定义，现取其中的一个定义如下：

$$X=\begin{cases}-1, & \text{号码小于 5 (即号码为 4,3,2,1,0)};\\ 0, & \text{号码等于 5};\\ 1, & \text{号码大于 5 (即有 6,7,8,9)}.\end{cases}$$

按上述定义，X 取值的概率分别为

$$P\{X=-1\}=5\times 0.1=0.5,\quad P\{X=0\}=0.1,$$
$$P\{X=1\}=4\times 0.1=0.4.$$

显然有 $0.5+0.1+0.4=1$，故

$$X\sim\begin{pmatrix}-1 & 0 & 1\\ 0.5 & 0.1 & 0.4\end{pmatrix}.$$

从而，由分布函数公式 $F(x)=\sum\limits_{k:\, x_k\leqslant x}P\{X\leqslant x\}$，知

$$F(x)=\begin{cases}0, & x<-1;\\ 0.5, & -1\leqslant x<0;\\ 0.6, & 0\leqslant x<1;\\ 1, & x\geqslant 1.\end{cases}$$

2.解 这是一分布律和分布函数性质的综合应用题. 只要熟悉这些性质，问题就不难解决.

由$\sum p_i=1$，知$\frac{1}{4}+a+b=1$，所以 $a+b=\frac{3}{4}$.

因为 $F(-\infty)=0$，又 $F(-\infty)=c$，所以 $c=0$.

因为 $P\{X=-1\}=F(-1)-F(-1^-)=d-c$，且 $P\{X=-1\}=\frac{1}{4}$，$c=0$，所以 $d=\frac{1}{4}$.

因为 $P\{X=0\}=F(0)-F(0^-)=\frac{3}{4}-d=\frac{3}{4}-\frac{1}{4}=\frac{1}{2}$，且 $P\{X=0\}=a$，所以 $a=\frac{1}{2}$. 从而 $b=\frac{3}{4}-a=\frac{3}{4}-\frac{1}{2}=\frac{1}{4}$.

因为 $F(+\infty)=1$，又 $F(+\infty)=e$，所以 $e=1$.

最后结果为 $a=\frac{1}{2}$，$b=\frac{1}{4}$，$c=0$，$d=\frac{1}{4}$，$e=1$.

3.解　设 $x_1<x_2$ 为 $[0,a]$ 内的任意两点. 据题意，

$$P\{x_1\leqslant X\leqslant x_2\}=k(x_2-x_1).$$

再根据分布函数的意义，知当 $x<0$ 时，$F(x)=0$；当 $x>a$ 时，$F(x)=1$；当 $0\leqslant x\leqslant a$ 时，$F(x)=kx$，$F(a)=F(a^+)=1$，所以 $ka=1$，即 $k=\frac{1}{a}$.

故 X 的分布函数为

$$F(x)=\begin{cases}0, & x<0;\\ \frac{x}{a}, & 0\leqslant x\leqslant a;\\ 1, & x>a.\end{cases}$$

4.解　试验在抽到第 r 个废品时中止，则抽取次数为 $X\geqslant r$. 故 X 的值域为 $\{r,r+1,\cdots\}$，而 $X=r+k$ 意味着在第 $r+k$ 次抽到第 r 个废品，且前 $r+k-1$ 次中有 $r-1$ 个废品被抽到，利用试验独立性有

$$\begin{aligned}F(X=r+k)&=C_{r+k-1}^{r-1}(1-p)^k p^{r-1}\cdot p\\&=C_{r+k-1}^{r-1}(1-p)^k p^r\quad(k=0,1,2,\cdots),\end{aligned}$$

即

X	r	$r+1$	$\cdots$	$r+k$	$\cdots$
P	p^r	rqp^r	$\cdots$	$C_{r+k-1}^{r-1}q^k p^r$	$\cdots$

其中 $q=1-p$.

5.解　设 $P(A)=p$，$P(\overline{A})=1-p=q$. 记 X 为事件 A 发生的次数. 据题意，$X\sim B(3,p)$. 已知事件 A 至少发生 1 次的概率为 $P\{X\geqslant 1\}=\frac{19}{27}$. 又因为

$$P\{X\geqslant 1\}=1-P\{X=0\}=1-q^3,$$

所以 $1-q^3=\frac{19}{27}$. 解出 $q=\frac{2}{3}$，$p=\frac{1}{3}$，即 $X\sim B\left(3,\frac{1}{3}\right)$. 故

$$\begin{aligned}P\{X\leqslant 1\}&=P\{X=0\}+P\{X=1\}\\&=\left(\frac{2}{3}\right)^3+3\times\frac{1}{3}\times\left(\frac{2}{3}\right)^2=\frac{20}{27}.\end{aligned}$$

6.解　$X\sim P(0.9)$，$P\{X=k\}=\frac{0.9^k\mathrm{e}^{-0.9}}{k!}$.

(1) 因为$[0.9]=0$，所以最大可能的缺陷数为$X=0$.

$$P\{X=0\}=\frac{0.9^k \mathrm{e}^{-0.9}}{0!}=\mathrm{e}^{-0.9}\approx 0.406\,6.$$

(2) 特优品$X=0$，$P\{X=0\}=\mathrm{e}^{-0.9}\approx 0.406\,57$；1级品$X=1$，

$$P\{X=1\}=\frac{0.9^1 \mathrm{e}^{-0.9}}{1!}\approx 0.365\,91;$$

2级品$X=2$，$P\{X=2\}=\dfrac{0.9^2 \mathrm{e}^{-0.9}}{2!}\approx 0.164\,66$；3级品$X=3$，

$$P\{X=3\}=\frac{0.9^3 \mathrm{e}^{-0.9}}{3!}\approx 0.049\,40.$$

废品2级品$X\geqslant 4$，

$$\begin{aligned}P\{X\geqslant 4\}&=1-P\{X\leqslant 3\}\\&\approx 1-0.406\,57-0.365\,91-0.164\,66-0.049\,40\\&=0.013\,5.\end{aligned}$$

或者根据$P\{X\geqslant 4\}=\displaystyle\sum_{k=4}^{\infty}\frac{0.9^k \mathrm{e}^{-0.9}}{k!}$，查泊松分布表得出$P\{X\geqslant 4\}\approx 0.013\,5$.

7.解 (1) 依题意，射击命中可能发生在第一次、第二次 …… 所以X所有可能的取值为$1,2,\cdots$. 设A_k表示事件射击时在第k次命中，则

$$\{X=k\}=\overline{A_1}\,\overline{A_2}\cdots\overline{A_{k-1}}A_k.$$

于是，X的分布列为$P\{X=k\}=(1-p)^{k-1}p$，$k=1,2,\cdots$.

(2) 射击时，可能没有脱靶，也可能脱靶一次、二次 …… 因此Y的所有可能取值为$0,1,2,\cdots$，则

$$\{Y=k\}=\overline{A_1}\,\overline{A_2}\cdots\overline{A_k}A_{k+1},$$

于是Y的分布列为$P\{Y=k\}=(1-p)^k p$，$k=1,2,\cdots$.

8.解 因为

$$P\{X=0\}=\frac{C_2^0C_{13}^3}{C_{15}^3}=\frac{22}{35},\quad P\{X=1\}=\frac{C_2^1C_{13}^2}{C_{15}^3}=\frac{12}{35},$$

$$P\{X=2\}=\frac{C_2^2C_{13}^1}{C_{15}^3}=\frac{1}{35},$$

所以，P的分布律为

X	0	1	2
P	$\frac{22}{35}$	$\frac{12}{35}$	$\frac{1}{35}$

9.解 由公式$P\{X=x_0\}=F(x_0+0)-F(x_0-0)$，可得

$$P\{X=-1\}=0.2-0=0.2,$$
$$P\{X=2\}=0.7-0.2=0.5,$$
$$P\{X=4\}=1-0.7=0.3.$$

故 X 的分布律为

X	-1	2	4
P	0.2	0.5	0.3

10.解　(1) 因为 $\int_{10}^{+\infty}\frac{a}{x^2}\mathrm{d}x=1$，即

$$\int_{10}^{+\infty}\frac{a}{x^2}\mathrm{d}x=a\left(-\frac{1}{x}\right)\Big|_{10}^{+\infty}=\frac{a}{10}=1,$$

所以 $a=10$.

(2) 当 $x<10$ 时，$F(x)=0$；当 $x\geqslant 10$ 时，

$$F(x)=\int_{10}^{x}\frac{10}{t^2}\mathrm{d}t=10\left(-\frac{1}{t}\right)\Big|_{10}^{x}=1-\frac{10}{x},$$

即 $F(x)=\begin{cases}0, & x<10;\\ 1-\dfrac{10}{x}, & x\geqslant 10.\end{cases}$

(3) $F(k)=\frac{1}{2}$，即 $1-\frac{10}{k}=\frac{1}{2}$，故 $k=20$.

11.解　(1) 因为 $F(+\infty)=1$，这里 $F(+\infty)=F(2^{+})=1$，根据 $F(x)$ 的连续性，$F(2)=F(2^{+})=1$. 而 $F(2)=a(1-\cos\pi)=2a$，即 $2a=1$，所以 $a=\frac{1}{2}$.

(2) 当 $0<x<2$ 时，$f(x)=F'(x)=\frac{\pi}{4}\sin\left(\frac{\pi}{2}x\right)$，故

$$f(x)=\begin{cases}\dfrac{\pi}{4}\sin\left(\dfrac{\pi}{2}x\right), & 0<x<2;\\ 0, & \text{其他}.\end{cases}$$

(3) $P\left\{X>\frac{1}{2}\right\}=1-P\left\{X\leqslant\frac{1}{2}\right\}=1-F\left(\frac{1}{2}\right)=1-\frac{1}{2}\left(1-\cos\frac{\pi}{4}\right)$

$$=\frac{1}{2}\left(1+\frac{\sqrt{2}}{2}\right)\approx 0.853\,6.$$

另解　$P\left\{X>\frac{1}{2}\right\}=\int_{\frac{1}{2}}^{2}\frac{\pi}{4}\sin\left(\frac{\pi}{2}x\right)\,\mathrm{d}x=\frac{1}{2}\left(-\cos\frac{\pi}{2}x\right)\Big|_{\frac{1}{2}}^{2}$

$$=\frac{1}{2}\left(1+\frac{\sqrt{2}}{2}\right)\approx 0.853\,6.$$

12.解 由于$X=-\cot\Phi$,而Φ是在区间$(0,\pi)$上服从均匀分布的随机变量,Φ的概率密度为

$$f_{\Phi}(\varphi)=\begin{cases}\frac{1}{\pi}, & 0<\varphi<\pi;\\ 0, & 其他.\end{cases}$$

当φ在区间$(0,\pi)$内取值时,函数$x=-\cot\varphi$在$(-\infty,+\infty)$内取值,其反函数为$\varphi=h(x)=\operatorname{arccot}(-x)$,$-\infty<x<+\infty$.

由于$|h'(x)|=\frac{1}{1+x^2}$,$f_{\Phi}(h(x))=\frac{1}{\pi}$,因此随机变量$X=-\cot\Phi$的概率密度为$f_X(x)=\frac{1}{\pi(1+x^2)}$,$-\infty<x<+\infty$.

13.解 由代数知道,对一元二次方程$ay^2+by+c=0$,判别式为$\Delta=b^2-4ac$.方程有实根的充分必要条件是$\Delta\geqslant 0$;方程有重根的充分必要条件是$\Delta=0$;方程没有实根的充分必要条件是$\Delta<0$.在这里,

$$\Delta=b^2-4ac=(4X)^2-4\times 4(X+2)=16(X-2)(X+1).$$

$\Delta\geqslant 0$等价于$X\geqslant 2$或$X\leqslant -1$;$\Delta=0$等价于$X=2$或$X=-1$;$\Delta<0$等价于$-1<X<2$.已知X在$(-3,3)$上服从均匀分布,即X是连续型随机变量,概率密度函数为

$$f(x)=\begin{cases}\frac{1}{6}, & -3<x<3;\\ 0, & 其他.\end{cases}$$

(1) 方程有实根的概率为

$$P\{X\geqslant 2\}+P\{X\leqslant -1\}=P\{2\leqslant X\leqslant 3\}+P\{-3<X\leqslant -1\}$$
$$=\frac{1}{6}+\frac{2}{6}=\frac{1}{2}.$$

(2) 因为X为连续型随机变量,所以方程有重根的概率为

$$P\{X=2\}+P\{X=-1\}=0+0=0.$$

(3) 方程无实根的概率为$P\{-1<X<2\}=\frac{3}{6}=\frac{1}{2}$.

14.解 这是泊松分布的应用问题.$X\sim P(\lambda)$,即

$$P\{X=k\}=\frac{\lambda^k e^{-\lambda}}{k!}\quad(k=0,1,2,\cdots),$$

这里 λ 是未知的，关键是求出 λ. 据题意有 $P\{X=8\}=2.5P\{X=10\}$，即

$$\frac{\lambda^8 e^{-\lambda}}{8!}=2.5\times\frac{\lambda^{10}e^{-\lambda}}{10!},$$

解之得 $\lambda^2=36$，$\lambda=6$.

(1) $P\{X=8\}=\dfrac{6^8e^{-6}}{8!}\approx 0.103\,3$，$P\{X=10\}=\dfrac{6^{10}e^{-6}}{10!}\approx 0.041\,3$.

(2) $P\{X=0\}=e^{-\lambda}=e^{-6}\approx 0.002\,48$,

$P\{X\geqslant 1\}=1-P\{X=0\}\approx 1-0.0024\,8\approx 0.997\,5$.

(3) $P\{X=1\}=6e^{-6}\approx 0.014\,87$，$P\{X=2\}=\dfrac{6^2e^{-6}}{2!}\approx 0.044\,62$,

$$\begin{aligned}P\{X\leqslant 2\}&=P\{X=0\}+P\{X=1\}+P\{X=2\}\\&\approx 0.0024\,8+0.0148\,7+0.0446\,2\approx 0.062\,0.\end{aligned}$$

15.解 因为 X 服从 $\lambda=\dfrac{1}{5}$ 的指数分布，所以 X 的密度函数为

$$f(x)=\begin{cases}\dfrac{1}{5}e^{-\frac{x}{5}}, & x>0;\\ 0, & x\leqslant 0.\end{cases}$$

令 $A=\{$该顾客某次未受到服务$\}$，则

$$P(A)=P\{X>10\}=\frac{1}{5}\int_{10}^{+\infty}e^{-\frac{x}{5}}dx=-e^{-\frac{x}{5}}\Big|_{10}^{+\infty}=e^{-2}.$$

由于观察该顾客一个月内未受到服务而离开银行相当于做 5 重伯努利试验，故 $Y\sim B(5,e^{-2})$. 因此 Y 的分布律为

$$P\{Y=k\}=C_5^k(e^{-2})^k(1-e^{-2})^{5-k}\quad(k=0,1,2,\cdots,5).$$

由此，得

$$P\{Y\geqslant 1\}=1-P\{Y<1\}=1-P\{Y=0\}=1-(1-e^{-2})^5=0.516\,7.$$

16.解 (1) 从 $f(x)$ 的形式看出，$X\sim N(\mu,\sigma^2)$，由于

$$f(x)=\frac{1}{\sqrt{2}\pi\sigma}e^{-\frac{(x-\mu)^2}{2\sigma 2}},$$

其中 $\mu=20$，$2\sigma^2=3200$，于是，知 $k=\dfrac{1}{\sqrt{2\pi}\cdot 40}$.

(2) 先求任意 1 次测量中误差绝对值不超过 30 cm 的概率，其值为

$$\begin{aligned}p&=P\{|X|\leqslant 30\}=P\{-30\leqslant X\leqslant 30\}\\&=P\left\{\frac{-30-20}{40}\leqslant\frac{X-20}{40}\leqslant\frac{30-20}{40}\right\}\\&=\Phi(0.25)-\Phi(-1.25)=\Phi(0.25)-1+\Phi(1.25)\\&\approx 0.598\,7-1+0.894\,4=0.493\,1.\end{aligned}$$

设 3 次独立测量中误差绝对值不超过 30 cm 的次数为 Y，则 $Y\sim B(3,p)$，$p\approx 0.4931$，$1-p\approx 0.5069$，所求概率为

$$P\{Y\geqslant 1\}=1-P\{Y<1\}=1-P\{Y=0\}=1-(1-p)^3$$
$$\approx 1-0.5069^3\approx 0.8698.$$

17.解 依题意 $P\{X<98\}=0.159$，$P\{X>101\}=0.0228$，因 $X\sim N(\mu,\sigma^2)$，故有

$$P\{X<98\}=P\{X\leqslant 98\}=\Phi\left(\frac{98-\mu}{\sigma}\right)=0.159,$$

$$P\{X>101\}=1-P\{X\leqslant 101\}=1-\Phi\left(\frac{101-\mu}{\sigma}\right)=0.0228,$$

从而

$$\Phi\left(\frac{\mu-98}{\sigma}\right)=1-\Phi\left(\frac{98-\mu}{\sigma}\right)=0.841,\quad \Phi\left(\frac{101-\mu}{\sigma}\right)=0.9772.$$

查正态分布表，可得关于 μ 与 σ 的二元方程组：

$$\begin{cases}\dfrac{\mu-98}{\sigma}=1,\\[2mm]\dfrac{101-\mu}{\sigma}=2.\end{cases}$$

解之得 $\mu=99$，$\sigma=1$. 于是，

$$P\{98\leqslant X\leqslant 102\}=\Phi(102-99)-\Phi(98-99)$$
$$=\Phi(3)-\Phi(-1)=0.83995.$$

因此合格率约为 84%.

18.解 由于

$$P\left\{\frac{X-60}{3}<\frac{x_1-60}{3}\right\}=P\{X<x_1\}=\frac{3}{3+4+5}=0.25,$$

即 $\Phi\left(\dfrac{x_1-60}{3}\right)=0.25$，查标准正态分布表，得 $\dfrac{x_1-60}{3}=-0.675$. 于是

$$x_1=60-3\times 0.675=57.975.$$

又由于

$$P\left\{\frac{X-60}{3}<\frac{x_2-60}{3}\right\}=P\{X<x_2\}=\frac{3+4}{3+4+5}=0.5833,$$

即 $\Phi\left(\dfrac{x_2-60}{3}\right)=0.5833$，查标准正态分布表，得 $\dfrac{x_2-60}{3}=0.21$，于是

$$x_2=60+3\times 0.21=60.63.$$

19.解 设 p 为每次测量误差的绝对值大于 19.6 的概率，

$$p=P\{|X|>19.6\}=P\left\{\frac{|X|}{10}>\frac{19.6}{10}\right\}=P\left\{\frac{|X|}{10}>1.96\right\}$$
$$=2(1-\Phi(1.96))=0.05.$$

设 Y 为 100 次独立重复测量事件$\{|X|>19.6\}$出现的次数，则 Y 服从参数为 $n=100$，$p=0.05$ 的二项分布，所求概率

$$a=P\{Y\geqslant 3\}=1-\{Y<3\}$$
$$=1-0.95^{100}-100\times 0.95^{99}\times 0.05-\frac{100\times 99}{2}\times 0.95^{98}\times 0.05^{2}.$$

由泊松定理，知 Y 近似服从参数为 $\lambda=np=100\times 0.05=5$ 的泊松分布，故

$$\alpha\approx 1-\mathrm{e}^{-\lambda}\left(1+\lambda+\frac{1}{2}\lambda^{2}\right)=1-0.007\times 18.5\approx 0.87.$$

20.解 设事件 $B_k=\{$在两次调整间生产了 k 件优质品$\}$，$A_n=\{$在两次调整间生产了 n 件合格品$\}$，$n=0,1,2,\cdots$. 显然事件 $A_0,A_1,A_2,\cdots$ 两两互不相容，其和为 Ω. 依题意有

$$P(A_n)=P\{X=n\}=\frac{1}{en!}\quad(n=0,1,2,\cdots).$$

由于在 n 件合格品中，每件都可能是优质品，也可能不是优质品，且各件合格品是否优质品互不影响，因此条件概率 $P(B_k|A_0)$ 应如下计算：

$$P(B_k|A_n)=\begin{cases}0, & k>n;\\ C_n^k p^k q^{n-k}, & k\leqslant n.\end{cases}$$

应用全概率公式，

$$P(B_k)=\sum_{n=k}^{\infty}P(A_n)P(B_k|A_n)=\sum_{n=k}^{\infty}\frac{C_n^k p^k q^{n-k}}{en!}=\frac{p^k}{k!}\mathrm{e}^{-p}$$
$$(k=0,1,2,\cdots).$$

因此

$$P(X=n|B_k)=P(A_n|B_k)=\frac{P(A_n)P(B_k|A_n)}{P(B_k)}$$
$$=\frac{[1/(en!)]C_n^k p^k q^{n-k}}{(p^k/k!)\mathrm{e}^{-p}}=\frac{q^{n-k}}{(n-k)!}\mathrm{e}^{-q}$$
$$(n=k,k+1,\cdots).$$

21.解 此时 X 的概率密度为

$$f(x)=\begin{cases}\frac{1}{\pi} & 0\leqslant x\leqslant \pi;\\ 0, & \text{其他},\end{cases}$$

Y 的值域为$[0,1]$. 当 $0 \leqslant y \leqslant 1$ 时,

$$f(y) = P\{Y \leqslant y\} = P\{\sin X \leqslant y\} = P\{X \in B\},$$

其中 $B = \{x \mid 0 \leqslant x \leqslant \arcsin y,\ \pi - \arcsin y \leqslant x \leqslant \pi\}$. 所以

$$F(y) = \int_0^{\arcsin y} \frac{1}{\pi} \mathrm{d}x + \int_{\pi - \arcsin y}^{\pi} \frac{1}{\pi} \mathrm{d}x;$$

当 $y < 0$ 时, $F(y) = 0$; 当 $y \geqslant 1$ 时, $F(y) = 1$.

由 $F(y)$ 对 y 求导, 得到

$$f_Y(y) = \begin{cases} \dfrac{2}{\pi\sqrt{1-y^2}}, & 0 \leqslant y < 1; \\ 0, & \text{其他}. \end{cases}$$

或者, 由于 Y 在 $\left[0, \dfrac{\pi}{2}\right]$ 上有反函数 $X = \arcsin Y$, 在 $\left[\dfrac{\pi}{2}, \pi\right]$ 上有反函数 $X = \pi - \arcsin Y$, 利用单调函数公式, 当 $0 \leqslant y \leqslant 1$, 有

$$f_Y(y) = \frac{1}{\pi} \cdot (\arcsin y)'_y + \frac{1}{\pi} \left| (\pi - \arcsin y)'_y \right|,$$

也能得到相同的答案.

22.解 由 X 的分布函数 $F(x)$, 可知

$$P\{X = -2\} = 0.3, \quad P\{X = -1\} = 0.6 - 0.3 = 0.3,$$

$$P\{X = 1\} = 1 - 0.6 = 0.4.$$

而随机变量 $Y = \dfrac{1}{2}\sin\left(\dfrac{\pi X}{6}\right)$, 所以

$$P\left\{Y = -\frac{\sqrt{3}}{4}\right\} = 0.3,\ P\left\{Y = -\frac{1}{4}\right\} = 0.3,\ P\left\{Y = -\frac{1}{4}\right\} = 0.4.$$

因此, $|Y|$ 的分布律为

$$P\left\{|Y| = \frac{1}{4}\right\} = 0.7, \quad P\left\{|Y| = \frac{\sqrt{3}}{4}\right\} = 0.3.$$

而 $|Y|$ 的分布函数为

$$F(y) = P\{|Y| < y\} = \begin{cases} 0, & y \leqslant \dfrac{1}{4}; \\ 0.7, & \dfrac{1}{4} < y \leqslant \dfrac{\sqrt{3}}{4}; \\ 1, & y > \dfrac{\sqrt{3}}{4}. \end{cases}$$

第三章　多维随机向量及其概率分布

一、大纲要求及疑难点解析

(一) 大纲要求

1. 理解二维随机变量的概念，理解二维随机变量的联合分布的概念、性质及两种基本形式：离散型联合概率分布、边缘分布和条件分布；连续型联合概率密度、边缘密度和条件密度. 会利用二维概率分布求有关事件的概率.

2. 理解随机变量的独立性概念，掌握离散型和连续型随机变量独立的条件.

3. 掌握二维均匀分布，了解二维正态分布的概率密度，理解其中参数的概率意义.

4. 会求两个独立随机变量的简单函数的分布.

(二) 内容提要

二维随机变量及其概率分布，二维离散型随机变量的概率分布、边缘分布和条件分布，二维连续型随机变量的概率密度、边缘密度和条件密度，随机变量的独立性，常用二维随机变量的概率分布，两个随机变量简单函数的概率分布.

(三) 疑难点解析

1. 为什么要讨论二维随机变量?

答　如果某一随机试验 E 的结果 ω 相应地可以建立两个随机变量，例如同时测量某人的身高 ξ 和体重 η，那么 (ξ,η) 就构成了二维随机变量. 如果只需研究其中一个变量，当然用一维随机变量的知识就够了. 但是一旦要研究两个随机变量之间的关系时就必须研究(ξ,η)的联合分布，例如人的身高和体重在统计上确实存在一定的联系，即长得高的人普遍体重较重，但这只是统计上的结论，对于个别人而言的确存在长得很高但体重很轻的瘦高个现象，因此如何刻画两个随机变量的相依关系，如何从二维分布求出各个随机变量自身的分布，如何求出相应的随机事件$(\xi,\eta)\in A$（A是$\mathbf{R}^2$中的子集）的概率正是本章研究的对象.

正如一维随机变量一样，只要对平面$\mathbf{R}^2$上任一集合B（数学上常要求B是某个可测的Borel集）确定了$P\{(\xi,\eta)\in A\}$，我们就认为对(ξ,η)进行了全面的刻画，故$P\{(\xi,\eta)\in A\}$也称为随机变量(ξ,η)的**联合分布**.

2. 若(ξ,η)的联合分布函数$F(x,y)$在(x_0,y_0)连续，则ξ和η的边缘分布函数$F_\xi(x)$和$F_\eta(y)$分别在点x_0和y_0一定连续吗?

答 不一定，例如，设(ξ,η)的分布律为

(ξ,η)	$(0,0)$	$(0,1)$	$(1,0)$	$(1,1)$
P	0	$\frac{1}{2}$	$\frac{1}{2}$	$\frac{1}{2}$

则(ξ,η)的联合分布函数

$$F(x,y)=\begin{cases}0, & x<1\text{ 且 }y<1;\\ \frac{1}{2}, & x\geqslant 1\text{ 且 }y<1;\\ \frac{1}{2}, & x<1\text{ 且 }y\geqslant 1;\\ 1, & x>1\text{ 且 }y\geqslant 1.\end{cases}$$

显然$F(x,y)$在$(0,0)$连续，但ξ的边缘分布函数

$$F_\xi(x)=\begin{cases}0, & x<0;\\ \frac{1}{2}, & 0\leqslant x<1;\\ 1, & x\geqslant 1\end{cases}$$

在$x=0$间断. 同理，η的边缘分布函数

$$F_\eta(y)=\begin{cases}0, & y<0;\\ \frac{1}{2}, & 0\leqslant y<1;\\ 1, & y\geqslant 1\end{cases}$$

在$y=0$间断.

3. 边缘分布与联合分布的关系如何?

答　(X,Y) 的联合分布全面反映了 (X,Y) 的概率分布状态以及数字特征等，而边缘分布只反映分量 X 和 Y 的概率分布；联合分布能确定边缘分布，边缘分布却不能确定联合分布. 例如

$$f(x,y)=\begin{cases}x+y, & 0\leqslant x,y\leqslant 1;\\ 0, & \text{其他};\end{cases}$$

$$g(x,y)=\begin{cases}\left(\dfrac{1}{2}+x\right)\left(\dfrac{1}{2}+y\right), & 0\leqslant x,y\leqslant 1;\\ 0, & \text{其他}\end{cases}$$

均为联合密度函数，显然 $f(x,y)\neq g(x,y)$，但容易验证

$$f_X(x)=g_X(x),\quad f_Y(y)=g_Y(y).$$

但当 X 与 Y 相互独立时，不仅联合分布决定它们的边缘分布，边缘分布也决定联合分布.

4. 怎样计算二维离散型随机变量的函数的概率分布?

答　设 (X,Y) 是二维离散型随机变量，其分布律为 $P\{X=x_i,Y=y_j\}=p_{ij}$，$i,j=1,2,\cdots$. 令 $z_k=g(x_i,y_j)$.

(1)　如果二元函数 $Z=g(x,y)$ 对于不同的 (x_i,y_j) 有不同的函数值，则 $Z=g(X,Y)$ 是一维离散型随机变量，其分布律为

$$\begin{aligned}P\{z=\xi_k\}&=P\{g(X,Y)=\xi_k\}=P\{X=x_i,Y=y_j\}\\&=p_{ij},\quad k=1,2,\cdots.\end{aligned}$$

(2)　若对于某些不同的 (x_i,y_j)，$g(x,y)$ 有相同的值，则 Z 取此相同值的概率为 (X,Y) 取那些不同值 (x_i,y_j) 的概率之和.

5. 如何从 (X,Y) 的联合密度函数判别 X 和 Y 是否相互独立?

答　我们介绍一个直接的方法：X 和 Y 相互独立的充要条件为 $f(x,y)$ 能分离变量. 即能分解为只含有 x 的非负函数和只含有 y 的非负函数的乘积，即 $f(x,y)=g(x)h(y)$. 其中 $x\in S_1$ 时，$g(x)>0$，在其他地方为零；$y\in S_2$ 时，$h(y)>0$，在其他地方为零. 即 $f(x,y)$ 的非 0 区域是一个矩形区域. 有了上述结论，对于已知联合密度函数的随机变量 X 和 Y 很容易判别它们是否相互独立. 例如，若 X 和 Y 有联合密度

$$f(x,y)=\begin{cases}Axy^2, & 0<x,y<1;\\ 0, & \text{其他},\end{cases}$$

则 $A>0$ 时，X 与 Y 是相互独立的. 而若 x 与 y 的联合密度为

$$f(x,y)=\begin{cases}x+y, & 0<x,y<1;\\ 0, & \text{其他},\end{cases}$$

则易知 X 与 Y 不是相互独立的.

6. 随机变量的独立性与随机事件的独立性之间有何差异?

答 第一章曾对两事件 A,B 的独立性给予了定义,即 $P(AB)=P(A)P(B)$ 表示特定的两事件间的独立性,而随机变量 X 和 Y 的独立则要求更多,即对一切 A,B 有

$$P\{X\in A, Y\in B\}=P\{X\in A\}P\{Y\in B\}.$$

再由前面提及的集合函数与分布函数的等价性,知对一切 x,y 有 $F(x,y)=F_X(x)F_Y(y)$,而对离散型分布可简化为对一切(a_i,b_j)有

$$P\{X=a_i, Y=b_j\}=P\{X=a_i\}P\{Y=b_j\},$$

即 $p_{ij}=p_{i\cdot}p_{\cdot j}$. 对连续型分布则等价于在 $f(x,y)$ 一切连续点处有

$$f(x,y)=f_X(x)f_Y(y).$$

由于随机变量 X 和 Y 是由随机试验 E_1 和 E_2 导出的,故 X 和 Y 的独立性通常可由随机试验 E_1 和 E_2 的独立性推出,此时对于任意两个函数 $g(X)$ 和 $h(Y)$ 的独立性可如下说明:由于相应的随机试验 E_1,E_2 独立,故对任一 A,B 有 $g(X)\in A$ 是 E_1 中的随机事件,$h(Y)\in B$ 是 E_2 中的随机事件,从而有

$$P\{g(X)\in A, h(Y)\in B\}=P\{g(X)\in A\}P\{h(Y)\in B\},$$

因此 $g(X)$ 和 $h(Y)$ 也是相互独立的.

二、习题解答

(一) 基本题解答

1. 盒中装有3个黑球、2个红球、2个白球. 现从中任取4个球,用 X 表示取到的黑球的个数,用 Y 表示取到的白球的个数,试求 X 和 Y 的联合分布律.

解 设 X 和 Y 的可能取值分别为 i 与 j,则 $i=0,1,2,3$; $j=0,1,2$.

因盒子里有3种球,在这3种球中任取4个,其中黑球和白球的个数之和必不超过4. 另一方面,因红球只有2个,任取的4个球中,黑球和白球的个数之和最小为2个,故有 $2\leqslant i+j\leqslant 4$,且

$$P\{X=i,Y=j\}=\frac{C_3^i C_2^j C_2^{4-i-j}}{C_7^4}.$$

因而 $P\{X=i,Y=j\}=0$ $(i+j<2$ 或 $i+j>4$, $i=0,1,2,3$; $j=0,1,2)$. 于是

$$p_{11}=P\{X=x_1=0, Y=y_1=0\}=0,$$

$$p_{12}=P\{X=x_1=0, Y=y_2=0\}=0,$$

$$p_{13}=P\{X=x_1=0, Y=y_3=0\}=\frac{C_3^0C_2^1C_2^2}{C_7^4}=\frac{1}{35}.$$

用同样的方法可求得联合分布律中其他的 p_{ij}，得下表：

Y \ X	0	1	2	3
0	0	0	$\frac{C_3^2C_2^0C_2^2}{C_7^4}$	$\frac{C_3^3C_2^0C_2^1}{C_7^4}$
1	0	$\frac{C_3^1C_2^1C_2^2}{C_7^4}$	$\frac{C_3^2C_2^1C_2^1}{C_7^4}$	$\frac{C_3^3C_2^1C_2^0}{C_7^4}$
2	$\frac{C_3^0C_2^2C_2^2}{C_7^4}$	$\frac{C_3^1C_2^2C_2^1}{C_7^4}$	$\frac{C_3^2C_2^2C_2^0}{C_7^4}$	0

即

Y \ X	0	1	2	3
0	0	0	$\frac{3}{35}$	$\frac{2}{35}$
1	0	$\frac{6}{35}$	$\frac{12}{35}$	$\frac{2}{35}$
2	$\frac{1}{35}$	$\frac{6}{35}$	$\frac{3}{35}$	0

2. 甲、乙两人独立地各进行两次射击，假设甲的命中率为 0.2，乙的命中率为 0.5，以 X 和 Y 分别表示甲和乙的命中次数，试求 X 和 Y 的联合分布律.

解　X 和 Y 都服从二项分布，参数相应为(2,0.2) 和(2,0.5). 因此 X 和 Y 的概率分布分别为

$$X\sim\begin{pmatrix}0 & 1 & 2\\ 0.64 & 0.32 & 0.04\end{pmatrix},\quad Y\sim\begin{pmatrix}0 & 1 & 2\\ 0.25 & 0.5 & 0.25\end{pmatrix}.$$

由独立性知，X 和 Y 的联合分布为

Y \ X	0	1	2
0	0.16	0.08	0.01
1	0.32	0.16	0.02
2	0.16	0.08	0.01

3. 假设随机变量 Y 服从参数为 $\lambda=1$ 的指数分布，随机变量

$$X_k=\begin{cases}0, & Y\leqslant k;\\ 1, & Y>k,\end{cases}\quad k=1,2.$$

求 X_1 和 X_2 的联合分布律.

解 Y 的分布函数为

$$F(y)=\begin{cases}1-\mathrm{e}^{-y}, & y>0;\\ 0, & y\leqslant 0.\end{cases}$$

显然，(X_1,X_2) 有 4 个可能值：$(0,0)$，$(0,1)$，$(1,0)$，$(1,1)$. 易知

$$P\{X_1=0,\ X_2=0\}=P\{Y\leqslant 1,\ Y\leqslant 2\}=P\{Y\leqslant 1\}=1-\mathrm{e}^{-1},$$

$$P\{X_1=0,\ X_2=1\}=P\{Y\leqslant 1,\ Y>2\}=0,$$

$$P\{X_1=1,\ X_2=0\}=P\{Y>1,\ Y\leqslant 2\}=P\{1<Y\leqslant 2\}=\mathrm{e}^{-1}-\mathrm{e}^{-2},$$

$$P\{X_1=1,\ X_2=1\}=P\{Y>1,\ Y>2\}=P\{Y>2\}=\mathrm{e}^{-2}.$$

于是，可将 X_1 和 X_2 联合概率分布列表如下：

X_2 \ P \ X_1	0	1
0	$1-\mathrm{e}^{-1}$	$\mathrm{e}^{-1}-\mathrm{e}^{-2}$
1	0	e^{-2}

4. 设二维随机变量(X,Y) 的联合分布律为

$$P\{X=n,\ Y=m\}=\frac{\lambda^n p^m(1-p)^{n-m}}{m!\ (n-m)!}\mathrm{e}^{-\lambda},\ m=0,1,\cdots,n,\ n=0,1,2,\cdots,$$

其中 $\lambda>0$，$0<p<1$ 为常数. 求其边缘分布律.

解
$$P\{X=n\}=\sum_{m=0}^{n}P\{X=n,\ Y=m\}=\sum_{m=0}^{n}\frac{\lambda^n p^m(1-p)^{n-m}}{m!\ (n-m)!}\mathrm{e}^{-\lambda}$$

$$=\frac{\lambda^n\mathrm{e}^{-\lambda}}{n!}\sum_{m=0}^{n}\frac{n!}{m!\ (n-m)!}p^m(1-p)^{n-m}$$

$$=\frac{\lambda^n\mathrm{e}^{-\lambda}}{n!}[p+(1-p)]^n=\frac{\lambda^n\mathrm{e}^{-\lambda}}{n!}\quad(n=0,1,2,\cdots),$$

即 X 是服从参数为 λ 的泊松分布.

$$P\{Y=m\}=\sum_{n=m}^{\infty}\frac{\lambda^n p^m(1-p)^{n-m}}{m!\,(n-m)!}\mathrm{e}^{-\lambda}$$

$$=\frac{\lambda^m p^m \mathrm{e}^{-\lambda}}{m!}\sum_{n=m}^{\infty}\frac{\lambda^{n-m}(1-p)^{n-m}}{(n-m)!}$$

$$=\frac{(\lambda p)^m \mathrm{e}^{-\lambda}}{m!}\mathrm{e}^{-\lambda}\cdot \mathrm{e}^{\lambda(1-p)}=\frac{(\lambda p)^m \mathrm{e}^{-\lambda p}}{m!}\quad (m=0,1,2,\cdots),$$

即 Y 是服从参数为 λp 的泊松分布.

5. 已知随机变量 X 和 Y 的联合概率密度为

$$f(x,y)=\begin{cases}4xy, & 0\leqslant x\leqslant 1,\ 0\leqslant y\leqslant 1;\\ 0, & \text{其他}.\end{cases}$$

求 X 和 Y 的联合分布函数 $F(x,y)$.

解　由定义,

$$F(x,y)=P\{X\leqslant x,\ Y\leqslant y\}=\int_{-\infty}^{x}\int_{-\infty}^{y}f(x,y)\mathrm{d}x\ \mathrm{d}y.$$

因为 $f(x,y)$ 是分段函数，要正确计算出 $F(x,y)$，必须对积分区域进行适当分块：$x<0$ 或 $y<0$；$0\leqslant x\leqslant 1$，$0\leqslant y\leqslant 1$；$x>1$，$y>1$；$x>1$，$0\leqslant y\leqslant 1$；$y>1$，$0\leqslant x\leqslant 1$ 等 5 个部分.

(1) 对于 $x<0$ 或 $y<0$，有 $F(x,y)=P\{X\leqslant x,\ Y\leqslant y\}=0$.

(2) 对于 $0\leqslant x\leqslant 1$，$0\leqslant y\leqslant 1$，有 $F(x,y)=4\int_0^x\int_0^y uv\mathrm{d}u\ \mathrm{d}v=x^2y^2$.

(3) 对于 $x>1$，$0\leqslant y\leqslant 1$，有 $F(x,y)=P\{X\leqslant 1,\ Y\leqslant y\}=y^2$.

(4) 对于 $y>1$，$0\leqslant x\leqslant 1$，有 $F(x,y)=P\{X\leqslant x,\ Y\leqslant 1\}=x^2$.

(5) 对于 $x>1$，$y>1$，有 $F(x,y)=1$.

故 X 和 Y 的联合分布函数

$$F(x,y)=\begin{cases}0, & x<0 \text{ 或 } y<0;\\ x^2y^2, & 0\leqslant x\leqslant 1,\ 0\leqslant y\leqslant 1;\\ x^2, & 0\leqslant x\leqslant 1,\ y>1;\\ y^2, & x>1,\ 0\leqslant y\leqslant 1;\\ 1, & x>1,\ y>1.\end{cases}$$

6. 设二维随机变量(X,Y)的联合概率密度为

$$f(x,y)=\begin{cases}2\mathrm{e}^{-(2x+y)}, & x>0,\ y>0;\\ 0, & \text{其他}.\end{cases}$$

(1) 求(X,Y)的联合分布函数 $F(x,y)$.

(2) 求概率 $P\{Y \leqslant X\}$.

解 (1) $x \leqslant 0$ 或 $y \leqslant 0$ 时, $F(x,y)=0$; $x>0$, $y>0$ 时,

$$F(x,y)=\int_0^x\int_0^y 2\mathrm{e}^{-(2s+t)}\,\mathrm{d}s\,\mathrm{d}t=2\left(\int_0^x \mathrm{e}^{-2s}\,\mathrm{d}s\right)\left(\int_0^y \mathrm{e}^{-t}\,\mathrm{d}t\right)$$

$$=\left(-\mathrm{e}^{-2s}\Big|_0^x\right)\left(-\mathrm{e}^{-t}\Big|_0^y\right)=(1-\mathrm{e}^{-2x})(1-\mathrm{e}^{-y}),$$

即 $F(x,y)=\begin{cases}(1-\mathrm{e}^{-2x})(1-\mathrm{e}^{-y}), & x>0,\ y>0;\\ 0, & \text{其他}.\end{cases}$

(2) $$P\{Y \leqslant X\}=\iint\limits_{y\leqslant x} f(x,y)\mathrm{d}x\,\mathrm{d}y=\int_0^{+\infty}\mathrm{d}x\int_0^x 2\mathrm{e}^{-2x-y}\mathrm{d}y$$

$$=2\int_0^{+\infty}\mathrm{e}^{-2x}\left(-\mathrm{e}^{-y}\Big|_0^x\right)\mathrm{d}x=-2\int_0^{+\infty}(1-\mathrm{e}^{-x})\mathrm{e}^{-2x}\,\mathrm{d}x$$

$$=2\int_0^{+\infty}(\mathrm{e}^{-2x}-\mathrm{e}^{-3x})\mathrm{d}x=2\left(\frac{1}{3}\mathrm{e}^{-3x}-\frac{1}{2}\mathrm{e}^{-2x}\right)\Big|_0^{+\infty}$$

$$=-2\left(\frac{1}{3}-\frac{1}{2}\right)=\frac{1}{3}.$$

7. 设二维随机变量(X,Y)的联合概率密度为

$$f(x,y)=\begin{cases}\mathrm{e}^{-y}, & 0<x<y;\\ 0, & \text{其他}.\end{cases}$$

(1) 求随机变量 X 的边缘概率密度 $f_X(x)$.

(2) 求概率 $P\{X+Y \leqslant 1\}$.

分析 利用求边缘密度的公式 $f_X(x)=\int_{-\infty}^{+\infty} f(x,y)\mathrm{d}y$ 求 $f_X(x)$, 对 y 积分时, 注意 $y>x$. 求 $P\{X+Y\leqslant 1\}$ 实际上是计算一个二重积分, 关键问题是由 $f(x,y)$ 的定义域和 $x+y\leqslant 1$ 正确确定二重积分的积分区域.

解 (1) $x>0$ 时, $f_X(x)=\int_x^{+\infty}\mathrm{e}^{-y}\mathrm{d}y=\mathrm{e}^{-x}$; $x\leqslant 0$ 时, $f_X(x)=0$. 即

$$f_X(x)=\begin{cases}\mathrm{e}^{-x}, & x>0;\\ 0, & x\leqslant 0.\end{cases}$$

(2) $$P\{X+Y\leqslant 1\}=\iint\limits_{x+y\leqslant 1} f(x,y)\mathrm{d}x\,\mathrm{d}y=\int_0^{\frac{1}{2}}\mathrm{d}x\int_x^{1-x}\mathrm{e}^{-y}\mathrm{d}y$$

$$=1+\mathrm{e}^{-1}-2\mathrm{e}^{-\frac{1}{2}}.$$

8. 设二维随机变量(X,Y)的联合概率密度为

$$f(x,y)=\begin{cases}4.8y(2-x), & 0<y<x<1;\\ 0, & \text{其他}.\end{cases}$$

(1) 求边缘概率密度.

(2) 求 X 和 Y 至少有一个小于 $\frac{1}{2}$ 的概率.

解 (1) (i) 根据公式 $f_X(x)=\int_{-\infty}^{+\infty}f(x,y)\mathrm{d}y$ 计算. 当 $x\leqslant 0$ 时，$f_X(x)=0$；当 $0<x<1$ 时，

$$f_X(x)=\int_0^x 4.8y(2-x)\mathrm{d}y=2.4y^2\Big|_0^x\cdot(2-x)=2.4x^2(2-x);$$

当 $x\geqslant 1$ 时，$f_X(x)=0$. 即

$$f_X(x)=\begin{cases}2.4x^2(2-x), & 0<x<1;\\ 0, & \text{其他}.\end{cases}$$

(ii) 利用公式 $f_Y(y)=\int_{-\infty}^{+\infty}f(x,y)\mathrm{d}x$ 计算. 当 $y\leqslant 0$ 时，$f_Y(y)=0$；当 $0<y<1$ 时，

$$\begin{aligned}f_Y(y)&=\int_y^1 4.8y(2-x)\mathrm{d}x=4.8y\left(2x-\frac{x^2}{2}\right)\Big|_y^1\\&=4.8y\left[\left(2-\frac{1}{2}\right)-\left(2y-\frac{y^2}{2}\right)\right]\\&=4.8y\left(\frac{3}{2}-2y+\frac{y^2}{2}\right)\\&=2.4y(3-4y+y^2);\end{aligned}$$

当 $y\geqslant 1$ 时，$f_Y(y)=0$. 即

$$f_Y(y)=\begin{cases}2.4y(3-4y+y^2), & 0<y<1;\\ 0 & \text{其他}.\end{cases}$$

(2) $$\begin{aligned}P\left\{(X<\frac{1}{2})\cup(Y<\frac{1}{2})\right\}&=1-P\left\{X\geqslant\frac{1}{2},Y\geqslant\frac{1}{2}\right\}\\&=1-\int_{\frac{1}{2}}^{+\infty}\int_{\frac{1}{2}}^{+\infty}f(x,y)\mathrm{d}x\,\mathrm{d}y\\&=1-\int_{\frac{1}{2}}^{1}\mathrm{d}x\int_{\frac{1}{2}}^{x}4.8y(2-x)\mathrm{d}y=\frac{43}{80}.\end{aligned}$$

9. 设平面区域 D 由曲线 $y=\frac{1}{x}$ 及直线 $y=0$，$x=1$，$x=\mathrm{e}^2$ 所围成，二维随机变量(X,Y)在区域 D 上服从均匀分布. 设 $f_X(x)$ 是 X 在$\{x:f_X(x)>0\}$上连续的边缘概率密度，求 $f_X(2)$.

解 本题先求出关于 x 的边缘概率密度，再求出其在 $x=2$ 之值 $f_X(2)$. 由于平面区域 D 的面积为 $S_D=\int_1^{e^2}\frac{1}{x}\mathrm{d}x=2$，故$(X,Y)$的联合概率密度为

$$f(x,y)=\begin{cases}\frac{1}{2}, & (x,y)\in D;\\ 0, & \text{其他}.\end{cases}$$

易知，X 的概率密度为

$$f_X(x)=\int_{-\infty}^{+\infty}f(x,y)\mathrm{d}y=\begin{cases}\frac{1}{2x}, & 1<x<e^2;\\ 0, & \text{其他},\end{cases}$$

故 $f_X(2)=\frac{1}{2\times 2}=\frac{1}{4}$.

10. 在整数 0 至 9 中先后按下列两种情况任取两数 X 和 Y：

(1) 第一个数抽取后放回再抽第二个数；

(2) 第一个数抽取后不放回就抽第二个数.

试分别就这两种情况求在$Y=k$ 的条件下 X 的条件分布律($0\leqslant k\leqslant 9$).

解 (1) 有放回抽取. 当第一次抽取到第 k 个数字时，第二次可抽取到该数字仍有 10 种可能机会，即为

$$P\{X=i\,|\,Y=k\}=\frac{1}{10}\quad (i=0,1,\cdots,9).$$

(2) 不放回抽取. (i) 当第一次抽取第 k ($0\leqslant k\leqslant 9$) 个数时，第二次抽到此(第 k 个) 数是不可能的，故

$$P\{X=i\,|\,Y=k\}=0\quad (i=k;\ i,k=0,1,\cdots,9).$$

(ii) 当第一次抽取第 k ($0\leqslant k\leqslant 9$) 个数时，而第二次抽到其他数字(非 k) 的机会为$\frac{1}{9}$，知

$$P\{X=i\,|\,Y=k\}=\frac{1}{9}\quad (i\neq k;\ i,k=0,1,\cdots,9).$$

11. 已知二维随机变量(X,Y)的联合概率密度为

(1) $f(x,y)=\begin{cases}24y(1-x), & 0\leqslant y\leqslant x\leqslant 1;\\ 0, & \text{其他};\end{cases}$

(2) $f(x,y)=\begin{cases}\frac{1}{2x^2y}, & 1<x<\infty,\ \frac{1}{x}<y<x;\\ 0, & \text{其他};\end{cases}$

(3) $f(x,y)=\begin{cases}e^{-y}, & 0<x<y;\\ 0, & 其他.\end{cases}$

求条件概率密度 $f_{Y|X}(y|x)$ 及 $f_{X|Y}(x|y)$.

解 (1) 因 $0\leqslant y\leqslant 1$ 时,

$$f_Y(y)=\int_y^1 24(1-x)y\,dx=12y(1-y)^2;$$

其他情况下,$f_Y(y)=0$,故当 $0\leqslant y\leqslant 1$ 时,

$$f_{X|Y}(x|y)=\begin{cases}\dfrac{2(1-x)}{(1-y)^2}, & y\leqslant x\leqslant 1;\\ 0, & 其他.\end{cases}$$

因 $0\leqslant x\leqslant 1$ 时,

$$f_X(x)=\int_0^x 24(1-x)y\,dy=12x^2(1-x);$$

其他情况下,$f_X(x)=0$,故当 $0\leqslant x\leqslant 1$ 时,

$$f_{Y|X}(y|x)=\begin{cases}\dfrac{2y}{x^2}, & 0\leqslant y\leqslant x;\\ 0, & 其他.\end{cases}$$

(2) 因 $1\leqslant x\leqslant\infty$ 时,$f_X(x)=\int_{\frac{1}{x}}^x \frac{1}{2x^2y}dy=\frac{\ln x}{x^2}$;其他情况下,$f_X(x)=0$,故当 $1\leqslant x<\infty$ 时,

$$f_{Y|X}(y|x)=\begin{cases}\dfrac{1}{2y\ln x} & \dfrac{1}{x}<y<x;\\ 0 & 其他.\end{cases}$$

因 $0<y\leqslant 1$ 时,$f_Y(y)=\int_{\frac{1}{y}}^\infty \frac{1}{2x^2y}dx=\frac{1}{2}$;$1<y<\infty$ 时,$f_Y(y)=\int_y^\infty \frac{1}{2x^2y}dx=\frac{1}{2y^2}$;其他情况下,$f_Y(y)=0$,故当 $0<y\leqslant 1$ 时,

$$f_{X|Y}(x|y)=\begin{cases}\dfrac{1}{x^2y}, & \dfrac{1}{y}<x<\infty;\\ 0, & 其他.\end{cases}$$

而当 $1<y<\infty$ 时,

$$f_{X|Y}(x|y)=\begin{cases}\dfrac{y}{x^2}, & y<x<\infty;\\ 0, & 其他.\end{cases}$$

(3) 因 $x>0$ 时,$f_X(x)=\int_x^\infty e^{-y}dy=e^{-x}$;$x\leqslant 0$ 时,$f_X(x)=0$,故

当 $x>0$ 时,

$$f_{Y|X}(y|x)=\begin{cases}e^{x-y}, & y>x;\\ 0, & \text{其他}.\end{cases}$$

因 $y>0$ 时, $f_Y(y)=\int_0^y e^{-y}\mathrm{d}x = ye^{-y}$; $y\leqslant 0$ 时, $f_Y(y)=0$, 故当 $y>0$ 时,

$$f_{X|Y}(x|y)=\begin{cases}\dfrac{1}{y}, & 0<x<y;\\ 0, & \text{其他}.\end{cases}$$

12. 已知二维随机变量 (X,Y) 的联合概率密度为

$$f(x,y)=\begin{cases}\dfrac{(n-1)(n-2)}{(1+x+y)^n}, & x>0,\ y>0;\\ 0, & \text{其他}.\end{cases}$$

求在 $X=1$ 的条件下 Y 的条件概率密度.

解 因 $x>0$ 时, $f_X(x)=\int_0^{\infty}\dfrac{(n-1)(n-2)}{(1+x+y)^n}\mathrm{d}y=\dfrac{n-2}{(1+x)^{n-1}}$, 故

$$f_{Y|X}(y|1)=\begin{cases}\dfrac{2^{n-1}(n-1)}{(2+y)^n}, & y>0;\\ 0, & \text{其他}.\end{cases}$$

13. 一电子仪器由两个部件构成, 以 X 和 Y 分别表示这两个部件的寿命(单位: kh), 已知 X 和 Y 的联合分布函数为

$$F(x,y)=\begin{cases}1-e^{-0.5x}-e^{-0.5y}+e^{-0.5(x+y)}, & x\geqslant 0,\ y\geqslant 0;\\ 0, & \text{其他}.\end{cases}$$

(1) 问 X 和 Y 是否独立?

(2) 求两个部件的寿命都超过 0.1 kh 的概率.

解 X 和 Y 是否独立, 可用分布函数或概率密度函数验证.

方法 1 (1) X 的分布函数 $F_X(x)$ 和 Y 的分布函数 $F_Y(y)$ 分别为

$$F_X(x)=F(x,+\infty)=\begin{cases}1-e^{-0.5x}, & x\geqslant 0;\\ 0, & x<0;\end{cases}$$

$$F_Y(y)=F(+\infty,y)=\begin{cases}1-e^{-0.5y}, & y\geqslant 0;\\ 0, & y<0.\end{cases}$$

由于 $F(x,y)=F_X(x)F_Y(y)$, 知 X 和 Y 独立.

(2) X 和 Y 都超过 0.1 kh 的概率为

$$P\{X>0.1,\ Y>0.1\}=P\{X>0.1\}P\{Y>0.1\}$$

$$=(1-F_X(0.1))(1-F_Y(0.1))$$
$$=e^{-0.05}\cdot e^{-0.05}=e^{-0.1}.$$

方法2　(1) 以 $f(x,y)$, $f_X(x)$ 和 $f_Y(y)$ 分别表示 (X,Y), X 和 Y 的概率密度，可知

$$f(x,y)=\frac{\partial^2 F(x,y)}{\partial x\,\partial y}=\begin{cases}0.25e^{-0.5(x+y)}, & x\geqslant 0,\ y\geqslant 0;\\ 0, & \text{其他};\end{cases}$$

$$f_X(x)=\int_{-\infty}^{+\infty}f(x,y)\mathrm{d}y=\begin{cases}0.5e^{-0.5x}, & x\geqslant 0;\\ 0, & x<0;\end{cases}$$

$$f_Y(y)=\int_{-\infty}^{+\infty}f(x,y)\mathrm{d}x=\begin{cases}0.5e^{-0.5y}, & y\geqslant 0;\\ 0, & y<0.\end{cases}$$

由于 $f(x,y)=f_X(x)f_Y(y)$，知 X 和 Y 独立.

(2) X 和 Y 都超过 0.1 kh 的概率为

$$P\{X>0.1,\ Y>0.1\}=\int_{0.1}^{+\infty}\int_{0.1}^{+\infty}0.25e^{-0.5(x+y)}\mathrm{d}x\ \mathrm{d}y=e^{-0.1}.$$

14. 设随机变量 X 和 Y 相互独立，下表列出了二维随机变量 (X,Y) 的联合分布律及关于 X 和关于 Y 的边缘分布律中的部分数值，试将其余数值填入表中的空白处.

X \ Y	y_1	y_2	y_3	$P\{X=x_i\}=p_i(X)$
x_1		$\frac{1}{8}$		
x_2	$\frac{1}{8}$			
$P\{Y=y_j\}=p_j(Y)$	$\frac{1}{6}$			1

解　因知 X 与 Y 相互独立，即有

$$P\{X=x_i,\ Y=y_j\}=P\{x=x_i\}P\{Y=y_j\}\quad(i=1,2,\ j=1,2,3).$$

首先，根据边缘分布的定义知

$$P\{X=x_1,\ Y=y_1\}=\frac{1}{6}-\frac{1}{8}=\frac{1}{24}.$$

又根据独立性有

$$\frac{1}{24}=P\{X=x_1,\ Y=y_1\}=P\{X=x_1\}P\{Y=y_1\}=\frac{1}{6}P\{X=x_1\},$$

解得 $P\{X=x_1\}=\frac{1}{4}$. 从而有

$$P\{X=x_1, Y=y_3\}=\frac{1}{4}-\frac{1}{24}-\frac{1}{8}=\frac{1}{12}.$$

又由 $P\{X=x_1, Y=y_2\}=P\{X=x_1\}P\{Y=y_2\}$，解得 $P\{Y=y_2\}=\frac{1}{2}$. 从而

$$P\{X=x_2, Y=y_2\}=\frac{1}{2}-\frac{1}{8}=\frac{3}{8}.$$

类似地，由 $P\{X=x_1, Y=y_3\}=P\{X=x_1\}P\{Y=y_3\}$，解得 $P\{Y=y_3\}=\frac{1}{3}$. 从而

$$P\{X=x_1, Y=y_3\}=\frac{1}{3}-\frac{1}{12}=\frac{1}{4}.$$

最后 $P\{X=x_2\}=\frac{1}{8}+\frac{3}{8}+\frac{1}{4}=\frac{3}{4}$. 将上述数值填入表中有

$X \backslash Y$	y_1	y_2	y_3	$P\{X=x_i\}=p_i(X)$
x_1	$\frac{1}{24}$	$\frac{1}{8}$	$\frac{1}{12}$	$\frac{1}{4}$
x_2	$\frac{1}{8}$	$\frac{3}{8}$	$\frac{1}{4}$	$\frac{3}{4}$
$P\{Y=y_j\}=p_j(Y)$	$\frac{1}{6}$	$\frac{1}{2}$	$\frac{1}{3}$	1

15. 已知随机变量 X_1 和 X_2 的分布律分别为

$$X_1 \sim \begin{pmatrix} -1 & 0 & 1 \\ 0.25 & 0.5 & 0.25 \end{pmatrix}, \quad X_2 \sim \begin{pmatrix} 0 & 1 \\ 0.5 & 0.5 \end{pmatrix},$$

且 $P\{X_1X_2=0\}=1$.

(1) 求 X_1 和 X_2 的联合分布.

(2) 问 X_1 和 X_2 是否独立，为什么?

解 求解本题的关键是由题设 $P\{X_1X_2=0\}=1$，可推出 $P\{X_1X_2\neq 0\}=0$;再利用边缘分布的定义即可列出概率分布表.

(1) 由 $P\{X_1X_2=0\}=1$，可见

$$P\{X_1=-1, X_2=1\}=P\{X_1=1, X_2=1\}=0.$$

易见

$$P\{X_1=-1, X_2=0\}=P\{X_1=-1\}=0.25,$$

$$P\{X_1=0, X_2=1\}=P\{X_2=1\}=0.5,$$

$$P\{X_1=1, X_2=0\}=P\{X_1=1\}=0.25,$$

$$P\{X_1=0, X_2=0\}=0.$$

于是，得 X_1 和 X_2 的联合分布

X_2 \ X_1	-1	0	1	$\sum$
0	0.25	0	0.25	0.5
1	0	0.5	0	0.5
$\sum$	0.25	0.5	0.25	1

(2) 可见 $P\{X_1=0,X_2=0\}=0$，而 $P\{X_1=0\}P\{X_2=0\}=\frac{1}{4}\neq 0$，于是，$X_1$ 和 X_2 不独立.

16. 设随机变量 X 与 Y 相互独立，X 在(0,1)上服从均匀分布，Y 的概率密度为

$$f_Y(y)=\begin{cases}\frac{1}{2}e^{-\frac{y}{2}}, & y>0;\\ 0, & y\leqslant 0.\end{cases}$$

(1) 求 X 与 Y 的联合概率密度.

(2) 设含有未知数 a 的一元二次方程为 $a^2+2Xa+Y=0$，试求该方程有实根的概率.

解 (1) $f_X(x)=\begin{cases}1, & 0<x<1;\\ 0, & 其他;\end{cases}$ $f_Y(y)=\begin{cases}\frac{1}{2}e^{-\frac{y}{2}}, & y>0;\\ 0, & y\leqslant 0.\end{cases}$

因为 X,Y 独立，对任何 x,y 都有 $f_X(x)f_Y(y)=f(x,y)$，所以有

$$f(x,y)=\begin{cases}\frac{1}{2}e^{-\frac{y}{2}}, & 0<x<1,\ y>0;\\ 0, & 其他.\end{cases}$$

(2) 二次方程 $t^2+2Xt+Y=0$ 中 t 有实根，$\Delta=(2X)^2-4Y\geqslant 0$，即 $Y\leqslant X^2$，故

$$\begin{aligned}P\{t\text{ 有实根}\}&=P\{Y\leqslant X^2\}=\iint\limits_{y\leqslant x^2} f(x,y)\mathrm{d}y\,\mathrm{d}x\\ &=\int_0^1\int_0^{x^2}\frac{1}{2}e^{-\frac{y}{2}}\mathrm{d}y\,\mathrm{d}x=\int_0^1\left(-e^{-\frac{y}{2}}\right)\Big|_0^{x^2}\mathrm{d}x\\ &=\int_0^1\left(1-e^{-\frac{x^2}{2}}\right)\mathrm{d}x=1-\int_0^1 e^{-\frac{x^2}{2}}\mathrm{d}x\\ &=1-\sqrt{2\pi}\int_0^1\frac{1}{\sqrt{2\pi}}e^{-\frac{x^2}{2}}\mathrm{d}x\end{aligned}$$

$$=1-\sqrt{2\pi}\left(\int_{-\infty}^{1}\frac{1}{\sqrt{2\pi}}e^{-\frac{x^2}{2}}dx-\int_{-\infty}^{0}\frac{1}{\sqrt{2\pi}}e^{-\frac{x^2}{2}}dx\right)$$

$$=1-\sqrt{2\pi}\ (\Phi(1)-\Phi(0))$$

$$\approx 1-\sqrt{2\pi}\ (0.841\,3-0.5)$$

$$\approx 1-0.855\,5=0.144\,5.$$

17. 设随机变量 X 与 Y 相互独立，其概率密度分别为

$$f_X(x)=\begin{cases}\lambda e^{-\lambda x}, & x>0;\\ 0, & x\leqslant 0,\end{cases}\quad f_Y(y)=\begin{cases}\mu e^{-\mu y}, & y>0;\\ 0, & y\leqslant 0,\end{cases}$$

其中 $\lambda>0$，$\mu>0$ 是常数，引入随机变量 $Z=\begin{cases}1, & X\leqslant Y;\\ 0, & X>Y.\end{cases}$

(1) 求条件概率密度 $f_{X|Y}(x|y)$.

(2) 求 Z 的分布律和分布函数.

解 (1) 因为 X,Y 独立，所以

$$f(x,y)=f_X(x)f_Y(y)=\begin{cases}\lambda\mu e^{-(\lambda x+\mu y)}, & x>0,\ y>0;\\ 0, & \text{其他},\end{cases}$$

$$f_{X|Y}(x|y)=f_X(x)=\begin{cases}\lambda e^{-\lambda x}, & x>0;\\ 0, & x\leqslant 0.\end{cases}$$

(2) 根据 Z 的定义，有

$$P\{Z=1\}=P\{Y\geqslant X\}=\iint\limits_{y\geqslant x}f(x,y)dy\ dx$$

$$=\int_0^{+\infty}\int_x^{-\infty}\lambda\mu e^{-(\lambda x+\mu y)}dy\ dx$$

$$=\int_0^{+\infty}\lambda e^{-\lambda x}\left(\int_x^{+\infty}\mu e^{-\mu y}dy\right)dx$$

$$=\int_0^{+\infty}\lambda e^{-\lambda x}\cdot e^{-\mu x}dx=\frac{\lambda}{\lambda+u},$$

$$P\{Z=0\}=1-P\{Z=1\}=\frac{\mu}{\lambda+\mu}.$$

所以 Z 的分布律为

Z	0	1
P	$\frac{\mu}{\lambda+\mu}$	$\frac{\lambda}{\lambda+\mu}$

Z 的分布函数为

$$F_Z(z)=\begin{cases}0, & z<0;\\ \dfrac{\mu}{\lambda+\mu}, & 0\leqslant z<1;\\ 1, & z\geqslant 1.\end{cases}$$

18. 设相互独立的两个随机变量 X,Y 具有同一分布律，且 X 的分布律为

X	0	1
P	$\frac{1}{2}$	$\frac{1}{2}$

试求随机变量 $Z=\max\{X,Y\}$ 的分布律.

解 因为 X,Y 分别仅取 0,1 两个数值，所以 Z 也只取 0,1 两个数值. 又 X 与 Y 相互独立，故

$$P\{Z=0\}=P\{\max\{X,Y\}=0\}=P\{X=0,\ Y=0\}$$
$$=P\{X=0\}P\{Y=0\}=\frac{1}{2}\times\frac{1}{2}=\frac{1}{4}.$$

因此

$$P\{Z=1\}=1=1-P\{Z=0\}=1-\frac{1}{4}=\frac{3}{4}.$$

所以 Z 的分布律为

Z	0	1
P	$\frac{1}{4}$	$\frac{3}{4}$

19. 假设随机变量 X_1,X_2,X_3,X_4 相互独立，且同分布，

$$P\{X_i=0\}=0.6,\ P\{X_i=1\}=0.4\quad (i=1,2,3,4).$$

求行列式 $X=\begin{vmatrix}X_1 & X_2\\ X_3 & X_4\end{vmatrix}$ 的分布律.

解 X 由 2 阶行列式表示，仍是一随机变量，且 $X=X_1X_4-X_2X_3$，根据 X_1,X_2,X_3,X_4 相互等价且是相互独立的，可知 X_1X_4 与 X_2X_3 也是独立同分布的，因此可先求出 X_1X_4 和 X_2X_3 的分布律，再求 X 的分布律. 记 $Y_1=X_1X_4$，$Y_2=X_2X_3$，则 $X=Y_1-Y_2$. 随机变量 Y_1 和 Y_2 独立同分布，

$$P\{Y_1=1\}=P\{Y_2=1\}=P\{X_2=1,\ X_3=1\}=0.16,$$
$$P\{Y_1=0\}=P\{Y_2=0\}=1-0.16=0.84.$$

显然，随机变量 $X=Y_1-Y_2$ 有三个可能值 $-1,0,1$. 易见

$$P\{X=-1\}=P\{Y_1=0,\ Y_2=1\}=0.84\times 0.16=0.134\,4,$$

$$P\{X=1\}=P\{Y_1=1,\ Y_2=0\}=0.16\times 0.84=0.134\,4,$$
$$P\{X=0\}=1-2\times 0.134\,4=0.731\,2.$$

于是，行列式的概率分布为

$$X=\begin{vmatrix} X_1 & X_2 \\ X_3 & X_4 \end{vmatrix}\sim\begin{pmatrix} -1 & 0 & 1 \\ 0.134\,4 & 0.731\,2 & 0.134\,4 \end{pmatrix}.$$

20. 设某班车起点站上车人数 X 服从参数为 λ $(\lambda>0)$ 的泊松分布，每位乘客在中途下车的概率为 p $(0<p<1)$，且中途下车与否相互独立，以 Y 表示在中途下车的人数.

(1) 求在发车时有 n 个乘客的条件下，中途有 m 人下车的概率.

(2) 求二维随机变量(X,Y)的联合概率分布.

解 (1) $P\{Y=m\mid X=n\}=C_n^m p^m(1-p)^{n-m}$，$0\leqslant m\leqslant n$，$n=0,1,2,\cdots$.

(2) $$P\{X=n,\ Y=m\}=P\{Y=m\mid X=n\}P\{X=n\}$$
$$=C_n^m p^m(1-p)^{n-m}\frac{e^{-\lambda}\lambda^n}{n!},\quad 0\leqslant m\leqslant n,\ n=0,1,2,\cdots.$$

21. 随机变量 X 与 Y 相互独立，X 服从正态分布 $N(\mu,\sigma^2)$，Y 服从$[-\pi,\pi]$上的均匀分布，求 $Z=X+Y$ 的概率密度.

解 X 和 Y 的概率分布密度分别为

$$f_X(x)=\frac{1}{\sqrt{2\pi}\,\sigma}\exp\left\{-\frac{(x-y)^2}{2\sigma^2}\right\}\quad(-\infty<x<+\infty),$$

$$f_Y(y)=\begin{cases}\dfrac{1}{2\pi}, & -\pi\leqslant y\leqslant\pi;\\ 0, & \text{其他}.\end{cases}$$

因 X 和 Y 独立，考虑到 $f_Y(y)$ 仅在$[-\pi,\pi]$上才有非零值，故由卷积公式知 Z 的概率密度为

$$f_Z(z)=\int_{-\infty}^{+\infty}f_X(z-y)f_Y(y)\mathrm{d}y=\frac{1}{2\pi\sqrt{2\pi}\,\sigma}\int_{-\pi}^{\pi}e^{-\frac{(z-y-\mu)^2}{2a^2}}\mathrm{d}y.$$

令 $t=\dfrac{z-y-\mu}{\sigma}$，则上式右端等于

$$\frac{1}{2\pi\sqrt{2\pi}}\int_{\frac{z-\pi-\mu}{\sigma}}^{\frac{z+\pi-\mu}{\sigma}}e^{-\frac{t^2}{2}}\mathrm{d}t=\frac{1}{2\pi}\left(\Phi\left(\frac{z+\pi-\mu}{\sigma}\right)-\Phi\left(\frac{z-\pi-\mu}{\sigma}\right)\right).$$

22. 设 n 个随机变量 $X_1,X_2,\cdots,X_n$ 相互独立且均服从区间$[0,\theta]$上的均匀分布，试求 $M=\max\{X_1,X_2,\cdots,X_n\}$ 和 $N=\min\{X_1,X_2,\cdots,X_n\}$ 的概

率密度.

解　(1)　由题设知

$$\begin{aligned}F_M(y)&=P\{M\leqslant y\}=P\{\max\{X_1,X_2,\cdots,X_n\}\leqslant y\}\\&=P\{X_1\leqslant y,\ X_2\leqslant y,\ \cdots,\ X_n\leqslant y\}\\&=P\{X_1\leqslant y\}P\{X_2\leqslant y\}\cdots P\{X_n\leqslant y\}\\&=F_{X_1}(y)F_{X_2}(y)\cdots F_{X_n}(y).\end{aligned}$$

因为 $X_1,X_2,\cdots,X_n$ 独立且同分布，$X_i\sim U[0,\theta]\ (1\leqslant i\leqslant n)$，所以

$$F_{X_i}(x)=\begin{cases}0, & x\leqslant 0;\\ \dfrac{x}{\theta}, & 0<x<\theta;\\ 1, & x\geqslant\theta.\end{cases}$$

从而 $F_M(y)=\begin{cases}0, & y\leqslant 0;\\ \dfrac{y^n}{\theta^n}, & 0<y<\theta;\\ 1, & y\geqslant\theta.\end{cases}$ 故有

$$f_M(y)=\begin{cases}\dfrac{ny^{n-1}}{\theta^n}, & 0<y<\theta;\\ 0, & \text{其他}.\end{cases}$$

(2)

$$\begin{aligned}F_N(y)&=P\{N\leqslant y\}=1-P\{N>y\}\\&=1-P\{\min\{X_1,X_2,\cdots,X_n\}>y\}\\&=1-P\{X_1>y,\ X_2>y,\ \cdots,\ X_n>y\}\\&=1-P\{X_1>y\}P\{X_2>y\}\cdots P\{X_n>y\}\\&=1-\prod_{i=1}^{n}P\{X_i>y\}=1-(1-F_{X_i}(y))^n.\end{aligned}$$

故

$$f_N(y)=\begin{cases}-n\left(1-\dfrac{y}{\theta}\right)^{n-1}\left(-\dfrac{1}{\theta}\right), & 0<y<\theta;\\ 0, & \text{其他}\end{cases}$$

$$=\begin{cases}\dfrac{n(\theta-y)^{n-1}}{\theta^n}, & 0<y<0;\\ 0, & \text{其他}.\end{cases}$$

23. 设二维随机变量(X,Y)在矩形区域$G=\{(x,y):0\leqslant x\leqslant 2,0\leqslant y\leqslant 1\}$上服从均匀分布，试求边长为 X 和 Y 的矩形面积 S 的概率密度 $f(s)$.

解　由题设容易得出随机变量(X,Y)的概率密度，本题相当于求随机变

量 X,Y 的函数 $S=XY$ 的概率密度，可用分布函数微分法求之.

依题设，知二维随机变量 (X,Y) 的概率密度为

$$f(x,y)=\begin{cases}\dfrac{1}{2}, & (x,y)\in G;\\ 0, & (x,y)\notin G.\end{cases}$$

设 $F(s)=P\{S\leqslant s\}$ 为 S 的分布函数，则当 $s\leqslant 0$ 时，$F(s)=0$；当 $s\geqslant 2$ 时，$F(s)=1$. 现设 $0<s<2$. 曲线 $xy=s$ 与矩形区域 G 的上边交于点 $(s,1)$；位于曲线 $xy=s$ 上方的点满足 $xy>s$，位于下方的点满足 $xy<s$. 故

$$\begin{aligned}F(s)&=P\{S\leqslant s\}=P\{XY\leqslant s\}=1-P\{XY>S\}\\&=1-\iint\limits_{xy>s}\frac{1}{2}\mathrm{d}x\,\mathrm{d}y=1-\frac{1}{2}\int_s^2\mathrm{d}x\int_{\frac{s}{x}}^1\mathrm{d}y\\&=\frac{s}{2}(1+\ln 2-\ln s).\end{aligned}$$

于是，$f(s)=\begin{cases}\dfrac{1}{2}(\ln 2-\ln s), & 0<s<2;\\ 0, & s\leqslant 0 \text{ 或 } s\geqslant 2.\end{cases}$

24. 设某类电子管的寿命(以小时计)具有密度函数：

$$f(x)=\begin{cases}\dfrac{100}{x^2}, & x>100;\\ 0, & x\leqslant 100.\end{cases}$$

设一个电子仪器包含有三个这样的电子管，这三个电子管的寿命是相互独立的，在最初使用的 150 h 中，

(1) 这三个电子管没有一个要替换的概率是多少？

(2) 这三个电子管全部都要替换的概率是多少？

解 以 $X_i(i=1,2,3)$ 表示第 i 个电子管的寿命. 由条件知

$$P\{X_i\leqslant 150\}=\int_{100}^{150}\frac{100}{x^2}\mathrm{d}x=\frac{1}{3},\quad i=1,2,3.$$

(1) 三个管子均不要替换的概率为

$$\begin{aligned}p_1&=P\{X_1>150,\ X_2>150,\ X_3>150\}\\&=\prod_{i=1}^3 P\{X_i>150\}=\left(1-\frac{1}{3}\right)^3=\frac{8}{27}.\end{aligned}$$

(2) 三个管子均要替换的概率为

$$\begin{aligned}p_2&=P\{X_1\leqslant 150,\ X_2\leqslant 150,\ X_3\leqslant 150\}\\&=\prod_{i=1}^3 P\{X_i\leqslant 150\}=\left(\frac{1}{3}\right)^3=\frac{1}{27}.\end{aligned}$$

25. 某家庭原来有 4 个灯泡用于室内照明，新装修后有 24 个灯泡用于室内照明. 装修入住后房主总认为灯泡更容易坏了，试解释其中的原因.

解　设第 i 个灯泡的寿命为 X_i，它们有相同的概率密度，且由实际意义知它们相互独立. 对任意正数 a，记 $p=P\{X_i\leqslant a\}$ $(0<p<1)$.

当只有 4 只灯泡时，在照明 a 小时内至少有一只损坏的概率为

$$p_1=P\Big(\bigcup_{i=1}^{4}\{X_i\leqslant a\}\Big)=1-(1-p)^4.$$

当有 24 只灯泡时，在照明 a 小时内至少有一只损坏的概率为

$$p_2=P\Big(\bigcup_{i=1}^{24}\{X_i\leqslant a\}\Big)=1-(1-p)^{24}.$$

显然有 $p_1<p_2$，即在使用了任意时长内，24 只灯泡中至少有一只损坏的概率大于 4 只灯泡中至少有一只损坏的概率，这就是灯泡越多时越容易坏的原因.

26. 设随机变量 X 和 Y 相互独立，均服从标准正态分布，试证明$\dfrac{X}{Y}$的概率密度函数为 $f(x)=\dfrac{1}{\pi(1+x^2)}$.

解　由条件知(X,Y) 的联合概率密度为

$$f(x,y)=f_X(x)f_Y(y)=\frac{1}{2\pi}\mathrm{e}^{-\frac{1}{2}(x^2+y^2)}.$$

记 $Z=\dfrac{X}{Y}$，则 Z 的概率密度为

$$\begin{aligned}f_Z(z)&=\int_{-\infty}^{+\infty}f(yz,y)\,|y|\,\mathrm{d}y=\int_{-\infty}^{+\infty}\frac{1}{2\pi}\mathrm{e}^{-\frac{1}{2}(1+z^2)y^2}\,|y|\,\mathrm{d}y\\&=\frac{1}{\pi}\int_0^{+\infty}\mathrm{e}^{-(1+z^2)y^2/2}y\,\mathrm{d}y=\frac{1}{\pi(1+z^2)}.\end{aligned}$$

27. 对于二维正态分布 $N(\mu_1,\mu_2,\sigma_1^2,\sigma_2^2,\rho)$ 的密度函数

$$f(x,y)=\frac{1}{2\pi}\exp\left\{-\frac{1}{2}(2x^2+y^2+2xy-22x-14y+65)\right\},$$

(1)　将其化成标准形式；

(2)　指出参数 $\mu_1,\mu_2,\sigma_1^2,\sigma_2^2,\rho$ 的值；

(3)　求条件分布密度 $f_{X|Y}(x\mid y)$.

解　由二维正态分布的联合概率密度标准形式对比有

$$\sigma_1\sigma_2\sqrt{1-\rho^2}=1,$$

$$-\frac{1}{2(1-\rho^2)\sigma_1^2}=-1,\ -\frac{1}{2(1-\rho^2)\sigma_2^2}=-\frac{1}{2},\ -\frac{-2\rho}{2(1-\rho^2)\sigma_1\sigma_2}=-1,$$

$$-\frac{1}{2(1-\rho^2)}\left(\frac{-2\mu_2}{\sigma_2^2}+\frac{2\rho\mu_1}{\sigma_1\sigma_2}\right)=7,$$

$$-\frac{1}{2(1-\rho^2)}\left(\frac{\mu_1^2}{\sigma_1^2}-\frac{2\rho\mu_1\mu_2}{\sigma_1\sigma_2}+\frac{\mu_2^2}{\sigma_2^2}\right)=-\frac{65}{2},$$

$$-\frac{1}{2(1-\rho^2)}\left(\frac{-2\mu_1}{\sigma_1^2}+\frac{2\rho\mu_2}{\sigma_1\sigma_2}\right)=11.$$

解之得 $\rho=-\frac{\sqrt{2}}{2}$, $\sigma_1=1$, $\sigma_2=\sqrt{2}$, $\mu_1=4$, $\mu_2=3$.

(1) (X,Y) 的联合概率密度标准形式为

$$f(x,y)=\frac{1}{2\pi\cdot\sqrt{2}\cdot 1\cdot\sqrt{1-\left(-\frac{\sqrt{2}}{2}\right)^2}}$$

$$\exp\left\{-\frac{1}{2\left[1-\left(-\frac{\sqrt{2}}{2}\right)^2\right]}\left[\left(\frac{x-4}{1}\right)^2-2\left(-\frac{\sqrt{2}}{2}\right)\frac{x-4}{1}\frac{y-3}{\sqrt{2}}+\left(\frac{y-3}{\sqrt{2}}\right)^2\right]\right\}$$

(2) $\mu_1=4$, $\mu_2=3$, $\sigma_1=1$, $\sigma_2=\sqrt{2}$, $\rho=-\frac{\sqrt{2}}{2}$.

(3)
$$\begin{aligned}f_{X|Y}(x|y)&=\frac{f(x,y)}{f_Y(y)}\\&=\frac{1}{\sqrt{2}}\exp\left\{-\frac{1}{2}\left[2x^2+y^2+2xy-22x-14y\right.\right.\\&\qquad\left.\left.+65+\frac{(y-3)^2}{4}\right]\right\}.\end{aligned}$$

28. 设随机变量 X 与 Y 互相独立, X 的分布律为 $P(X=1)=0.3$, $P(X=2)=0.7$; Y 的概率密度函数为 $f(y)$. 求随机变量 $U=X+Y$ 的概率密度函数 $g(u)$, 此题说明独立的离散型随机变量与连续型随机变量之和为连续型随机变量.

解 $U=X+Y$ 的分布函数为

$$\begin{aligned}F(x)&=P\{U\leqslant x\}=P\{X+Y\leqslant x\}\\&=P\{X+Y\leqslant x,X=1\}+P\{X+Y\leqslant x,X=2\}\\&=P\{Y\leqslant x-1|X=1\}P\{X=1\}+P\{Y\leqslant x-2|X=2\}P\{X=2\}\end{aligned}$$

$$=0.3P\{Y \leqslant x-1\}+0.7P\{Y \leqslant x-2\}$$
$$=0.3\int_{-\infty}^{x-1} f(t)\mathrm{d}t+0.7\int_{-\infty}^{x-2} f(t)\mathrm{d}t.$$

故 U 的概率密度为

$$f(x)=0.3f(x-1)+0.7f(x-2).$$

(二) 补充题解答

1. 设 ξ,η 是相互独立且服从同一分布的两个随机变量，已知 ξ 的分布律为 $P\{\xi=i\}=\frac{1}{3}$，$i=1,2,3$. 又设 $X=\max\{\xi,\eta\}$，$Y=\min\{\xi,\eta\}$，写出二维随机变量(X,Y)的联合分布律.

解 由于 $X=\max\{\xi,\eta\}$，$Y=\min\{\xi,\eta\}$，故知 $P\{X<Y\}=0$，即

$$P\{X=1,\ Y=2\}=P\{X=1,\ Y=3\}=P\{X=2,\ Y=3\}=0.$$

又易知

$$P\{X=1,\ Y=1\}=P\{\xi=1,\ \eta=1\}=P\{\xi=1\}P\{\eta=1\}=\frac{1}{9},$$

$$P\{X=2,\ Y=2\}=P\{\xi=2,\ \eta=2\}=\frac{1}{9},$$

$$P\{X=3,\ Y=3\}=P\{\xi=3,\ \eta=3\}=\frac{1}{9},$$

$$P\{X=2,\ Y=1\}=P\{\xi=1,\ \eta=2\}+P\{\xi=2,\ \eta=1\}=\frac{1}{9}+\frac{1}{9}=\frac{2}{9},$$

$$P\{X=3,\ Y=2\}=P\{\xi=2,\ \eta=3\}+P\{\xi=3,\ \eta=2\}=\frac{2}{9},$$

$$P\{X=3,\ Y=1\}=1-\frac{7}{9}=\frac{2}{9}.$$

所以二维随机变量(X,Y)的联合分布律为

Y \\ X	1	2	3
1	$\frac{1}{9}$	$\frac{2}{9}$	$\frac{2}{9}$
2	0	$\frac{1}{9}$	$\frac{2}{9}$
3	0	0	$\frac{1}{9}$

2. 设随机变量 X 与 Y 相互独立，它们分别服从二项分布 $B(n_1,p)$ 和 $B(n_2,p)$. 证明：随机变量 $Z=X+Y$ 服从二项分布 $B(n_1+n_2,p)$.

证 Z 的可能取值为 $0,1,2,\cdots,n_1+n_2$，且有

$$P\{Z=k\}=P\{X+Y=k\}=\sum_{i+j=n_1+n_2}P\{X=i\}P\{Y=j\}$$

$$=\sum_{\substack{i=0\\k-n_2\leqslant i\leqslant n_1}}^{k}\binom{n_1}{i}\binom{n_2}{k-i}p^k(1-p)^{n_1+n_2-k}$$

$$=\binom{n_1+n_2}{k}p^k(1-p)^{n_1+n_2-k}.$$

故 $Z\sim B(n_1+n_2,p)$.

注 等式 $\sum\limits_{\substack{i=0\\k-n_2\leqslant i\leqslant n_1}}^{k}\binom{n_1}{i}\binom{n_2}{k-i}=\binom{n_1+n_2}{k}$ 可从恒等式 $(1+x)^{n_1}(1+x)^{n_2}=(1+x)^{n_1+n_2}$ 中考虑 x^k 的系数得到.

3. 设随机变量 X 与 Y 相互独立且具有相同的分布，且 $P\{X=1\}=p>0$，$P\{X=0\}=1-p$，定义

$$Z=\begin{cases}1, & X+Y\text{ 为偶数};\\0, & X+Y\text{ 为奇数}.\end{cases}$$

问：p 取什么值时，Z 与 X 相互独立？

解 $P\{Z=1\}=P\{X=0\}P\{Y=0\}+P\{X=1\}P\{Y=1\}$

$$=(1-p)^2+p^2,$$

$$P\{Z=0\}=P\{X=0\}P\{Y=1\}+P\{X=1\}P\{Y=0\}$$

$$=2p(1-p),$$

而

$$P\{X=1,\ Z=1\}=P\{X=1,\ Y=1\}=p^2,$$

由 $P\{X=1,\ Z=1\}=P\{X=1\}P\{Z=1\}$，得 $p=\dfrac{1}{2}$.

4. 设三维随机变量 (X,Y,Z) 有联合概率密度函数

$$f(x,y,z)=\begin{cases}\dfrac{1}{8\pi^2}(1-\sin x\ \sin y\ \sin z), & 0\leqslant x,y,z\leqslant 2\pi;\\0, & \text{其他}.\end{cases}$$

试证明 X,Y,Z 两两独立，但不相互独立.

证 由已知得

$$f_{XY}(x,y)=\int_{-\infty}^{+\infty}f(x,y,z)\mathrm{d}z=\begin{cases}\dfrac{1}{4\pi^2}, & 0\leqslant x,y\leqslant 2\pi;\\0, & \text{其他}.\end{cases}$$

同理可得

$$f_{YZ}(y,z)=\begin{cases}\dfrac{1}{4\pi^2}, & 0\leqslant y,z\leqslant 2\pi,\\ 0, & 其他;\end{cases}$$

$$f_{XZ}(x,z)=\begin{cases}\dfrac{1}{4\pi^2}, & 0\leqslant x,z\leqslant 2\pi;\\ 0, & 其他.\end{cases}$$

显然有

$$f_X(x)=\int_{-\infty}^{+\infty}f_{XY}(x,y)\mathrm{d}y=\begin{cases}\dfrac{1}{2\pi}, & 0\leqslant x\leqslant 2\pi;\\ 0, & 其他;\end{cases}$$

以及

$$f_Y(y)=\begin{cases}\dfrac{1}{2\pi}, & 0\leqslant y\leqslant 2\pi;\\ 0, & 其他;\end{cases}\qquad f_Z(z)=\begin{cases}\dfrac{1}{2\pi}, & 0\leqslant z\leqslant 2\pi;\\ 0, & 其他.\end{cases}$$

于是有

$$f_{XY}(x,y)=f_X(x)f_Y(y),$$
$$f_{XZ}(x,z)=f_X(x)f_Z(z),$$
$$f_{YZ}(y,z)=f_Y(y)f_Z(z),$$

故 X,Y,Z 两两相互独立. 但因为在体积不为零的点集上有 $f(x,y,z)\neq f_X(x)f_Y(y)f_Z(z)$，所以 X,Y,Z 不相互独立.

5. 利用概率论的思想方法证明：当 $a>0$ 时，有

$$\frac{1}{\sqrt{2\pi}}\int_{-a}^{a}\mathrm{e}^{-x^2/2}\mathrm{d}x<\sqrt{1-\mathrm{e}^{-a^2}}.$$

证　设随机变量 X 和 Y 相互独立，都服从 $N(0,1)$ 分布. 则

$$f(x,y)=\frac{1}{2\pi}\exp\left\{-\frac{1}{2}(x^2+y^2)\right\}.$$

显然，

$$\iint_G f(x,y)\mathrm{d}x\,\mathrm{d}y<\iint_S f(x,y)\mathrm{d}x\,\mathrm{d}y,$$

其中，G 和 S 分别是如图所示的矩形 $ABCD$ 和圆.

$$\iint_G f(x,y)\mathrm{d}x\,\mathrm{d}y=\left(\frac{1}{\sqrt{2\pi}}\int_{-a}^{a}\mathrm{e}^{-x^2/2}\mathrm{d}x\right)^2.$$

令 $x=r\cos\varphi$，$y=r\sin\varphi$，则

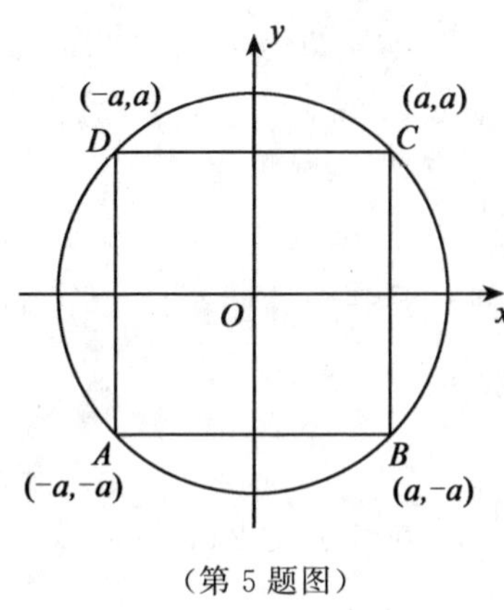

(第 5 题图)

$$\iint_S f(x,y)\mathrm{d}x\,\mathrm{d}y=\frac{1}{2\pi}\int_0^{2\pi}\int_a^{\sqrt{2}a}\mathrm{e}^{-r^2/2}\mathrm{d}r\,\mathrm{d}\varphi=1-\mathrm{e}^{-a^2}.$$

所以$\dfrac{1}{\sqrt{2\pi}}\displaystyle\int_{-a}^{a}\mathrm{e}^{-x^2/2}\mathrm{d}x<\sqrt{1-\mathrm{e}^{-a^2}}$.

6. 设随机变量 $X_1,X_2,\cdots,X_n$ 独立同分布，且具有概率密度函数，证明：

$$P\{X_n>\max\{X_1,X_2,\cdots,X_{n-1}\}\}=\frac{1}{n}.$$

解 假设 X_i 的密度函数为 $f(x)$，分布函数为 $F(x)$，其联合密度函数 $f(x_1,x_2,\cdots,x_n)=f(x_1)f(x_2)\cdots f(x_n)$. 依题意，所求的概率为

$$\begin{aligned}
&P\{X_n>X_1,\ X_n>X_2,\ \cdots,\ X_n>X_{n-1}\}\\
&=\underset{\substack{x_i<x_n\\ i=1,2,\cdots,n-1}}{\int\cdots\int} f(x_1,\cdots,x_n)\mathrm{d}x_1\cdots\mathrm{d}x_n\\
&=\int_{-\infty}^{+\infty}f(x_n)\mathrm{d}x_n\int_{-\infty}^{x_n}f(x_1)\mathrm{d}x_1\int_{-\infty}^{x_n}f(x_2)\mathrm{d}x_2\cdots\int_{-\infty}^{x_n}f(x_{n-1})\mathrm{d}x_{n-1}\\
&=\int_{-\infty}^{+\infty}F^{n-1}(x_n)f(x_n)\mathrm{d}x_n=\int_{-\infty}^{+\infty}F^{n-1}(x_n)\mathrm{d}F(x_n)\\
&=\frac{1}{n}F^n(x_n)\Big|_{-\infty}^{+\infty}=\frac{1}{n}.
\end{aligned}$$

7. 设随机变量 X 与 Y 相互独立，分别服从参数为 λ_1 与 λ_2 的泊松分布，试证：

$$P\{X=k\,|\,X+Y=n\}=\binom{n}{k}\left(\frac{\lambda_1}{\lambda_1+\lambda_2}\right)^k\left(\frac{\lambda_2}{\lambda_1+\lambda_2}\right)^{n-k}.$$

证
$$\begin{aligned}P\{X=k\,|\,X+Y=n\}&=\frac{P\{X=k,\ X+Y=n\}}{P\{X+Y=n\}}\\&=\frac{P\{X=k\}P\{Y=n-k\}}{P\{X+Y=n\}}.\end{aligned}$$

由泊松分布的可加性，知 $X+Y$ 服从参数为 $\lambda_1+\lambda_2$ 的泊松分布，所以

$$\begin{aligned}P\{X=k\,|\,X+Y=n\}&=\frac{\dfrac{\lambda_1^k}{k!}\mathrm{e}^{-\lambda_1}\cdot\dfrac{\lambda_2^{n-k}}{(n-k)!}\mathrm{e}^{-\lambda_2}}{\dfrac{(\lambda^1+\lambda^2)^n}{n!}\mathrm{e}^{-(\lambda_1+\lambda_2)}}\\&=\binom{n}{k}\left(\frac{\lambda_1}{\lambda_1+\lambda_2}\right)^k\left(\frac{\lambda_2}{\lambda_1+\lambda_2}\right)^{n-k}.\end{aligned}$$

8. 设随机变量(X,Y)的联合概率密度为

$$f(x,y)=\begin{cases}2\mathrm{e}^{-(x+2y)}, & x>0,\ y>0;\\ 0, & \text{其他}.\end{cases}$$

求随机变量 $Z=X+2Y$ 的分布函数.

解　当 $z\leqslant 0$ 时，$F_z(z)=P\{Z\leqslant z\}=0$；当 $z>0$ 时，

$$F_Z(z)=P\{Z\leqslant z\}=\int_0^z \mathrm{d}x\int_0^{\frac{z-x}{2}} 2\mathrm{e}^{-(x+2y)}\,\mathrm{d}y$$

$$=\int_0^z \mathrm{e}^{-x}\,\mathrm{d}x\int_0^{\frac{z-x}{2}} 2\mathrm{e}^{-2y}\,\mathrm{d}y=1-\mathrm{e}^{-z}-z\mathrm{e}^{-z}.$$

所以，$Z=X+2Y$ 的分布函数为

$$F(x,y)=\begin{cases}0, & z\leqslant 0;\\ 1-(1+z)\mathrm{e}^{-z}, & z>0.\end{cases}$$

9. 设随机变量 X 和 Y 的联合分布是正方形区域

$$G=\{(x,y):1\leqslant x\leqslant 3,\ 1\leqslant y\leqslant 3\}$$

上的均匀分布，试求随机变量 $U=|X-Y|$ 的概率密度.

解　如图，由条件知 X 和 Y 的联合密度为

$$f(x,y)=\begin{cases}\dfrac{1}{4}, & 1\leqslant x\leqslant 3,\ 1\leqslant y\leqslant 3;\\ 0, & \text{其他}.\end{cases}$$

以 $F(u)=P\{U\leqslant u\}$ $(-\infty<u<\infty)$ 表示随机变量 U 的分布函数. 显然，当 $u\leqslant 0$ 时，$F(u)=0$；当 $u\geqslant 2$ 时，$F(u)=1$；当 $0<u<2$ 时，

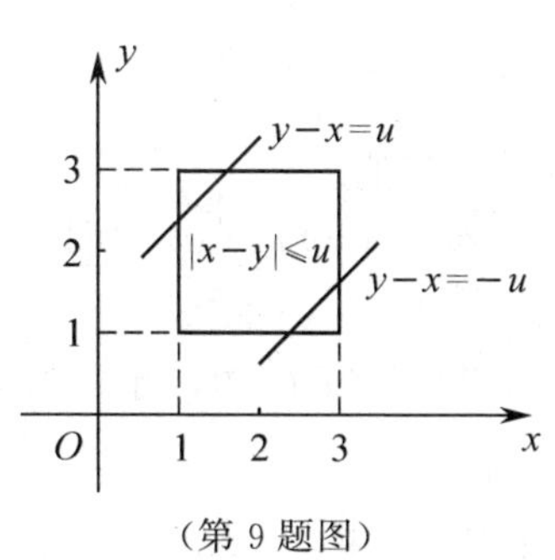

（第 9 题图）

$$F(u)=\iint\limits_{|x-y|\leqslant u} f(x,y)\,\mathrm{d}x\,\mathrm{d}y=\iint\limits_{|x-y|\leqslant u}\frac{1}{4}\,\mathrm{d}x\,\mathrm{d}y=\frac{1}{4}[4-(2-u)^2]=1-\frac{1}{4}(2-u)^2.$$

于是，随机变量 U 的概率密度为

$$f(u)=\begin{cases}\dfrac{1}{2}(2-u), & 0<u<2;\\ 0, & \text{其他}.\end{cases}$$

10. 假设一电路装有三个同种电气元件，其工作状态相互独立，且无故障

工作时间都服从参数为$\lambda>0$的指数分布. 当三个元件都无故障时，电路正常工作，否则整个电路不能正常工作. 试求电路正常工作的时间 T 的概率分布.

解 记 X_1,X_2,X_3 为这 3 个元件无故障工作的时间，则 $T=\min\{X_1,X_2,X_3\}$ 的分布函数

$$\begin{aligned}F_T(t)&=P\{T\leqslant t\}=1-P\{\min\{X_1,X_2,X_3\}>t\}\\&=1-(P\{X_1>t\})^3=1-(1-P\{X_1\leqslant t\})^3.\end{aligned}$$

因为

$$X_i\sim F(t)=\begin{cases}1-\mathrm{e}^{-\lambda t}, & t>0;\\0, & t\leqslant 0\end{cases}\quad(i=1,2,3),$$

所以 $F_T(t)=\begin{cases}1-\mathrm{e}^{-3\lambda t}, & t>0;\\0, & t\leqslant 0.\end{cases}$ 故

$$f_T(t)=F_T'(t)=\begin{cases}3\lambda\mathrm{e}^{-3\lambda t}, & t>0;\\0, & t\leqslant 0.\end{cases}$$

11. 设(X,Y)具有联合概率密度

$$f(x,y)=\begin{cases}\dfrac{1}{4}(1+xy), & |x|<1,\ |y|<1;\\0, & \text{其他}.\end{cases}$$

试证 X 与 Y 不相互独立，但 X^2 与 Y^2 相互独立.

证 因为

$$f_X(x)=\int_{-\infty}^{+\infty}f(x,y)\mathrm{d}y=\begin{cases}\dfrac{1}{2}, & |x|<1;\\0, & \text{其他};\end{cases}$$

$$f_Y(y)=\int_{-\infty}^{+\infty}f(x,y)\mathrm{d}x=\begin{cases}\dfrac{1}{2}, & |y|<1;\\0, & \text{其他},\end{cases}$$

显然在 $0<|x|<1$, $0<|y|<1$ 内有 $f(x,y)\neq f_X(x)f_Y(y)$，所以 X 与 Y 不相互独立.

记 X^2 的分布函数为 $F_1(x)$，易知当 $x\leqslant 0$ 时 $F_1(x)=0$，当 $x\geqslant 1$ 时 $F_1(x)=1$，当$0<x<1$ 时

$$F_1(x)=P\{X^2\leqslant x\}=P\{-\sqrt{x}\leqslant X\leqslant\sqrt{x}\}=\int_{-\sqrt{x}}^{\sqrt{x}}\frac{1}{2}\mathrm{d}x=\sqrt{x}.$$

同理，可求得 Y^2 的分布函数 $F_2(y)=P\{Y^2\leqslant y\}$ 为

$$F_2(y)=\begin{cases}0, & y\leqslant 0;\\\sqrt{y}, & 0<y<1;\\1. & y\geqslant 1.\end{cases}$$

记(X^2,Y^2)的联合分布函数为$G(x,y)$，则当$x<0$或$y<0$时，$G(x,y)=0$；当$0\leqslant x<1$且$y\geqslant 1$时，

$$G(x,y)=P\{X^2\leqslant x,\ Y^2\leqslant y\}=P\{X^2\leqslant x\}=\sqrt{x}\ .$$

同理，当$x\geqslant 1$且$0\leqslant y<1$时，$G(x,y)=\sqrt{y}$；当$0\leqslant x<1$且$0\leqslant y<1$时，

$$\begin{aligned}G(x,y)&=P\{X^2\leqslant x,\ Y^2\leqslant y\}\\&=P\{-\sqrt{x}\leqslant X\leqslant\sqrt{x},\ -\sqrt{y}\leqslant Y\leqslant\sqrt{y}\}\\&=\int_{-\sqrt{x}}^{\sqrt{x}}\int_{-\sqrt{y}}^{\sqrt{y}}\frac{1+st}{4}\mathrm{d}s\,\mathrm{d}t=\sqrt{xy}\ ;\end{aligned}$$

当$x\geqslant 1$且$y\geqslant 1$时，

$$G(x,y)=P\{X^2\leqslant x,\ Y^2\leqslant y\}=\int_{-1}^{1}\int_{-1}^{1}\frac{1+xy}{4}\mathrm{d}x\ \mathrm{d}y=1.$$

综合起来得

$$G(x,y)=\begin{cases}0, & x<0\text{ 或 }y<0;\\ \sqrt{x}, & 0\leqslant x<1,\ y\geqslant 1;\\ \sqrt{y}, & x\geqslant 1,\ 0\leqslant y<1;\\ \sqrt{xy}, & 0\leqslant x<1,\ 0\leqslant y<1;\\ 1, & x\geqslant 1,\ y\geqslant 1.\end{cases}$$

显然有$G(x,y)=F_1(x)F_2(y)$对任意x,y都成立，故X^2与Y^2相互独立.

12. 试证明Γ分布的再生性：若独立随机变量$X_i\sim\Gamma(\alpha_i,\lambda)$，$i=1,2$，则$X_1+X_2\sim\Gamma(\alpha_1+\alpha_2,\lambda)$.

证　由于$X_1\sim\Gamma(\alpha_1,\lambda)$，$X_2\sim\Gamma(\alpha_2,\lambda)$，且$X_1$和$X_2$相互独立，则$(X_1,X_2)$的联合概率密度为

$$\begin{aligned}f(x,y)&=f_{X_1}(x)f_{X_2}(y)\\&=\begin{cases}\dfrac{\lambda^{\alpha_1+\alpha_2}}{\Gamma(\alpha_1)\Gamma(\alpha_2)}x^{\alpha_1-1}y^{\alpha_2-1}\mathrm{e}^{-\lambda(x+y)}, & x>0,\ y>0;\\ 0, & \text{其他}.\end{cases}\end{aligned}$$

令$Z=X_1+X_2$，则Z的概率密度为

$$f_Z(z)=\int_{-\infty}^{+\infty}f(x,z-x)\mathrm{d}x,$$

其中

$$f(x,z-x)=\begin{cases}\dfrac{\lambda^{\alpha_1+\alpha_2}}{\Gamma(\alpha_1)\Gamma(\alpha_2)}x^{\alpha_1-1}(z-x)^{\alpha_2-1}\mathrm{e}^{-\lambda z}, & x>0,\ z-x>0;\\ 0, & \text{其他}.\end{cases}$$

因此，当 $z \leqslant 0$ 时，$f_Z(z)=0$；当 $z>0$ 时，

$$f_Z(z)=\int_0^z \frac{\lambda^{\alpha_1+\alpha_2}}{\Gamma(\alpha_1)\Gamma(\alpha_2)} x^{\alpha_1-1}(z-x)^{\alpha_2-1}\mathrm{e}^{-\lambda z}\mathrm{d}x$$

$$=\frac{\lambda^{\alpha_1+\alpha_2}}{\Gamma(\alpha_1)\Gamma(\alpha_2)}\mathrm{e}^{-\lambda z}\int_0^z x^{\alpha_1-1}(z-x)^{\alpha_2-1}\mathrm{d}x$$

$$\xlongequal{令 u=\frac{x}{z}} \frac{\lambda^{\alpha_1+\alpha_2}}{\Gamma(\alpha_1)\Gamma(\alpha_2)}\mathrm{e}^{-\lambda z}\int_0^1 z^{\alpha_1+\alpha_2-2}u^{\alpha_1-1}(1-u)^{\alpha_2-1}z\,\mathrm{d}u$$

$$=\frac{\lambda^{\alpha_1+\alpha_2}}{\Gamma(\alpha_1)\Gamma(\alpha_2)}\mathrm{e}^{-\lambda z}z^{\alpha_1+\alpha_2-1}\int_0^1 u^{\alpha_1-1}(1-u)^{\alpha_2-1}\mathrm{d}u.$$

利用 B 函数和 Γ 函数之间的关系，有

$$\int_0^1 u^{\alpha_1-1}(1-u)^{\alpha_2-1}\mathrm{d}u=\mathrm{B}(\alpha_1,\alpha_2)=\frac{\Gamma(\alpha_1)\Gamma(\alpha_2)}{\Gamma(\alpha_1+\alpha_2)}.$$

于是，当 $z>0$ 时，有

$$f_Z(z)=\frac{\lambda^{\alpha_1+\alpha_2}}{\Gamma(\alpha_1+\alpha_2)}z^{\alpha_1+\alpha_2-1}\mathrm{e}^{-\lambda z}.$$

故 $Z=X_1+X_2\sim\Gamma(\alpha_1+\alpha_2)$.

三、测试题及测试题解答

(一) 测试题

1. 假设随机变量 U 在区间$[-2,2]$服从均匀分布，随机变量

$$X=\begin{cases}-1, & U\leqslant -1;\\ 1, & U>-1;\end{cases}\quad Y=\begin{cases}-1, & U\leqslant 1;\\ 1, & U>1.\end{cases}$$

求 X 和 Y 的联合概率分布.

2. 设盒内有 3 个红球、1 个白球，从中不放回地抽取二次，每次抽一球，设第一次抽到红球个数为 X，二次共抽到的红球个数为 Y，求(X,Y) 服从的分布函数.

3. 把 3 个球等可能地放入编号为 1,2,3 的三个盒中，记落入第 1 号盒中的球的个数为 ξ，落入第 2 号盒中球的个数为 η，求二维随机变量(ξ,η) 的联

合概率分布及边缘分布.

4. 设随机变量(X,Y)的联合概率密度为

$$f(x,y)=\begin{cases}A\mathrm{e}^{-(3x+4y)}, & x>0,\ y>0;\\ 0, & \text{其他}.\end{cases}$$

求(1) 常数A；(2) 联合分布函数$F(x,y)$；(3) X,Y的边缘概率密度；(4) $P\{0<X\leqslant 1,\ 0<Y\leqslant 2\}$.

5. 设(X,Y)在区域

$$D=\left\{(x,y)\left|\frac{(x+y)^2}{2a^2}+\frac{(x-y)^2}{2b^2}\leqslant 1\right.\right\}$$

上服从均匀分布，求(X,Y)的联合概率密度$f(x,y)$.

6. 已知(X,Y)的联合分布律为

Y \ X	1	2	3
2	0.10	0.20	0.10
4	0.15	0.30	0.15

(1) 求关于X,Y的边缘分布律.

(2) 求条件分布律.

(3) 问X,Y是否相互独立?

7. 设随机变量X,Y相互独立，$X\sim N(\mu,\sigma^2)$，$Y\sim U(-b,b)$，即在$(-b,b)$上服从均匀分布，求(X,Y)的联合密度函数和条件密度函数.

8. 设随机变量X与Y相互独立，且

$$f_X(x)=\begin{cases}1, & 0\leqslant x\leqslant 1;\\ 0, & \text{其他};\end{cases}\qquad f_Y(y)=\begin{cases}y, & 0\leqslant y\leqslant 1;\\ 2-y, & 1<y\leqslant 2;\\ 0, & \text{其他}.\end{cases}$$

求随机变量$Z=X+Y$的概率密度$f_Z(z)$.

9. 设(X,Y)的联合密度函数为

$$f(x,y)=\begin{cases}\dfrac{1}{4}, & 0\leqslant x\leqslant 2,\ 0\leqslant y\leqslant 2;\\ 0, & \text{其他}.\end{cases}$$

求$Z=X-Y$的密度函数.

10. 设电路中电流I与电阻R是相互独立的随机变量，且

$$f_I(i)=\begin{cases}2i, & 0\leqslant i\leqslant 1;\\ 0. & \text{其他};\end{cases}\qquad f_R(r)=\begin{cases}\dfrac{1}{9}r^2, & 0\leqslant r\leqslant 3;\\ 0, & \text{其他}.\end{cases}$$

求电压 $E=IR$ 的概率密度函数 $f_E(e)$.

11. 设二维随机变量 X,Y 的联合概率密度为

$$f(x,y)=\begin{cases}2\mathrm{e}^{-2x}, & x>0,\ 0<y<1;\\ 0, & \text{其他}.\end{cases}$$

求 $Z=\dfrac{X}{2Y}$ 的概率密度 $f_Z(z)$.

12. 设随机向量(X,Y)的联合概率密度 $f(x,y)=\dfrac{1}{2\pi}\mathrm{e}^{-\frac{1}{2}(x^2+y^2)}$, $(x,y)\in\mathbf{R}^2$. 求随机变量 $Z=\dfrac{1}{3}(X^2+Y^2)$ 的概率密度 $f_Z(z)$.

13. 设随机变量(X,Y)的概率密度为

$$f(x,y)=\begin{cases}x^2+\dfrac{1}{3}xy, & 0\leqslant x\leqslant 1,\ 0\leqslant y\leqslant 2;\\ 0, & \text{其他}.\end{cases}$$

试求(1) (X,Y)的分布函数;(2) (X,Y)的边缘分布密度;(3) (X,Y)的条件密度;(4) 概率 $P\{X+Y>1\}$, $P\{Y>X\}$ 及 $P\left\{Y<\dfrac{1}{2}\,\middle|\,X<\dfrac{1}{2}\right\}$.

14. 设 X 与 Y 是相互独立的随机变量,均服从同一几何分布:

$$P\{X=k\}=P\{Y=k\}=q^{k-1}p,\quad k=1,2,\cdots.$$

令 $Z=\max\{X,Y\}$. 试求:(1) (Z,X) 的联合分布;(2) Z 的分布;(3) X 关于 Z 的条件分布.

15. 设随机变量 X 的概率密度函数为

$$f(x)=\frac{A}{\mathrm{e}^x+\mathrm{e}^{-x}}\quad(-\infty<x<+\infty),$$

对 X 做两次独立观察,其值分别为 X_1,X_2. 令

$$Y_i=\begin{cases}1, & X_i\leqslant 1;\\ 0, & X_i>1.\end{cases}$$

(1) 计算常数 A 及概率 $P\{X_1<0,\ X_2<1\}$.

(2) 求随机变量 Y_1 与 Y_2 的联合分布.

16. 设 $X_1,X_2,\cdots,X_n$ 是独立同分布的随机变量,它们的分布函数为 $F(x)$. 令 $Y_1=\min\{X_1,X_2,\cdots,X_n\}$, $Y_2=\max\{X_1,X_2,\cdots,X_n\}$, 求 Y_1 与 Y_2 的联合分布函数.

(二) 测试题解答

1.解　随机向量(X,Y)有4个可能值：$(-1,-1),(-1,1),(1,-1),(1,1)$. 易见

$$P\{X=-1, Y=-1\}=P\{U\leqslant -1, U\leqslant 1\}=\frac{1}{4},$$

$$P\{X=-1, Y=1\}=P\{U\leqslant -1, U>1\}=0,$$

$$P\{X=1, Y=-1\}=P\{U>-1, U\leqslant 1\}=\frac{1}{2},$$

$$P\{X=1, Y=1\}=P\{U>-1, U>1\}=\frac{1}{4}.$$

于是，得X和Y的联合概率分布：

X \ Y	-1	1
-1	$\frac{1}{4}$	0
1	$\frac{1}{2}$	$\frac{1}{4}$

2.解　首先(X,Y)的值域为$\{(0,1),(1,1),(1,2)\}$，其联合概率分布如下表：

X \ Y	1	2
0	$\frac{1}{4}$	0
1	$\frac{1}{4}$	$\frac{1}{2}$

其中

$$P\{X=0, Y=1\}=P(\text{第一次抽到白球，第二次抽到红球})=\frac{1\times 3}{4\times 3}=\frac{1}{4},$$

$$P\{X=1, Y=2\}=P(\text{第一次抽到红球，第二次抽到红球})=\frac{3\times 2}{4\times 3}=\frac{1}{2},$$

$$P\{X=1, Y=1\}=P(\text{第一次抽到红球，第二次抽到白球})=\frac{3\times 1}{4\times 3}=\frac{1}{4},$$

$$P\{X=0, Y=0\}=P(\varnothing)=0.$$

而分布函数由公式$F(x,y)=\sum\limits_{i:x_i=x}\ \sum\limits_{j:y_j\leqslant y}P\{X=x_i, Y=y_j\}$，知

$$F(x,y)-P\{X\leqslant x,Y\leqslant y\}=\begin{cases}0, & x<0\text{ 或 }y<1;\\ \dfrac{1}{4}, & 0\leqslant x<1,1\leqslant y;\\ \dfrac{1}{2}, & 1\leqslant x,1\leqslant y<2;\\ 1, & 1\leqslant x,2\leqslant y.\end{cases}$$

3.解 由已知条件得，ξ,η 的可能取值均为 0,1,2,3. 其联合分布律为

$$p_{ij}=P\{\xi=i,\eta=j\}=P\{\xi=i\}P\{\eta=j\mid\xi=i\},$$

此时 ξ 服从参数为 $3,\frac{1}{3}$ 的二项分布 $B\left(3,\frac{1}{2}\right)$，从而

$$P\{\xi=i\}=C_3^i\left(\frac{1}{3}\right)^i\left(\frac{2}{3}\right)^{3-i},\quad i=0,1,2,3.$$

若 $\xi=i$，则还剩 $3-i$ 个球等可能地落入第 2、第 3 号盒中，因而在 $\xi=i$ 的条件下，η 服从参数为 $3-i,\frac{1}{2}$ 的二项分布 $B\left(3-i,\frac{1}{2}\right)$，即

$$P\{\eta=j\mid\xi=i\}=C_{3-i}^j\left(\frac{1}{2}\right)^j\left(\frac{1}{2}\right)^{3-i-j}=C_{3-i}^j\left(\frac{1}{2}\right)^{3-j}\quad(j=0,1,2,3).$$

于是

$$p_{ij}=C_3^i\left(\frac{1}{3}\right)^i\left(\frac{2}{3}\right)^{3-i}\cdot C_{3-i}^j\left(\frac{1}{2}\right)^{3-i}$$

$$=\frac{3!}{i!\ j!\ (3-i-j)!}\left(\frac{1}{3}\right)^3\quad(i,j=0,1,2,3,\ i+j\leqslant 3).$$

ξ,η 的联合分布及边缘分布可列表如下：

ζ \ p_{ij} \ η	0	1	2	3	$p_{i\cdot}$
0	$\frac{1}{27}$	$\frac{1}{9}$	$\frac{1}{9}$	$\frac{1}{27}$	$\frac{8}{27}$
1	$\frac{1}{9}$	$\frac{2}{9}$	$\frac{1}{9}$	0	$\frac{4}{9}$
2	$\frac{1}{9}$	$\frac{1}{9}$	0	0	$\frac{2}{9}$
3	$\frac{1}{27}$	0	0	0	$\frac{1}{27}$
$p_{\cdot j}$	$\frac{8}{27}$	$\frac{4}{9}$	$\frac{2}{9}$	$\frac{1}{27}$	1

4.解 (1) 由联合概率密度的性质 $\int_{-\infty}^{+\infty}\int_{-\infty}^{+\infty}f(x,y)\mathrm{d}x\,\mathrm{d}y=1$，有

$$1=\int_0^{+\infty}\int_0^{+\infty} A\mathrm{e}^{-(3x+4y)}\,\mathrm{d}x\,\mathrm{d}y=\frac{A}{12}.$$

所以 $A=12$. 因此

$$f(x,y)=\begin{cases}12\mathrm{e}^{-(3x+4y)}, & x>0,\ y>0;\\ 0, & \text{其他}.\end{cases}$$

(2) 设(X,Y)的分布函数为$F(x,y)$，则当 $x>0$，$y>0$ 时，

$$F(x,y)=\int_{-\infty}^{x}\int_{-\infty}^{y} p(x,y)\,\mathrm{d}x\,\mathrm{d}y=\int_0^x\int_0^y 12\mathrm{e}^{-(3x+4y)}\,\mathrm{d}x\,\mathrm{d}y$$
$$=(1-\mathrm{e}^{-3x})(1-\mathrm{e}^{-4y});$$

当 x,y 为其他情形时，$F(x,y)=0$. 故

$$F(x,y)=\begin{cases}(1-\mathrm{e}^{-3x})(1-\mathrm{e}^{-4y}), & x>0,\ y>0;\\ 0, & \text{其他}.\end{cases}$$

(3) X 的边缘概率密度为

$$f_X(x)=\int_{-\infty}^{+\infty} f(x,y)\,\mathrm{d}y=\begin{cases}\int_0^{+\infty} 12\mathrm{e}^{-(3x+4y)}\,\mathrm{d}y, & x>0;\\ 0, & \text{其他}\end{cases}$$
$$=\begin{cases}3\mathrm{e}^{-3x}, & x>0;\\ 0, & \text{其他}.\end{cases}$$

同理，Y 的边缘密度为

$$f_Y(y)=\begin{cases}4\mathrm{e}^{-4y}, & y>0;\\ 0, & \text{其他}.\end{cases}$$

(4) $$P\{0<X\leqslant 1,\ 0<Y\leqslant 2\}=\int_0^1\int_0^2 12\mathrm{e}^{-(3x+4y)}\,\mathrm{d}x\,\mathrm{d}y$$
$$=(1-\mathrm{e}^{-3})(1-\mathrm{e}^{-8}).$$

5.解 设 S_D 为 D 的面积，则

$$f(x,y)=\begin{cases}\dfrac{1}{S_D}, & (x,y)\in D;\\ 0, & \text{其他}.\end{cases}$$

作正交变换

$$u=\frac{x+y}{\sqrt{2}},\quad v=\frac{x-y}{\sqrt{2}},$$

于是 $D=\left\{(u,v)\,\middle|\,\dfrac{u^2}{a^2}+\dfrac{v^2}{b^2}\leqslant 1\right\}$. 在坐标系$Ouv$中，$D$ 为标准椭圆，其面积为 πab，又正交变换保持面积不变，故

$$f(x,y)=\begin{cases}\dfrac{1}{\pi ab}, & (x,y)\in D;\\ 0, & 其他.\end{cases}$$

6.解 (1) 边缘分布律计算结果列于表的下面和右边:

Y \ X	1	2	3	$p_{\cdot j}$
2	0.10	0.20	0.10	0.40
4	0.15	0.30	0.15	0.60
$p_{i\cdot}$	0.25	0.50	0.25	

(2) 条件分布律:

$$P\{X=i\mid Y=j\}=\frac{P\{X=i,\ Y=j\}}{P\{Y=j\}}\quad (i=1,2,3,\ j=2,4),$$

$$P\{Y=j\mid X=i\}=\frac{P\{X=i,\ Y=j\}}{P\{X=i\}}\quad (i=1,2,3,\ j=2,4).$$

按上面公式计算,列成下表:

X	1	2	3
$P\{X=i\mid Y=2\}$	0.25	0.50	0.25
$P\{X=i\mid Y=4\}$	0.25	0.50	0.25

Y	2	4
$P\{Y=j\mid X=1\}$	0.4	0.6
$P\{Y=j\mid X=2\}$	0.4	0.6
$P\{Y=j\mid X=3\}$	0.4	0.6

(3) 解法 1 从联合分布律与边缘分布律关系来看:对任何 i,j 经计算都有 $P\{X=i,\ Y=j\}=P\{X=i\}P\{Y=j\}$ 成立,所以 X,Y 相互独立.

解法 2 从条件分布律与边缘分布律的情况看,对任何 i,j,都有 $P\{X=i\mid Y=j\}=P\{X=i\}$ 及 $P\{Y=j\mid X=i\}=P\{Y=j\}$ 成立,所以 X,Y 相互独立.

7.解 $X\sim N(\mu,\sigma^2)$,$f_X(x)=\dfrac{1}{\sqrt{2\pi}}\mathrm{e}^{-\frac{(x-\mu)^2}{2\sigma^2}}$,$-\infty<x<+\infty$;

$$Y \sim U(-b,b),\ f_Y(y)=\begin{cases}\dfrac{1}{2b}, & -b<x<b;\\ 0, & \text{其他}.\end{cases}$$

因为 X,Y 独立，$f(x,y)=f_X(x)f_Y(y)$，所以

$$f(x,y)=\begin{cases}\dfrac{1}{2b\sqrt{2\pi}\sigma}\mathrm{e}^{-\frac{(x-\mu)^2}{2\sigma^2}}, & -\infty<x<+\infty,\ |y|<b;\\ 0, & \text{其他}.\end{cases}$$

故条件密度函数为：当 $|y|<b$ 时，

$$f_{X|Y}(x|y)=\frac{f(x,y)}{f_Y(y)}=\frac{1}{\sqrt{2\pi}\sigma}\mathrm{e}^{-\frac{(x-\mu)^2}{2\sigma^2}},\quad -\infty<x<+\infty;$$

对任何 x，

$$f_{Y|X}(y|x)=\begin{cases}\dfrac{1}{2b}, & |y|<b;\\ 0, & |y|\geqslant b.\end{cases}$$

8.解　因为 $X\sim U[0,1]$，所以 X 的密度函数为

$$f_X(x)=\begin{cases}1, & 0\leqslant x\leqslant 1;\\ 0, & \text{其他}.\end{cases}$$

又由于 X 与 Y 相互独立，故 X 与 Y 的联合密度函数为

$$f(x,y)=f_X(x)f_Y(y)=\begin{cases}y, & 0\leqslant x\leqslant 1,\ 0\leqslant y\leqslant 1;\\ 2-y, & 0\leqslant x\leqslant 1,\ 1<y\leqslant 2;\\ 0, & \text{其他}.\end{cases}$$

方法 1（分布函数微分法）　$Z=X+Y$ 的分布函数由公式

$$F_Z(z)=P\{Z\leqslant z\}=P\{X+Y\leqslant z\}=\iint\limits_{x+y\leqslant z} f(x,y)\mathrm{d}x\ \mathrm{d}y$$

计算可得：当 $0\leqslant z\leqslant 1$ 时，

$$F_Z(z)=\int_0^z y(z-y)\mathrm{d}y=\frac{z^2}{6};$$

当 $1\leqslant z<2$ 时，

$$\begin{aligned}F_Z(z)&=\int_0^{z-1}\mathrm{d}x\int_0^1 y\,\mathrm{d}y+\int_0^{z-1}\mathrm{d}x\int_1^{z-x}(2-y)\mathrm{d}y+\int_{z-1}^1\mathrm{d}x\int_0^{z-x}y\,\mathrm{d}y\\&=z-1+\frac{(2-z)^2}{6}-\frac{(z-1)^3}{6};\end{aligned}$$

当 $2\leqslant z<3$ 时，

$$F_Z(z)=1-\int_{z-1}^2\mathrm{d}y\int_{z-y}^1(2-y)\mathrm{d}x=1-\frac{1}{6}(3-z^2);$$

当 $z<0$ 时，$F_Z(z)=0$；当 $z\geqslant 3$ 时，$F_Z(z)=1$. 于是

$$F_Z(z)=\begin{cases}0, & z<0;\\ z^3/6, & 0\leqslant z<1;\\ z-1-(2-z)^3/6-(z-1)^3/6, & 1\leqslant z<2;\\ 1-(3-z)^3/6, & 2\leqslant z<3;\\ 1, & z\geqslant 3.\end{cases}$$

对 z 求导数即得 Z 的密度函数为

$$f_Z(z)=\begin{cases}z^2/2, & 0\leqslant z<1;\\ -z^2+3z-3/2, & 1\leqslant z<2;\\ z^2/2-3z+9/2, & 2\leqslant z<3;\\ 0, & \text{其他}.\end{cases}$$

方法 2（卷积公式） 根据随机变量和的密度函数公式

$$f_Z(z)=\int_{-\infty}^{+\infty}f_X(x)f_Y(z-x)\mathrm{d}x,$$

当 $0\leqslant z<1$ 时，由条件 $0<x<1$，$0<z-x<1$ 得 $0<x<z$，故

$$f_Z(z)=\int_0^z(z-x)\mathrm{d}x=\frac{1}{2}z^2;$$

当 $1\leqslant z<2$ 时，由条件 $0<x<1$ 及 $0<z-x<1$ 和 $0<x<1$ 及 $1<z-x<2$ 得 $z-1<x<1$ 和 $0<x<z-1$，因此

$$f_Z(z)=\int_{z-1}^1(z-x)\mathrm{d}x+\int_0^{z-1}[2-(z-x)]\mathrm{d}x$$
$$=-z^2+3z-\frac{3}{2};$$

当 $2\leqslant z<3$ 时，由条件 $0<x<1$ 及 $1<z-x<2$ 得 $z-2<x<1$，于是

$$f_Z(z)=\int_{z-2}^1[2-(z-x)]\mathrm{d}x=\frac{1}{2}z^2-3z+\frac{9}{2}.$$

所以

$$f_Z(z)=\begin{cases}z^2/2, & 0\leqslant z<1;\\ -z^2+3z-3/2, & 1\leqslant z<2;\\ z^2/2-3z+9/2, & 2\leqslant z<3;\\ 0, & \text{其他}.\end{cases}$$

方法 3（积分转化法） 因为

$$\int_{-\infty}^{\infty}\int_{-\infty}^{\infty}h(x+y)f(x,y)\mathrm{d}x\ \mathrm{d}y$$

$$=\int_0^1\left[\int_0^1 h(x+y)y\,\mathrm{d}y+\int_1^2 h(x+y)(2-y)\mathrm{d}y\right]\mathrm{d}x$$

$$\overset{\text{令 } z=x+y}{=\!=\!=\!=}\int_0^1\left(h(z)\int_z^{z-1}y\,\mathrm{d}y\right)\mathrm{d}z+\int_1^2\left[h(z)\int_z^{z-1}(z-y)\mathrm{d}y\right]\mathrm{d}z$$

$$=\int_0^1\left(h(z)\int_0^z y\,\mathrm{d}y\right)\mathrm{d}z+\int_1^2\left[\int_{z-1}^1 y\,\mathrm{d}y+\int_1^z(2-y)\mathrm{d}y\right]h(z)\mathrm{d}z$$

$$+\int_2^3\left[h(z)\int_{z-1}^2(2-y)\mathrm{d}y\right]\mathrm{d}z$$

$$=\int_0^1 h(z)\cdot\frac{1}{2}z^2\mathrm{d}z+\int_1^2 h(z)\left[\left(z-\frac{1}{2}z^2\right)-\left(\frac{3}{2}-2z+\frac{z^2}{2}\right)\right]\mathrm{d}z$$

$$+\int_2^3 h(z)\left(\frac{9}{2}z^2-3z+\frac{9}{2}\right)\mathrm{d}z,$$

所以

$$f_Z(z)=\begin{cases}z^2/2, & 0\leqslant z<1;\\ -z^2+3z-3/2, & 1\leqslant z<2;\\ z^2/2-3z+9/2, & 2\leqslant z<3;\\ 0, & \text{其他}.\end{cases}$$

9.解　由已知条件，可得 X 与 Y 相互独立，从而 X 与 $-Y$ 也相互独立，记 $U=-Y$，则 U 的密度函数为

$$f_U(u)=\begin{cases}\dfrac{1}{2}, & -2\leqslant u\leqslant 0;\\ 0, & \text{其他}.\end{cases}$$

于是，$Z=X-Y=X+U$ 的密度函数由卷积公式可得

$$f_Z(z)=\int_{-\infty}^{+\infty}f_X(x)f_U(z-x)\mathrm{d}x=\int_0^2\frac{1}{2}f_U(z-x)\mathrm{d}x$$

$$=\frac{1}{2}\int_{z-2}^{z}f_U(u)\mathrm{d}u.$$

由于 $f_U(u)$ 仅在 $-2\leqslant u\leqslant 0$ 时有非负值，下面分情况求出上述积分值：

当 $-4\leqslant z-2<-2$，即 $-2\leqslant z\leqslant 0$ 时，

$$f_Z(z)=\frac{1}{2}\int_{z-2}^{-2}0\mathrm{d}u+\frac{1}{2}\int_{-2}^{z}\frac{1}{2}\mathrm{d}u=\frac{1}{4}(z+2);$$

当 $-2\leqslant z-2<0$，即 $0\leqslant z<2$ 时，

$$f_Z(z)=\frac{1}{2}\int_{z-2}^{0}\frac{1}{2}\mathrm{d}u+\frac{1}{2}\int_0^z 0\mathrm{d}u=\frac{1}{4}(2-z);$$

当 $z-2\geqslant 0$，即 $z\geqslant 2$ 时，或 $z-2<-4$，即 $z<-2$ 时，$f_Z(z)=0$.

综合起来，有

$$f_Z(z)=\begin{cases}\dfrac{1}{2}-\dfrac{1}{4}|z|, & |z|<2;\\ 0, & \text{其他}.\end{cases}$$

10.解 用分布函数微分法求之. 当 $e\leqslant 0$ 时，$F_E(e)=0$；当 $0<e<3$ 时，

$$F_E(e)=P\{E\leqslant e\}=1-P\{IR>e\}=1-\int_e^3\mathrm{d}r\int_{\frac{e}{r}}^1\frac{2ir^2}{9}\mathrm{d}i$$

$$=1-\frac{1}{9}\left(9-3e^2+\frac{2}{3}e^3\right)=\frac{1}{3}e^2-\frac{2}{27}e^3;$$

当 $e\geqslant 3$ 时，$F_E(e)=1$. 对 e 求导得 E 的概率密度：

$$f_E(e)=\begin{cases}\dfrac{2}{9}e(3-e), & 0<e<3;\\ 0, & \text{其他}.\end{cases}$$

11.解 先求分布函数 $F_Z(z)$：

$$F_Z(z)=P\{Z\leqslant z\}=P\left\{\frac{X}{2Y}\leqslant z\right\}=\iint\limits_{\frac{x}{2y}\leqslant z}f(x,y)\mathrm{d}x\,\mathrm{d}y.$$

当 $z\leqslant 0$ 时，$F_Z(z)=0$；当 $z>0$ 时，

$$F_Z(z)=\iint\limits_D 2\mathrm{e}^{-2x}\mathrm{d}x\,\mathrm{d}y=\int_0^1\mathrm{d}y\int_0^{2yz}2\mathrm{e}^{-2x}\mathrm{d}x=1-\frac{1}{2z}+\frac{1}{4z}\mathrm{e}^{-4z},$$

其中 $D=\left\{(x,y)\,\middle|\,x>0,\ 0<y<1,\ \dfrac{x}{2y}\leqslant z\right\}$，即

$$F_Z(z)=\begin{cases}1-\dfrac{1}{2z}+\dfrac{1}{4z}\mathrm{e}^{-4z}, & z>0;\\ 0, & z\leqslant 0.\end{cases}$$

故 $f_Z(z)=\begin{cases}\dfrac{1}{2z^2}-\left(\dfrac{1}{4z^2}+\dfrac{1}{z}\right)\mathrm{e}^{-4z}, & z>0;\\ 0, & z\leqslant 0.\end{cases}$

12.解 当 $z\leqslant 0$ 时，$f_Z(z)=0$；当 $z>0$ 时，

$$F_Z(z)=P\{Z\leqslant z\}=P\left\{\frac{1}{3}(X^2+Y^2)\leqslant z\right\}$$

$$=\iint\limits_{x^2+y^2\leqslant 3z}f(x,y)\mathrm{d}x\,\mathrm{d}y=\frac{1}{2\pi}\int_0^{2\pi}\mathrm{d}\theta\int_0^{\sqrt{3z}}r\,\mathrm{e}^{-\frac{r^2}{2}}\mathrm{d}r$$

$$=1-\mathrm{e}^{-\frac{3}{2}z}.$$

对 $F_Z(z)$ 关于 z 求导得知 Z 的概率密度

$$f_Z(z)=\begin{cases}\dfrac{3}{2}e^{-\frac{3}{2}z}, & z>0;\\ 0, & z\leqslant 0.\end{cases}$$

13.解 (1) 当 $x<0$ 或 $y<0$ 时，因为 $f(x,y)=0$，所以 $F(x,y)=0$；当 $0\leqslant x\leqslant 1$，$0\leqslant y\leqslant 2$ 时，

$$F(x,y)=\int_0^x\int_0^y\left(u^2+\frac{1}{3}uv\right)du\,dv=\frac{1}{3}x^3y+\frac{1}{12}x^2y^2;$$

当 $0\leqslant x\leqslant 1$，$y>2$ 时，

$$F(x,y)=\int_{-\infty}^x\int_{-\infty}^y f(u,v)du\,dv=\int_0^x\int_0^2\left(u^2+\frac{1}{3}uv\right)dv\,du$$

$$=\frac{1}{3}(2x+1)x^2;$$

当 $x>1$，$0\leqslant y\leqslant 2$ 时，

$$F(x,y)=\int_{-\infty}^x\int_{-\infty}^y f(u,v)du\,dv=\int_0^1\int_0^y\left(x^2+\frac{1}{3}xv\right)dv\,dx$$

$$=\frac{1}{12}(4+y)y;$$

当 $x>1$，$y>2$ 时，

$$F(x,y)=\int_0^1\int_0^2\left(x^2+\frac{1}{3}xy\right)dx\,dy=\int_0^1 dx\int_0^2\left(x^2+\frac{1}{3}xy\right)dy=1.$$

综上所述，分布函数为

$$F(x,y)=\begin{cases}0, & x<0 \text{ 或 } y<0;\\ \dfrac{1}{3}x^2y\left(x+\dfrac{1}{4}y\right), & 0\leqslant x\leqslant 1,\ 0\leqslant y\leqslant 2;\\ \dfrac{1}{3}x^2(2x+1), & 0\leqslant x\leqslant 1,\ y>2;\\ \dfrac{1}{12}y(4+y), & x>1,\ 0\leqslant y\leqslant 2;\\ 1, & x>1,\ y>2.\end{cases}$$

(2) 当 $0\leqslant x\leqslant 1$ 时，

$$f_X(x)=\int_{-\infty}^{+\infty}f(x,y)dy=\int_0^2\left(x^2+\frac{1}{3}xy\right)dy=2x^2+\frac{2}{3}x;$$

当 $0\leqslant y\leqslant 2$ 时，

$$f_Y(y)=\int_{-\infty}^{+\infty}f(x,y)dx=\int_0^1\left(x^2+\frac{1}{3}xy\right)dx=\frac{1}{3}+\frac{1}{6}y.$$

(3) 当 $0\leqslant x\leqslant 1$，$0\leqslant y\leqslant 2$ 时，

$$f_{X|Y}(x|y)=\frac{f(x,y)}{f_Y(y)}=\frac{6x^2+2xy}{2+y},$$

$$f_{Y|X}(y|x)=\frac{f(x,y)}{f_X(x)}=\frac{3x+y}{6x+2}.$$

(4) $P\{X+Y>1\}=\iint\limits_{x+y>1} f(x,y)\mathrm{d}x\,\mathrm{d}y$

$$=\int_0^1\mathrm{d}x\int_{1-x}^2\left(x^2+\frac{1}{3}xy\right)\mathrm{d}y=\frac{65}{72},$$

$$P\{Y>X\}=\iint\limits_{y>x}\left(x^2+\frac{1}{3}xy\right)\mathrm{d}x\,\mathrm{d}y=\int_0^1\mathrm{d}x\int_0^2\left(x^2+\frac{1}{3}xy\right)\mathrm{d}y=\frac{17}{24},$$

$$P\left\{Y<\frac{1}{2}\,\middle|\,X<\frac{1}{2}\right\}=\frac{P\left\{X<\frac{1}{2},\ Y<\frac{1}{2}\right\}}{P\left\{X<\frac{1}{2}\right\}}=\frac{F\left(\frac{1}{2},\frac{1}{2}\right)}{F_X\left(\frac{1}{2}\right)}$$

$$=\frac{\frac{1}{3}x^2y\left(x+\frac{1}{4}y\right)\Big|_{x=\frac{1}{2},\ y=\frac{1}{2}}}{\int_0^{\frac{1}{2}}f_X(x)\mathrm{d}x}=\frac{5}{32}.$$

14.解 此时(X,Y)的联合概率分布为

$$P\{X=i,\ Y=j\}=P\{X=i\}P\{Y=j\}=q^{i+j-2}p^2\quad(i,j=1,2,\cdots).$$

(1) $P\{Z=n,\ X=k\}$

$$=\begin{cases}P\{X=k,\ Y=n\}=q^{n+k-2}p^2, & k=1,2,\cdots,n-1;\\ P\{X=n,\ Y\leqslant n\}=p^{n-1}(1-q^2), & k=n;\\ 0, & k>n\ (n=1,2,\cdots).\end{cases}$$

(2) $P\{Z=n\}=P\{Z=n,\ X\leqslant n\}$

$$=\sum_{k=1}^{n-1}P\{X=k,\ Z=n\}+P\{Z=n,\ X=n\}$$

$$=q^{n-2}p^2\cdot\frac{1-q^{n-1}}{1-q}\cdot q+pq^{n-1}(1-q^n)$$

$$=pq^{n-1}(2-q^n-q^{n-1})\quad(n=1,2,\cdots).$$

(3) $P\{X=k|Z=n\}=\dfrac{P\{X=k,\ Z=n\}}{P\{Z=n\}}$

$$=\begin{cases}\dfrac{pq^{k-1}}{2-q^{n-1}-q^n}, & k=1,2,\cdots,n-1;\\[2ex] \dfrac{1}{2-q^{n-1}-q^n}, & k=n.\end{cases}$$

15.解　(1)　由$\int_{-\infty}^{+\infty} f(x)\mathrm{d}x = 1$，即

$$A\int_{-\infty}^{+\infty}\frac{\mathrm{d}x}{\mathrm{e}^{x}+\mathrm{e}^{-x}} = A\int_{-\infty}^{+\infty}\frac{\mathrm{e}^{x}}{\mathrm{e}^{2x}+1}\mathrm{d}x = A(\arctan \mathrm{e}^{x})\Big|_{-\infty}^{+\infty}$$

$$= A\cdot\frac{\pi}{2} = 1,$$

得$A=\frac{2}{\pi}$. 显然，X_1与X_2相互独立且同分布，因而有

$$\begin{aligned} P\{X_1<0,\ X_2<1\} &= P\{X_1<0\}P\{X_2<1\} \\ &= \left(\int_{-\infty}^{0}\frac{2}{\pi}\cdot\frac{\mathrm{d}x}{\mathrm{e}^{x}+\mathrm{e}^{-x}}\right)\left(\int_{+\infty}^{1}\frac{2}{\pi}\cdot\frac{\mathrm{d}x}{\mathrm{e}^{x}+\mathrm{e}^{-x}}\right) \\ &= \frac{1}{\pi}\arctan \mathrm{e}. \end{aligned}$$

(2)　由于Y_1, Y_2均为离散型随机变量，且可取值1,0；根据已知条件可得其联合分布律

$$\begin{aligned} P\{Y_1=1,\ Y_2=1\} &= P\{X_1\leqslant 1,\ X_2\leqslant 1\} = \left(\frac{2}{\pi}\int_{-\infty}^{1}\frac{\mathrm{d}x}{\mathrm{e}^{x}+\mathrm{e}^{-x}}\right)^2 \\ &= \frac{4}{\pi^2}(\arctan \mathrm{e})^2, \end{aligned}$$

$$\begin{aligned} P\{Y_1=1,\ Y_2=0\} &= P\{Y_1=0,\ Y_2=1\} = P\{X_1\leqslant 1, X_2>1\} \\ &= P\{X_1\leqslant 1\}P\{X_2>1\} \\ &= \frac{2}{\pi}\arctan \mathrm{e}\left(1-\frac{2}{\pi}\arctan \mathrm{e}\right), \end{aligned}$$

$$P\{Y_1=0,\ Y_2=0\} = P\{X_1>1,\ X_2>1\} = \left(1-\frac{2}{\pi}\arctan \mathrm{e}\right)^2.$$

16.解　由于

$$\{Y_1\leqslant y_1,\ Y_2\leqslant y_2\}\cup\{Y_1>y_1,\ Y_2\leqslant y_2\} = \{Y_2\leqslant y_2\},$$

且等式左边两个事件是互不相容的，若记Y_1与Y_2的联合分布函数为$F(y_1, y_2)$，则

$$\begin{aligned} F(y_1, y_2) &= P\{Y_1\leqslant y_1,\ Y_2\leqslant y_2\} \\ &= P\{Y_2\leqslant y_2\} - P\{Y_1>y_1,\ Y_2\leqslant y_2\}. \end{aligned}$$

注意到事件

$$\{Y_2\leqslant y_2\} = \{\max_{1\leqslant i\leqslant n}\{X_i\}\leqslant y_2\} = \bigcap_{i=1}^{n}\{X_i\leqslant y_2\},$$

$$\{Y_1>y_1\} = \{\min_{1\leqslant i\leqslant n}\{X_i\}>y_1\} = \bigcap_{i=1}^{n}\{X_i>y_1\},$$

$$\{Y_1 > y_1, Y_2 \leqslant y_2\} = \{\min_{1 \leqslant i \leqslant n}\{X_i\} > y_1, \max_{1 \leqslant i \leqslant n}\{X_i\} \leqslant y_2\}$$
$$= \bigcap_{i=1}^{n}\{y_1 < X_i \leqslant y_2\}.$$

又注意到 $X_1, X_2, \cdots, X_n$ 相互独立且具有相同的分布，其 $X_i(1 \leqslant i \leqslant n)$ 的分布函数也都是 $F(x)$，故有

$$P\{Y_2 \leqslant y_2\} = P\{\max_{1 \leqslant i \leqslant t}\{X_i\} \leqslant y_2\}$$
$$= \prod_{i=1}^{n} P\{X_i \leqslant y_2\} = (F(y_2))^n,$$

$$P\{Y_1 > y_1, Y_2 \leqslant y_2\} = \prod_{i=1}^{n} P\{y_1 < X_i \leqslant y_2\}$$
$$= \begin{cases} (F(y_2) - F(y_1))^n, & y_1 < y_2; \\ 0, & y_1 \geqslant y_2. \end{cases}$$

在这里，当 $y_1 \geqslant y_2$ 时，事件$\{y_1 < X_i \leqslant y_2\}$是不可能事件，其概率为零.

综上所述，即有

$$F(y_1, y_2) = \begin{cases} (F(y_2))^n - (F(y_2) - F(y_1))^n, & y_1 < y_2; \\ (F(y_2))^n, & y_1 \geqslant y_2. \end{cases}$$

第四章 随机变量的数字特征

一、大纲要求及疑难点解析

(一) 大纲要求

1. 理解随机变量数字特征(数学期望、方差、标准差、矩、协方差、相关系数)的概念；并会运用数字特征的基本性质计算具体分布的数字特征.

2. 掌握常用分布的数字特征.

3. 会根据随机变量的概率分布求其函数的数学期望；会根据二维随机变量的联合概率分布求其函数的数学期望.

(二) 内容提要

随机变量的数学期望（均值)、方差、标准差及其性质，随机变量函数的数学期望，矩、协方差，相关系数及其性质.

(三) 疑难点解析

1. 如何理解随机变量的数字特征?

答 随机变量的分布函数可以描述出随机变量取值的概率统计特征，然而在解决某些问题时，我们可能只需了解随机变量某个方面的特征，而不必知道其分布函数（这在分布函数难以得到时更显重要)，并且对某些常用的分布（如正态分布、指数分布、泊松分布)，知道数字特征时，其分布函数也相应可得（这是因为确定分布函数的参数就是数字特征)，这从另一侧面说明了研究数字特征的重要性.

关于随机变量的数学期望，它描述的是随机变量取值的平均集中位置，即是平均特征. 数学期望并非一个简单的平均，它是一种以概率作为“权重”的带权平均值（这对离散型随机变量是显而易见的），其直观解释是，在多次独立重复试验时，带权平均值刻画了随机变量观察值的平均值波动时的稳定位置. 在现实生活中，比如在风险投资中，其投资收益将是随机变量，投资人期望获得的收益从客观上看（非主观要求）应是各种可能收益的平均值，当然对某次具体收益是有波动的，但以期望而论，客观一点的收益应是收益的平均值，这也是平均值称为数学期望的一种字面上的解释.

关于随机变量的方差，它描述的是随机变量偏离其平均值的平均离散程度，它反映的是随机变量的取值是否“集中”地分布在平均值附近.

关于协方差及相关系数，它们是描述两个随机变量之间相关性的数字特征，此种相关性是指随机变量的取值相互影响的程度，不一定是确定的依赖关系，但在某些特殊值，比如相关系数的绝对值等于1时，就是确定的线性关系.

至于矩，它可以看成上述特征在数学形式上的推广，此种推广具有理论意义，同时在低阶时，也具有直观的实际意义，其用途可在参数估计中找到.

2. 如何计算随机变量的数字特征?

答 随机变量数字特征的计算通常是利用定义或由定义经变形而成的表达式以及利用性质等进行计算，从这些定义式中可以看出，所有数字特征的计算都与数学期望的计算有关，因此数学期望的计算是一个很重要的基本功.

关于数学期望的计算，当已知随机变量的类型及分布时，直接根据定义计算数学期望. 当求有关随机变量（或二维随机变量）的函数的数学期望时，一般不用去求函数的分布，而是根据教材中给出的定理（p. 120 定理 4. 1. 1 及 p. 121 定理 4. 1. 2）进行计算. 作为了解，当随机变量的分布难以得到或较复杂时，利用数学期望的性质（如采用分解成有限和式的方法）求解也是途径之一. 另外，利用一些知识，如条件数学期望知识（此在工科中不作要求）等建立递推式，也是求数学期望的方法（在习题解答中将作简单介绍）.

关于随机变量方差的计算，常利用公式

$$D(Z)=E(Z^2)-(E(Z))^2.$$

对协方差，常利用公式 $\mathrm{Cov}(Z,Y)=E(ZY)-E(Z)E(Y)$ 进行计算. 至于矩，通常是根据定义，看成随机变量函数的数学期望进行计算.

另外，在参考某些较深的概率统计教材时，会发现利用随机变量的特征函数、母函数等工具也可计算数学期望. 这里只指明一个方向，将不作详细介绍，有兴趣的同学可参考理科教材.

二、习题解答

(一) 基本题解答

1. 甲、乙两台机床生产同一种零件，在一天内生产的次品数分别记为 X,Y，已知

$$X\sim\begin{pmatrix}0 & 1 & 2 & 3\\ 0.4 & 0.3 & 0.2 & 0.1\end{pmatrix},\quad Y\sim\begin{pmatrix}0 & 1 & 2 & 3\\ 0.3 & 0.5 & 0.2 & 0\end{pmatrix}.$$

如果两台机床的产量相等，问哪台机床生产的零件的质量较好？

解 因

$$E(X)=0\times 0.4+1\times 0.3+2\times 0.2+3\times 0.1=1,$$

$$E(Y)=0\times 0.3+1\times 0.5+2\times 0.2+3\times 0=0.9,$$

所以，从平均角度看，乙机床生产的零件质量较好.

2. 某产品的次品率为 0.1，检验员每天检验 4 次. 每次随机地取 10 件产品进行检验，如发现其中的次品数多于 1，就去调整设备，以 X 表示一天中调整设备的次数，试求 $E(X)$.

解 将每次检验时是否调整设备看成一次试验，则由题意知，4 次检验就是进行了 4 重伯努利试验，由此知 $X\sim B(4,p)$，其中 p 是每次检验时要调整的概率，即是取出的 10 件产品中次品数多于 1 的概率，即

$$p=1-C_{10}^{0}\cdot 0.1^{10}-C_{10}^{1}\cdot 0.1^{9}\cdot 0.9\approx 0.263\,9,$$

因此 $E(X)=4\times 0.263\,9=1.055\,6$.

3. 设随机变量 X 的分布律为

$$P\left\{X=(-1)^{k+1}\frac{3^k}{k}\right\}=\frac{2}{3^k},\quad k=1,2,\cdots.$$

说明 X 的数学期望不存在.

解 因

$$\sum_{k=1}^{\infty}|x_k|p_k=\sum_{k=1}^{\infty}\left|(-1)^{k+1}\frac{3^k}{k}\right|\cdot\frac{2}{3^n}=\sum_{k=1}^{\infty}\frac{2}{k},$$

是发散的，故 $E(X)$ 不存在.

4. 设随机变量 X 服从一般的柯西分布，其概率密度为

$$f(x)=\frac{\lambda}{\pi[\lambda^2+(x-a)^2]},\quad -\infty<x<\infty,$$

其中常数 $\lambda>0$，$a\in\mathbf{R}$. 试证明 X 的数学期望不存在.

解 研究反常积分 $\int_{-\infty}^{+\infty}|x|f(x)\mathrm{d}x$，先考虑 $\int_0^{+\infty}|x|f(x)\mathrm{d}x$. 代入 $f(x)$ 的表达式得

$$\begin{aligned}\int_0^{+\infty}|x|f(x)\mathrm{d}x&=\int_0^{+\infty}x\frac{\lambda}{\pi[\lambda^2+(x-a)^2]}\mathrm{d}x\\&\xlongequal{\text{令 } t=x-a}\int_{-a}^{+\infty}\frac{\lambda(t+a)}{\pi(\lambda^2+t^2)}\mathrm{d}t\\&=\int_{-a}^{+\infty}\frac{\lambda t}{\pi(\lambda^2+t^2)}\mathrm{d}t+\int_{-a}^{+\infty}\frac{\lambda a}{\pi(\lambda^2+t^2)}\mathrm{d}t\\&=\frac{\lambda}{2\pi}\ln(\lambda^2+t^2)\Big|_{-a}^{+\infty}+\left(\frac{a}{\pi}\arctan\frac{t}{\lambda}\right)\Big|_{-a}^{+\infty}\\&=+\infty,\end{aligned}$$

于是 $\int_0^{+\infty}|x|f(x)\mathrm{d}x$ 发散，由反常积分定义知 $\int_{-\infty}^{+\infty}|x|f(x)\mathrm{d}x$ 发散. 故 X 的数学期望不存在.

5. 设随机变量 X 的概率密度为

(1) $f(x)=\begin{cases}x, & 0\leqslant x\leqslant 1;\\ 2-x, & 1<x\leqslant 2;\\ 0, & \text{其他};\end{cases}$

(2) $f(x)=\begin{cases}\dfrac{1}{\pi\sqrt{1-x^2}}, & |x|<1;\\ 0, & \text{其他};\end{cases}$

(3) $f(x)=\begin{cases}\dfrac{1}{(1\,500)^2}x, & 0\leqslant x\leqslant 1\,500;\\ -\dfrac{1}{(1\,500)^2}(x-3\,000), & 1\,500<x\leqslant 3\,000;\\ 0, & \text{其他}.\end{cases}$

试求 X 的数学期望.

解 (1) $E(X)=\int_{-\infty}^{+\infty}xf(x)\mathrm{d}x=\int_0^1 x\cdot x\,\mathrm{d}x+\int_1^2 x(2-x)\mathrm{d}x=1.$

(2) $E(X)=\int_{-\infty}^{+\infty} xf(x)\mathrm{d}x=\int_{-1}^{1} x\cdot\frac{1}{\pi\sqrt{1-x^2}}\mathrm{d}x=0.$

(3) $$E(X)=\int_{-\infty}^{+\infty} xf(x)\mathrm{d}x$$
$$=\int_{0}^{1\,500} x\cdot\frac{1}{(1\,500)^2}x\,\mathrm{d}x+\int_{1\,500}^{3\,000} x\cdot\frac{-1}{(1\,500)^2}(x-3\,000)\mathrm{d}x$$
$$=1\,500.$$

6. 设随机变量 X 的概率密度为

$$f(x)=\begin{cases}\mathrm{e}^{-x}, & x>0;\\ 0, & \text{其他}.\end{cases}$$

试求：(1) $Y=2X^2$ 的数学期望；(2) $Y=\mathrm{e}^{-2X}$ 的数学期望.

解 (1) $$E(Y)=E(2X^2)=\int_{0}^{+\infty} 2x^2\cdot\mathrm{e}^{-x}\,\mathrm{d}x$$
$$=-2(x^2+2x+2)\mathrm{e}^{-x}\Big|_0^{+\infty}=4.$$

(2) $E(Y)=E(\mathrm{e}^{-2X})=\int_{0}^{+\infty}\mathrm{e}^{-2x}\cdot\mathrm{e}^{-x}\,\mathrm{d}x=\int_{0}^{+\infty}\mathrm{e}^{-3x}\,\mathrm{d}x=\frac{1}{3}.$

7. 一汽车沿一街道行驶，需要通过三个均设有红绿信号灯的路口，每个信号灯为红或绿与其他信号灯为红或绿相互独立，且红、绿两种信号显示的时间相等，以 X 表示该汽车首次遇到红灯前已通过的路口的个数，求 $E\left(\frac{1}{1+X}\right)$.

解 由第二章基本题 2 知，X 的分布律为

X	0	1	2	3
P	$\frac{1}{2}$	$\frac{1}{4}$	$\frac{1}{8}$	$\frac{1}{8}$

于是

$$E\left(\frac{1}{1+X}\right)=\frac{1}{1+0}\times\frac{1}{2}+\frac{1}{1+1}\times\frac{1}{4}+\frac{1}{1+2}\times\frac{1}{8}+\frac{1}{1+3}\times\frac{1}{8}=\frac{67}{96}.$$

8. 设随机变量 X 和 Y 独立，都在区间 $[1,3]$ 上服从均匀分布；引进事件 $A=\{X\leqslant a\}$，$B=\{Y>a\}$.

(1) 已知 $P(A\cup B)=\frac{7}{9}$，求常数 a.

(2) 求 $\frac{1}{X}$ 的数学期望.

解 (1) $a<1$ 或 $a>3$ 显然不对，于是 $1\leqslant a\leqslant 3$，此时

$$P(A)=\frac{a-1}{2},\quad P(B)=\frac{3-a}{2},$$

$$P(AB)=P(A)P(B)=\frac{(a-1)(3-a)}{4}.$$

由 $P(A\cup B)=\frac{7}{9}$，得

$$\frac{a-1}{2}+\frac{3-a}{2}-\frac{(a-1)(3-a)}{4}=\frac{7}{9},$$

即 $9a^2-36a+35=0$. 解之得 $a=\frac{5}{3}$ 或 $a=\frac{7}{3}$.

(2) $E\left(\frac{1}{X}\right)=\int_1^3\frac{1}{x}\cdot\frac{1}{2}\mathrm{d}x=\frac{1}{2}\ln 3$.

9. 假设一部机器在一天内发生故障的概率为0.2，机器发生故障时全天停止工作. 若一周5个工作日里无故障，可获利润10万元；发生一次故障仍可获利润5万元；发生两次故障所获利润0元；发生三次或三次以上故障就要亏损2万元. 求一周内的平均利润是多少.

解 设 Z 表示一周内发生故障的次数，Y 表示一周内的利润，显然 $Z\sim B(5,0.2)$，且

$$Y=\begin{cases}10, & Z=0;\\5, & Z=1;\\0, & Z=2;\\-2, & Z\geqslant 3.\end{cases}$$

因此

$$\begin{aligned}E(Y)&=10P\{Z=0\}+5P\{Z=1\}+0P\{Z=2\}-2P\{Z\geqslant 3\}\\&=10\cdot 0.8^5+5C_5^1\cdot 0.8^4\cdot 0.2\\&\quad-2(1-0.8^5-C_5^1\cdot 0.8^4\cdot 0.2-C_5^2\cdot 0.8^3\cdot 0.2^2)\\&\approx 5.216\ (\text{万元}).\end{aligned}$$

10. 游客乘电梯从底层到电视塔顶层观光，电梯于每个整点的第5分钟，25分钟和55分钟从底层起行. 假设一游客在早8点的第 X 分钟到达底层候梯处，且 X 在[0,60]上服从均匀分布，求该游客等候时间的数学期望.

解 以 Y 表示游客的等候时间，则

$$Y=\begin{cases}5-X, & 0\leqslant X\leqslant 5;\\25-X, & 5<X\leqslant 25;\\55-X, & 25<X\leqslant 55;\\65-X, & 55<X\leqslant 60.\end{cases}$$

故

$$E(Y)=\int_0^5(5-x)\cdot\frac{1}{60}\mathrm{d}x+\int_5^{25}(25-x)\cdot\frac{1}{60}\mathrm{d}x+\int_{25}^{55}(55-x)\cdot\frac{1}{60}\mathrm{d}x+\int_{55}^{60}(65-x)\cdot\frac{1}{60}\mathrm{d}x=\frac{35}{3}\ (\mathrm{min}).$$

11. 一商店经销某种商品，每周进货的数量 X 与顾客对该种商品的需求量 Y 是相互独立的随机变量，且都服从区间[10,20]上的均匀分布. 商店每售出一单位商品可得利润 1 000 元；若需求量超过了进货量，商店可从其他商店调剂供应，这时每单位商品获利润为 200 元. 试计算此商店经销该种商品每周所得利润的期望值.

解　设 Z 表示每周的利润，则

$$Z=\begin{cases}1\,000\,Y, & X\geqslant Y;\\ 1\,000\,X+200(Y-X)=800X+200Y, & X<Y.\end{cases}$$

而(X,Y)的联合概率密度 $f(x,y)=\dfrac{1}{10^2}$，$10\leqslant x\leqslant 20$，$10\leqslant y\leqslant 20$，因此

$$E(Z)=\int_{10}^{20}\mathrm{d}x\int_{10}^{x}1\,000\,y\cdot\frac{1}{100}\mathrm{d}y+\int_{10}^{20}\mathrm{d}x\int_{x}^{20}(800x+200y)\cdot\frac{1}{100}\mathrm{d}y=13\,666.67\ (\text{元}).$$

12. 设某种商品每周的需求量 X 是服从区间[10,30]上均匀分布的随机变量，而经销商进货数量为区间[10,30]中的某一整数，商店每销售一单位商品可获利 500 元；若供大于求则削价处理，每处理 1 单位商品亏损 100 元；若供不应求，则可从外部调剂供应，此时每 1 单位仅获利 300 元. 为使商店所获利润期望值不少于 9 280 元，试确定最小进货量.

解　设进货数量为 a $(10\leqslant a\leqslant 30)$，$Z$ 表示利润，则

$$Z=\begin{cases}500X-100(a-X), & X\leqslant a;\\ 500a+300(X-a), & X>a\end{cases}=\begin{cases}600X-100a, & X\leqslant a;\\ 300X+200a, & X>a.\end{cases}$$

于是

$$E(Z)=\int_{10}^{a}(600x-100a)\cdot\frac{1}{20}\mathrm{d}x+\int_{a}^{30}(300x+200a)\frac{1}{20}\mathrm{d}x=-\frac{15}{2}a^2+350a+5\,250.$$

由题意，需求 $-\frac{15}{2}a^2+350a+5\,250\geqslant 9\,280$，解之得 $\frac{62}{3}\leqslant a\leqslant 26$. 因此要利润期望值不少于 9 280 元，最小进货量为 21 单位.

13. 一台设备由三大部件构成，在设备运转中各部件需要调整的概率分别为 0.1,0.2 和 0.3，假设各部件的状态相互独立，以 X 表示同时需要调整的部件数，试求数学期望 $E(X)$ 和方差 $D(X)$.

解 由第二章基本题 9 知，X 的概率分布为

X	0	1	2	3
P	0.504	0.398	0.092	0.006

故

$$E(X)=0\times 0.504+1\times 0.398+2\times 0.092+3\times 0.006=0.6,$$

$$E(X^2)=0^2\times 0.504+1^2\times 0.398+2^2\times 0.092+3^2\times 0.006=0.82.$$

从而

$$E(X)=0.6,\quad D(X)=0.82-0.6^2=0.46.$$

14. 设二维随机变量 (X,Y) 的联合概率密度为

$$f(x,y)=\begin{cases}12y^2, & 0\leqslant y\leqslant x\leqslant 1;\\ 0, & \text{其他}.\end{cases}$$

求 $E(X),E(Y),E(XY),E(X^2+Y^2)$.

解 由定理 4.1.2，有

$$E(X)=\int_{-\infty}^{\infty}\int_{-\infty}^{\infty}xf(x,y)\mathrm{d}x\,\mathrm{d}y=\int_0^1\mathrm{d}x\int_0^x x\cdot 12y^2\mathrm{d}y$$

$$=\int_0^1 4x^4\mathrm{d}x=0.8,$$

$$E(Y)=\int_{-\infty}^{\infty}\int_{-\infty}^{\infty}yf(x,y)\mathrm{d}x\,\mathrm{d}y=\int_0^1\mathrm{d}x\int_0^x y\cdot 12y^2\mathrm{d}y$$

$$=0.6,$$

$$E(XY)=\int_{-\infty}^{\infty}\int_{-\infty}^{\infty}xyf(x,y)\mathrm{d}x\,\mathrm{d}y=\int_0^1\mathrm{d}x\int_0^x xy\cdot 12y^2\mathrm{d}y$$

$$=0.5,$$

$$E(X^2+Y^2)=\int_{-\infty}^{\infty}\int_{-\infty}^{\infty}(x^2+y^2)f(x,y)\mathrm{d}x\,\mathrm{d}y$$

$$=\int_0^1\mathrm{d}x\int_0^x(x^2+y^2)\cdot 12y^2\mathrm{d}y=\frac{16}{15}.$$

15. 设随机变量 X 的概率密度为

(1) $f(x)=\begin{cases}\dfrac{2}{\pi}\cos^2 x, & |x|\leqslant\dfrac{\pi}{2};\\ 0, & \text{其他};\end{cases}$

(2) $f(x)=\begin{cases}\dfrac{x}{\sigma^2}\exp\left\{-\dfrac{x^2}{2\sigma^2}\right\}, & x>0;\\ 0, & \text{其他};\end{cases}$（常数 $\sigma>0$，此为瑞利(Rayleigh)分布）；

(3) $f(x)=\begin{cases}\dfrac{\lambda^\alpha}{\Gamma(\alpha)}x^{\alpha-1}e^{-\lambda x}, & x>0;\\ 0, & \text{其他}\end{cases}$（常数 $\lambda>0$，$\alpha>0$，此为 Γ(Gamma) 分布）；

(4) $f(x)=\begin{cases}\dfrac{rA^r}{x^{r+1}}, & x\geqslant A;\\ 0, & \text{其他}\end{cases}$（常数 $r>0$，$A>0$，此为帕雷托(Pareto)分布）；

(5) $f(x)=\dfrac{e^{-x}}{(1+e^{-x})^2}$，$-\infty<x<\infty$（此为逻辑斯谛(logistic)分布）.

当 X 的数学期望和方差存在时，求出其数学期望和方差.

解 (1) $E(X)=\int_{-\infty}^{\infty}xf(x)dx=\int_{-\frac{\pi}{2}}^{\frac{\pi}{2}}x\cdot\dfrac{2}{\pi}\cos^2 x\ dx=0$，

$$
\begin{aligned}
E(X^2)&=\int_{-\infty}^{\infty}x^2f(x)dx=\int_{-\frac{\pi}{2}}^{\frac{\pi}{2}}x^2\cdot\frac{2}{\pi}\cos^2 x\ dx\\
&=\frac{2}{\pi}\int_0^{\frac{\pi}{2}}x^2(\cos 2x+1)dx\\
&=\frac{1}{\pi}\left(x^2\sin 2x+x\cos 2x-\frac{1}{2}\sin 2x+\frac{2}{3}x^3\right)\Big|_0^{\frac{\pi}{2}}\\
&=\frac{\pi^2}{12}-\frac{1}{2}.
\end{aligned}
$$

所以 $E(X)=0$，$D(X)=\dfrac{\pi^2}{12}-\dfrac{1}{2}$.

(2) $E(X)=\int_{-\infty}^{\infty}xf(x)dx=\int_0^{\infty}x\cdot\dfrac{x}{\sigma^2}e^{-\frac{x^2}{2\sigma^2}}dx=\int_0^{+\infty}e^{-\frac{x^2}{2\sigma^2}}dx$

$$=\sqrt{2\pi}\sigma \cdot \frac{1}{2}=\sqrt{\frac{\pi}{2}}\sigma,$$

$$E(X^2)=\int_{-\infty}^{\infty} x^2 f(x)\mathrm{d}x=\int_0^{\infty} x^2 \cdot \frac{x}{\sigma^2}\mathrm{e}^{-\frac{x^2}{2\sigma^2}}\mathrm{d}x=2\int_0^{+\infty} x\mathrm{e}^{-\frac{x^2}{2\sigma^2}}\mathrm{d}x=2\sigma^2.$$

因此 $E(X)=\sqrt{\frac{\pi}{2}}\sigma$，$D(X)=2\sigma^2-\left(\sqrt{\frac{\pi}{2}}\sigma\right)^2=\frac{4-\pi}{2}\sigma^2$.

(3) $E(X)=\int_{-\infty}^{+\infty} xf(x)\mathrm{d}x=\int_0^{+\infty} x\,\frac{\lambda^\alpha}{\Gamma(\alpha)}x^{\alpha-1}\mathrm{e}^{-\lambda x}\mathrm{d}x$

$$\xlongequal{令 t=\lambda x}\int_0^{+\infty}\frac{\lambda^\alpha}{\Gamma(\alpha)}\left(\frac{t}{\lambda}\right)^\alpha \mathrm{e}^{-t}\,\frac{1}{\lambda}\mathrm{d}t=\frac{1}{\lambda\Gamma(\alpha)}\int_0^{+\infty} t^\alpha \mathrm{e}^{-t}\mathrm{d}t$$

$$=\frac{1}{\lambda\Gamma(\alpha)}\Gamma(\alpha+1)=\frac{\alpha\Gamma(\alpha)}{\lambda\Gamma(\alpha)}=\frac{\alpha}{\lambda},$$

$$E(X^2)=\int_{-\infty}^{+\infty} x^2 f(x)\mathrm{d}x=\int_0^{+\infty} x^2\,\frac{\lambda^\alpha}{\Gamma(\alpha)}x^{\alpha-1}\mathrm{e}^{-\lambda x}\mathrm{d}x$$

$$\xlongequal{令 t=\lambda x}\int_0^{+\infty}\frac{\lambda^\alpha}{\Gamma(\alpha)}\left(\frac{t}{\lambda}\right)^{\alpha+1}\mathrm{e}^{-t}\,\frac{1}{\lambda}\mathrm{d}t$$

$$=\frac{1}{\lambda^2\Gamma(\alpha)}\int_0^{+\infty} t^{\alpha+1}\mathrm{e}^{-t}\mathrm{d}t=\frac{1}{\lambda^2\Gamma(\alpha)}\Gamma(\alpha+2)$$

$$=\frac{\Gamma(\alpha)\cdot(\alpha+1)\alpha}{\lambda^2\Gamma(\alpha)}=\frac{(\alpha+1)\alpha}{\lambda^2},$$

于是

$$D(X)=\frac{(\alpha+1)\alpha}{\lambda^2}-\left(\frac{\alpha}{\lambda}\right)^2=\frac{\alpha}{\lambda^2}.$$

(4) 当 $r>1$ 时，

$$E(X)=\int_{-\infty}^{+\infty} xf(x)\mathrm{d}x=\int_A^{+\infty} x\,\frac{rA^r}{x^{r+1}}\mathrm{d}x=\frac{rA}{r-1}.$$

当 $r=1$ 时，由于

$$\int_{-\infty}^{+\infty}|x|f(x)\mathrm{d}x=\int_A^{+\infty} x\,\frac{rA^r}{x^{r+1}}\mathrm{d}x=+\infty,$$

此时数学期望不存在. 当 $0<r<1$ 时，由于

$$\int_{-\infty}^{+\infty}|x|f(x)\mathrm{d}x=\int_A^{+\infty} x\,\frac{rA^r}{x^{r+1}}\mathrm{d}x=+\infty,$$

此时数学期望也不存在.

当 $1<r\leqslant 2$ 时，

$$\int_{-\infty}^{+\infty} x^2 f(x)\mathrm{d}x=\int_A^{+\infty} x^2\,\frac{rA^r}{x^{r+1}}\mathrm{d}x=+\infty,$$

此时 X 的方差不存在. 当 $r>2$ 时,

$$E(X^2)=\int_{-\infty}^{+\infty}x^2f(x)\mathrm{d}x=\int_A^{+\infty}x^2\frac{rA^r}{x^{r+1}}\mathrm{d}x=\frac{rA^2}{r-2},$$

此时

$$D(X)=\frac{rA^2}{r-2}-\left(\frac{rA}{r-1}\right)^2=\frac{rA^2}{(r-1)^2(r-2)}.$$

故当 $r>1$ 时, $E(X)=\dfrac{rA}{r-1}$;

当 $r>2$ 时, 有

$$D(X)=\frac{rA^2}{(r-1)^2(r-2)}.$$

(5) 由奇偶函数的积分性质有

$$E(X)=\int_{-\infty}^{+\infty}xf(x)\mathrm{d}x=\int_{-\infty}^{+\infty}\frac{x\mathrm{e}^{-x}}{(1+\mathrm{e}^{-x})^2}\mathrm{d}x=0,$$

$$\begin{aligned}E(X^2)&=\int_{-\infty}^{+\infty}x^2f(x)\mathrm{d}x=\int_{-\infty}^{+\infty}x^2\frac{\mathrm{e}^{-x}}{(1+\mathrm{e}^{-x})^2}\mathrm{d}x\\&=2\int_0^{+\infty}\frac{x^2\mathrm{e}^{-x}}{(1+\mathrm{e}^{-x})^2}\mathrm{d}x=2\int_0^{+\infty}\frac{x^2\mathrm{e}^{x}}{(1+\mathrm{e}^{x})^2}\mathrm{d}x\\&=2\int_0^{+\infty}x^2\mathrm{d}\left(-\frac{1}{1+\mathrm{e}^x}\right)=-\frac{2x^2}{1+\mathrm{e}^x}\bigg|_0^{+\infty}+\int_0^{+\infty}\frac{4x}{1+\mathrm{e}^x}\mathrm{d}x\\&=4\int_0^{+\infty}\frac{x\mathrm{e}^{-x}}{1+\mathrm{e}^{-x}}\mathrm{d}x=4\lim_{\varepsilon\to0^+}\int_\varepsilon^{+\infty}\frac{x\mathrm{e}^{-x}}{1+\mathrm{e}^{-x}}\mathrm{d}x.\end{aligned}$$

因为 $x\geqslant\varepsilon>0$ 时 $0<\mathrm{e}^{-x}<1$, 所以利用展开式有

$$\begin{aligned}\frac{x\mathrm{e}^{-x}}{1+\mathrm{e}^{-x}}&=x\mathrm{e}^{-x}\left(1-\mathrm{e}^{-x}+\mathrm{e}^{-2x}-\mathrm{e}^{-3x}+\cdots+(-1)^n\mathrm{e}^{-nx}+\cdots\right)\\&=x\mathrm{e}^{-x}-x\mathrm{e}^{-2x}+x\mathrm{e}^{-3x}-x\mathrm{e}^{-4x}+\cdots+(-1)^{n-1}x\mathrm{e}^{-nx}+\cdots.\end{aligned}$$

又因

$$\begin{aligned}\lim_{\varepsilon\to0^+}\int_\varepsilon^{+\infty}x\mathrm{e}^{-kx}\mathrm{d}x&=\lim_{\varepsilon\to0^+}\left(-x\cdot\frac{1}{k}\mathrm{e}^{-kx}\bigg|_\varepsilon^{+\infty}+\frac{1}{k}\int_\varepsilon^{+\infty}\mathrm{e}^{-kx}\mathrm{d}x\right)\\&=\frac{1}{k}\int_0^{+\infty}\mathrm{e}^{-kx}\mathrm{d}x=\frac{1}{k^2},\end{aligned}$$

代入得

$$\begin{aligned}E(X^2)&=4\left(1-\frac{1}{2^2}+\frac{1}{3^2}-\cdots+(-1)^{n-1}\frac{1}{n^2}+\cdots\right)\\&=4\times\frac{\pi^2}{12}=\frac{\pi^2}{3}.\end{aligned}$$

故

$$D(X)=E(X^2)-(E(X))^2=\frac{\pi^2}{3}.$$

16. 生产流水线上每个产品不合格的概率为 $p\ (0<p<1)$，各产品合格与否相互独立，当出现 k 个不合格产品时即停机检修，设开机后第一次停机时已生产的产品个数为 X，求 X 的数学期望 $E(X)$ 和方差 $D(X)$.

解 方法1 设 X_i 表示自第 $i-1$ 个不合格后到出现第 i 个不合格品时生产的产品数，$i=1,2,\cdots,k$，则

$$X=\sum_{i=1}^{k}X_i.$$

由生产的独立性可知 $X_1,X_2,\cdots,X_n$ 也相互独立，且同分布，每个 X_i 都服从几何分布(首次发生某结果的试验次数)，即

$$P\{X_i=n\}=(1-p)^{n-1}p,\quad n=1,2,\cdots.$$

由此可得，对 $i=1,2,\cdots,k$ 有

$$\begin{aligned}E(X_i)&=\sum_{n=1}^{\infty}n(1-p)^{n-1}p=p\Big(\sum_{n=1}^{\infty}x^n\Big)'\Big|_{x=1-p}\\&=p\left(\frac{1}{1-x}\right)'\Big|_{x=1-p}=\frac{1}{p},\end{aligned}$$

$$\begin{aligned}E(X_i^2)&=\sum_{n=1}^{\infty}n^2(1-p)^{n-1}p\\&=\sum_{n=1}^{\infty}n(n-1)(1-p)^{n-1}p+\sum_{n=1}^{\infty}n(1-p)^{n-1}p\\&=p(1-p)\Big(\sum_{n=0}^{\infty}x^n\Big)''\Big|_{x=1-p}+p\Big(\sum_{n=0}^{\infty}x^n\Big)'\Big|_{x=1-p}\\&=p(1-p)\cdot\frac{2}{(1-x)^3}\Big|_{x=1-p}+p\left(\frac{1}{1-x}\right)^2\Big|_{x=1-p}\\&=\frac{2-p}{p^2},\end{aligned}$$

$$D(X_i)=\frac{2-p}{p^2}-\left(\frac{1}{p}\right)^2=\frac{1-p}{p^2}.$$

由性质得(其中计算方差时利用到独立性)

$$E(X)=\sum_{i=1}^{n}E(X_i)=\frac{k}{p},$$

$$D(X)=\sum_{i=1}^{n}D(X_i)=\frac{k(1-p)}{p^2}.$$

方法 2　X 的分布律可求得为

$$P\{X=n\}=C_{n-1}^{k-1}p^k(1-p)^{n-k},\quad n=k,k+1,\cdots.$$

设 Y 表示出现 $k+1$ 个不合格品时生产的产品个数，则 Y 的分布律为

$$P\{Y=m\}=C_{m-1}^{k}p^{k+1}(1-p)^{m-k-1},\quad m=k+1,k+2,\cdots.$$

由分布律的性质可得

$$\sum_{m=k+1}^{\infty}C_{m-1}^{k}p^{k+1}(1-p)^{m-k-1}=1.$$

若记 $m-1=n$，则此式也就是

$$\sum_{n=k}^{\infty}C_{n}^{k}p^{k+1}(1-p)^{n-k}=1. \qquad ①$$

用类似的方法可得

$$\sum_{n=k}^{\infty}C_{n+1}^{k+1}p^{k+2}(1-p)^{n-k}=1. \qquad ②$$

①与②两个和式将在下面的计算中采用.

$$\begin{aligned}E(X)&=\sum_{n=k}^{\infty}nC_{n-1}^{k-1}p^k(1-p)^{n-k}\\&=\sum_{n=k}^{\infty}n\cdot\frac{(n-1)!}{(k-1)!\,(n-k)!}p^k(1-p)^{n-k}\\&=\frac{k}{p}\sum_{n=k}^{\infty}\frac{n!}{k!\,(n-k)!}p^{k+1}(1-p)^{n-k}\\&=\frac{k}{p}\sum_{n=k}^{\infty}C_{n}^{k}p^{k+1}(1-p)^{n-k}=\frac{k}{p},\end{aligned}$$

$$\begin{aligned}E(X^2)&=\sum_{n=k}^{\infty}n^2C_{n-1}^{k-1}p^k(1-p)^{n-k}\\&=\sum_{n=k}^{\infty}n(n+1)C_{n-1}^{k-1}p^k(1-p)^{n-k}-\sum_{n=k}^{\infty}nC_{n-1}^{k-1}p^k(1-p)^{n-k}\\&=\frac{k(k+1)}{p^2}\sum_{n=k}^{\infty}C_{n+1}^{k+1}p^{k+2}(1-p)^{n-k}-\frac{k}{p}\sum_{n=k}^{\infty}C_{n}^{k}p^{k+1}(1-p)^{n-k}\\&=\frac{k(k+1)}{p^2}-\frac{k}{p}.\end{aligned}$$

从而

$$E(X)=\frac{k}{p},\quad D(X)=\frac{k(k+1)}{p^2}-\frac{k}{p}-\frac{k^2}{p^2}=\frac{k(1-p)}{p^2}.$$

17. 若有 n 把看上去样子相同的钥匙，其中只有一把能把门上的锁打开，用它们去试开门上的锁. 设取到每只钥匙是等可能的，若每把钥匙试开一次后除去. 使用下面两种方法求试开次数 X 的数学期望：(1) 写出 X 的分布律；(2) 不写出 X 的分布律.

解 (1) 通过写出 X 的分布律求 $E(X)$. X 的分布律为

$$P\{X=k\}=\frac{1}{n},\quad k=1,2,\cdots,n.$$

从而

$$E(X)=\sum_{k=1}^{n}k\cdot\frac{1}{n}=\frac{1}{n}\sum_{k=1}^{n}k=\frac{1}{n}\cdot\frac{n(n+1)}{2}=\frac{n+1}{2}.$$

(2) 在不写出 X 的分布律时求 $E(X)$. 下面考虑用递推式去求. 设 n 把钥匙时试开次数的数学期望为 a_n，则 a_{n-1} 表示有 $n-1$ 把钥匙时，如此试开时试开次数的数学期望. 若第一次试开成功，试开次数就是 1，其概率为 $\frac{1}{n}$；若第一次试开不成功，则在余下的 $n-1$ 把钥匙中去试开时，其试开次数的数学期望为 a_{n-1}，此时的概率为 $1-\frac{1}{n}$，从而可知

$$a_n=1\cdot\frac{1}{n}+(1+a_{n-1})\left(1-\frac{1}{n}\right)=a_{n-1}\left(1-\frac{1}{n}\right)+1.$$

由 $a_1=1$，按上式递推可得

$$\begin{aligned}a_n&=\frac{n-1}{n}a_{n-1}+1=\frac{n-1}{n}\cdot\frac{n-2}{n-1}a_{n-2}+\frac{n-1}{n}+1\\&=\frac{n-2}{n}a_{n-2}+\frac{n-1}{n}+\frac{n}{n}=\cdots\\&=\frac{1}{n}a_1+\frac{2}{n}+\frac{3}{n}+\cdots+\frac{n-1}{n}+\frac{n}{n}\\&=\frac{1+2+\cdots+n}{n}=\frac{n+1}{2}.\end{aligned}$$

注 在这里是用直观方法去建立递推式，其理论基础是条件数学期望.

18. 某城市共有 N 辆汽车，车牌号从 1 到 N. 若随机地(可重复)记下 n 辆车的车牌号，用 X 表示其中最大的号码，求 $E(X)$.

解 X 的可能取值为 $1,2,\cdots,N$. 记 $p_k=P\{X=k\}$. 下面用古典概型求 $p_k=P\{X=k\}(k=1,2,\cdots,N)$. 每次记录时因每一辆车都可能被记录，所以

记录 n 次时有 N^n 种可能记录结果. 用排除法易知，n 次记录中最大号码为 k 共有 $k^n-(k-1)^n$ 种可能，从而

$$p_k=\frac{k^n-(k-1)^n}{N^n},\quad k=1,2,\cdots,N.$$

故 $E(X)=\sum_{k=1}^{N}k\cdot\frac{k^n-(k-1)^n}{N^n}$.

19. 已知随机变量 $X\sim N(-3,1)$，$Y\sim N(2,1)$，且 X 与 Y 相互独立，设随机变量 $Z=X-2Y+7$，求 $E(Z)$,$D(Z)$.

解　由已知有 $E(X)=-3$，$D(X)=1$，$E(Y)=2$，$D(Y)=1$，依独立性及性质可得

$$E(Z)=E(X)-2E(Y)+7=-3-2\times2+7=0,$$
$$D(Z)=D(X)+4D(Y)=1+4\times1=5.$$

20. 设二维随机变量 (X,Y) 在区域 D：$0<x<1$，$|y|<x$ 内服从均匀分布，求关于 X 的边缘概率密度函数及随机变量 $Z=2X+1$ 的方差 $D(Z)$.

解　D 的面积 $S=\int_0^1[x-(-x)]\mathrm{d}x=1$，于是联合概率密度为

$$f(x,y)=\begin{cases}1, & (x,y)\in D;\\ 0, & \text{其他}.\end{cases}$$

从而关于 X 的边缘概率密度为

$$f_X(x)=\int_{-\infty}^{\infty}f(x,y)\mathrm{d}y=\begin{cases}\int_{-x}^{x}1\cdot\mathrm{d}y=2x, & 0<x<1;\\ 0, & \text{其他}.\end{cases}$$

此时

$$E(X)=\int_0^1x\cdot2x\,\mathrm{d}x=\frac{2}{3},\quad E(X^2)=\int_0^1x^2\cdot2x\,\mathrm{d}x=\frac{2}{3},$$

即 $D(X)=\frac{1}{2}-\left(\frac{2}{3}\right)^2=\frac{1}{18}$. 故

$$D(Z)=4D(X)=4\times\frac{1}{18}=\frac{2}{9}.$$

21. 设随机变量 X 的方差为 2，试根据切比雪夫不等式估计概率 $P\{|X-E(X)|\geqslant2\}$.

解　由切比雪夫不等式得

$$P\{|X-E(X)|\geqslant2\}\leqslant\frac{D(X)}{2^2}=\frac{2}{2^2}=0.5.$$

22. 设随机变量 X 和 Y 的数学期望分别为 -2 和 2，方差分别为 1 和 4，而相关系数为 -0.5，试根据切比雪夫不等式估计概率 $P\{|X+Y|\geqslant 6\}$.

解 由题意知，

$$E(X+Y)=-2+2=0,$$

$$\begin{aligned}D(X+Y)&=D(X)+D(Y)+2\rho_{XY}\sqrt{D(X)D(Y)}\\&=1+4-2\times 0.5\times\sqrt{1\times 4}=3,\end{aligned}$$

故

$$P\{|X+Y|\geqslant 6\}\leqslant\frac{D(X+Y)}{6^2}=\frac{3}{6^2}=\frac{1}{12}.$$

23. 设随机变量 (X,Y) 的联合概率密度为

$$f(x,y)=\begin{cases}\dfrac{1}{8}(x+y), & 0\leqslant x\leqslant 2,\ 0\leqslant y\leqslant 2;\\ 0, & \text{其他}.\end{cases}$$

试求 $E(X),E(Y)$，X 与 Y 的协方差 $\mathrm{Cov}(X,Y)$ 及相关系数 ρ_{XY}.

解 $E(X)=\int_{-\infty}^{\infty}\int_{-\infty}^{\infty}xf(x,y)\mathrm{d}x\,\mathrm{d}y=\int_0^2\mathrm{d}x\int_0^2 x\cdot\frac{1}{8}(x+y)\mathrm{d}y=\frac{7}{6}$,

$$E(Y)=\int_{-\infty}^{\infty}\int_{-\infty}^{\infty}yf(x,y)\mathrm{d}x\,\mathrm{d}y=\int_0^2\mathrm{d}x\int_0^2 y\cdot\frac{1}{8}(x+y)\mathrm{d}y=\frac{7}{6},$$

$$E(X^2)=\int_{-\infty}^{\infty}\int_{-\infty}^{\infty}x^2f(x,y)\mathrm{d}x\,\mathrm{d}y=\int_0^2\mathrm{d}x\int_0^2 x^2\cdot\frac{1}{8}(x+y)\mathrm{d}y=\frac{5}{3},$$

$$E(Y^2)=\int_{-\infty}^{\infty}\int_{-\infty}^{\infty}y^2f(x,y)\mathrm{d}x\,\mathrm{d}y=\int_0^2\mathrm{d}x\int_0^2 y^2\cdot\frac{1}{8}(x+y)\mathrm{d}y=\frac{5}{3},$$

$$E(XY)=\int_{-\infty}^{\infty}\int_{-\infty}^{\infty}xyf(x,y)\mathrm{d}x\,\mathrm{d}y=\int_0^2\mathrm{d}x\int_0^2 xy\cdot\frac{1}{8}(x+y)\mathrm{d}y=\frac{4}{3}.$$

此时

$$\mathrm{Cov}(X,Y)=E(XY)-E(X)E(Y)=\frac{4}{3}-\left(\frac{7}{6}\right)^2=-\frac{1}{36},$$

$$D(Y)=D(X)=\frac{5}{3}-\left(\frac{7}{6}\right)^2=\frac{11}{36},$$

$$\rho_{XY}=\frac{-1/36}{\sqrt{11/36}\sqrt{11/36}}=-\frac{1}{11}.$$

24. 假设随机变量 X 和 Y 在圆域 $x^2+y^2\leqslant r^2$ 上服从均匀分布. (1) 求 X 和 Y 的相关系数 ρ. (2) 问 X 和 Y 是否独立?

解　(1) $f_X(x)=\begin{cases}\int_{-\sqrt{r^2-x^2}}^{\sqrt{r^2-x^2}}\frac{1}{\pi r^2}\mathrm{d}y=\frac{2\sqrt{r^2-x^2}}{\pi r^2}, & |x|<r;\\ 0, & \text{其他}.\end{cases}$

类似地，有

$$f_Y(y)=\begin{cases}\frac{2\sqrt{r^2-y^2}}{\pi r^2}, & |y|<r;\\ 0, & \text{其他}.\end{cases}$$

于是

$$E(X)=\int_{-r}^{r}x\frac{2\sqrt{r^2-x^2}}{\pi r^2}\mathrm{d}x=0,$$

$$E(Y)=\int_{-r}^{r}y\frac{2\sqrt{r^2-x^2}}{\pi r^2}\mathrm{d}y=0,$$

$$E(XY)=\int_{-r}^{r}\mathrm{d}x\int_{-\sqrt{r^2-x^2}}^{\sqrt{r^2-x^2}}xy\cdot\frac{1}{\pi r^2}\mathrm{d}y=0,$$

即 $\mathrm{Cov}(X,Y)=E(XY)-E(X)E(Y)=0-0\times0=0$. 故 $\rho_{XY}=0$.

(2) 因为当 $x^2+y^2<r^2$ 时 $f(x,y)\neq f_X(x)f_Y(y)$，所以 X 与 Y 不是相互独立的.

25. 设 A,B 是随机事件，随机变量

$$X=\begin{cases}1, & \text{若 } A \text{ 出现};\\ -1, & \text{若 } A \text{ 未出现};\end{cases}\qquad Y=\begin{cases}1, & \text{若 } B \text{ 出现};\\ -1, & \text{若 } B \text{ 未出现}.\end{cases}$$

试证明：随机变量 X 和 Y 不相关的充分必要条件是 A 与 B 相互独立.

证　因

$$\begin{aligned}E(XY)&=1\cdot1\cdot P\{X=1,Y=1\}+1\cdot(-1)\cdot P\{X=1,Y=-1\}\\&\quad+(-1)\cdot1\cdot P\{X=-1,Y=1\}\\&\quad+(-1)\cdot(-1)\cdot P\{X=-1,Y=-1\}\\&=P(AB)+P(\overline{A}\,\overline{B})-P(\overline{A}B)-P(A\overline{B})\\&=P(AB)+1-P(A\cup B)-P(B-AB)-P(A-AB)\\&=1-2P(A)-2P(B)+4P(AB),\end{aligned}$$

$$E(X)=1\cdot P(A)+(-1)P(\overline{A})=2P(A)-1,$$

$$E(Y)=1\cdot P(B)+(-1)P(\overline{B})=2P(B)-1,$$

故有

X 与 Y 不相关

$$\Leftrightarrow E(XY)=E(X)E(Y)$$
$$\Leftrightarrow 1-2P(A)-2P(B)+4P(AB)=(2P(A)-1)(2P(B)-1)$$
$$\Leftrightarrow P(AB)=P(A)P(B)$$
$\Leftrightarrow A$ 与 B 相互独立.

26. 某箱装有100件产品，其中一等、二等和三等品分别为80件、10件和10件，现从中随机地抽取一件，记

$$X_i=\begin{cases}1, & 若抽到 i 等品;\\ 0, & 其他,\end{cases}\qquad i=1,2,3.$$

试求:(1) 随机变量 X_1 与 X_2 的联合分布;(2) 随机变量 X_1 与 X_2 的相关系数.

解 (1)
$$P\{X_1=1,\ X_2=1\}=0,$$
$$P\{X_1=1,\ X_2=0\}=\frac{80}{100}=0.8,$$
$$P\{X_1=0,\ X_2=1\}=\frac{10}{100}=0.1,$$
$$P\{X_1=0,\ X_2=0\}=\frac{10}{100}=0.1,$$

即 X_1 与 X_2 的联合分布律为

X_1 \ X_2	0	1
0	0.1	0.1
1	0.8	0

(2) $E(X_1)=0\times(0.1+0.1)+1\times(0.8+0)=0.8$,

$E(X_2)=0\times(0.1+0.8)+1\times(0.1+0)=0.1$,

$E(X_1X_2)=0\times0\times0.1+0\times1\times0.1+1\times0\times0.8+1\times1\times0=0.$

于是

$$\mathrm{Cov}(X_1,X_2)=0-0.1\times0.8=-0.08,$$
$$E(X_1^2)=1^2\times0.8=0.8,\quad E(X_2^2)=1^2\times0.1=0.1,$$
$$D(X_1)=0.8-0.8^2=0.16,\quad D(X_2)=0.1-0.1^2=0.09,$$
$$\rho_{X_1X_2}=\frac{-0.08}{\sqrt{0.16}\sqrt{0.09}}=-\frac{2}{3}.$$

27. 已知随机变量 X 和 Y 分别服从正态分布 $N(1,3^2)$ 和 $N(0,4^2)$，且 (X,Y) 服从二维正态分布，X 和 Y 的相关系数 $\rho_{XY}=-\frac{1}{2}$. 设 $Z=\frac{X}{3}+\frac{Y}{2}$.

(1) 求 Z 的数学期望 $E(Z)$ 和方差 $D(Z)$.

(2) 求 X 与 Z 的相关系数 ρ_{XZ}.

(3) 问 X 与 Z 是否相互独立？为什么？

解 (1) $E(Z)=\frac{1}{3}E(X)+\frac{1}{2}E(Y)=\frac{1}{3}\times 1+\frac{1}{2}\times 0=\frac{1}{3}$,

$$\begin{aligned}D(Z)&=\frac{1}{9}D(X)+\frac{1}{4}D(Y)+2\cdot\frac{1}{3}\cdot\frac{1}{2}\mathrm{Cov}(X,Y)\\&=\frac{1}{9}\times 9+\frac{1}{4}\times 16+\frac{1}{3}\times\left(-\frac{1}{2}\right)\times\sqrt{3^2\times 4^2}=3.\end{aligned}$$

(2) $$\begin{aligned}\mathrm{Cov}(X,Z)&=\mathrm{Cov}\left(X,\frac{X}{3}+\frac{Y}{2}\right)=\frac{1}{3}D(X)+\frac{1}{2}\mathrm{Cov}(X,Y)\\&=\frac{1}{3}\times 9+\frac{1}{2}\times\left(-\frac{1}{2}\right)\times\sqrt{3^2\times 4^2}=0,\end{aligned}$$

于是 $\rho_{XZ}=0$.

(3) 由于 (X,Y) 服从二维正态分布，则 (X,Z) 也服从二维正态分布，从而 X 与 Z 相互独立等价于 X 与 Z 不相关，因此由 $\rho_{XZ}=0$，得 X 与 Z 相互独立.

28. 已知二维随机变量 (X,Y) 的联合概率密度为

(1) $f(x,y)=\begin{cases}24y(1-x), & 0\leqslant y\leqslant x\leqslant 1;\\ 0, & \text{其他};\end{cases}$

(2) $f(x,y)=\begin{cases}\dfrac{1}{2x^2y}, & 1<x<\infty,\ \dfrac{1}{x}<y<x;\\ 0, & \text{其他}.\end{cases}$

求条件期望 $E(Y|X=x)$ 及 $E(Y|X)$.

解 (1) 因为

$$f_X(x)=\int_{-\infty}^{+\infty}f(x,y)\mathrm{d}y=\begin{cases}12x^2(1-x), & 0\leqslant x\leqslant 1;\\ 0, & \text{其他},\end{cases}$$

所以

$$f_{Y|X}(y|x)=\begin{cases}\dfrac{24y(1-x)}{12x^2(1-x)}=\dfrac{2y}{x^2}, & 0<x<1,\ 0\leqslant y\leqslant x;\\ 0, & \text{其他}.\end{cases}$$

从而，当 $0<x<1$ 时

$$E(Y|X=x)=\int_{-\infty}^{+\infty}yf_{Y|X}(y|x)\mathrm{d}y=\int_0^x y\cdot\frac{2y}{x^2}\mathrm{d}y=\frac{2}{3}x,$$

故 $E(Y|X)=\frac{2}{3}X$.

(2) 因为

$$f_X(x)=\int_{-\infty}^{+\infty}f(x,y)\mathrm{d}y=\begin{cases}\int_{\frac{1}{x}}^{x}\frac{1}{2x^2y}\mathrm{d}y=\frac{\ln x}{x^2}, & x>1;\\ 0, & 其他;\end{cases}$$

所以

$$f_{Y|X}(y|x)=\begin{cases}\dfrac{\frac{1}{2x^2y}}{\frac{\ln x}{x^2}}=\frac{1}{2y\ln x}, & x>1,\ \frac{1}{x}<y<x;\\ 0, & 其他.\end{cases}$$

从而，当 $x>1$ 时

$$E(Y|X=x)=\int_{-\infty}^{+\infty}yf_{Y|X}(y|x)\mathrm{d}y=\int_{\frac{1}{x}}^{x}y\frac{1}{2y\ln x}\mathrm{d}y$$
$$=\frac{1}{2\ln x}\left(x-\frac{1}{x}\right),$$

故 $E(Y|X)=\frac{1}{2\ln X}\left(X-\frac{1}{X}\right)$.

29. 设随机变量 $X,X_0,X_1,\cdots,X_n,\cdots$ 相互独立，X 服从参数为 1 的泊松分布，每个 X_i 均服从参数为 2 的指数分布，求 $E\left(\sum\limits_{i=0}^{X}X_i\right)$.

解 由随机多个随机变量之和的数学期望公式得

$$E\left(\sum_{i=0}^{X}X_i\right)=E(X)E(X_0).$$

由已知条件有 $E(X)=1$，$E(X_0)=\frac{1}{2}$，故

$$E\left(\sum_{i=0}^{X}X_i\right)=1\times\frac{1}{2}=\frac{1}{2}.$$

30. 设随机变量 X 满足 $P\{X\geqslant 0\}=1$，$P\{X\geqslant 10\}=\frac{1}{5}$，试证明：$E(X)\geqslant 2$.

解 由马尔可夫不等式得

$$P\{|X| \geqslant 10\} \leqslant \frac{E(|X|)}{10}.$$

由于 $P\{X \geqslant 0\}=1$，即 $P\{X<0\}=0$，故 $E(|X|)=E(X)$. 又因 $P\{X \geqslant 10\}=\frac{1}{5}$，所以

$$P\{|x| \geqslant 10\}=P\{X \geqslant 10\}+P\{X \leqslant -10\}=\frac{1}{5}.$$

故 $E(X) \geqslant 10 \times \frac{1}{5}=2$.

31. 设随机变量 X 满足 $E(X)=10$，$P\{X \leqslant 7\}=0.2$，$P\{X \geqslant 13\}=0.3$，试证明：$D(X) \geqslant \frac{9}{2}$.

解　由切比雪夫不等式得

$$P\{|X-E(X)| \geqslant 3\} \leqslant \frac{D(X)}{9}.$$

由条件有

$$\begin{aligned} P\{|X-E(X)| \geqslant 3\} &= P\{|X-10| \geqslant 3\} \\ &= P\{X \leqslant 7\}+P\{X \geqslant 13\} \\ &= 0.2+0.3=0.5, \end{aligned}$$

故 $D(X) \geqslant 9 \times 0.5=\frac{9}{2}$.

32. 试证明两个随机变量 X 和 Y 不可能同时具有下面的性质：$E(X)=3$，$E(Y)=2$，$E(X^2)=10$，$E(Y^2)=29$，$E(XY)=0$.

证　假设同时有 $E(X)=3$，$E(Y)=2$，$E(X^2)=10$，$E(Y^2)=29$，$E(XY)=0$，则

$$D(X)=10-3^2=1,\ D(Y)=29-2^2=25,$$

$$\operatorname{Cov}(X,Y)=0-3\times 2=-6.$$

于是有

$$\rho_{XY}=\frac{\operatorname{Cov}(X,Y)}{\sqrt{D(X)}\sqrt{D(Y)}}=\frac{-6}{1\times 5}=-\frac{6}{5}.$$

这与 $|\rho_{XY}| \leqslant 1$ 矛盾，故结论成立.

33. 设 $X \sim W(\alpha,\lambda)$，即 X 的概率密度为 $f(x)=\begin{cases}\alpha\lambda x^{\alpha-1}\mathrm{e}^{-\lambda x^{\alpha}}, & x>0; \\ 0, & \text{其他},\end{cases}$ 其中 $\alpha>0$，$\lambda>0$ 为常数. 试证明：

$$E(X)=\lambda^{-\frac{1}{\alpha}}\Gamma\left(\frac{1}{\alpha}+1\right),$$

$$D(X)=\lambda^{-\frac{2}{\alpha}}\left[\Gamma\left(\frac{2}{\alpha}+1\right)-\left(\Gamma\left(1+\frac{1}{\alpha}\right)\right)^2\right].$$

证 因

$$\begin{aligned}E(X)&=\int_{-\infty}^{+\infty}xf(x)\mathrm{d}x=\int_0^{+\infty}x\alpha\lambda x^{\alpha-1}\mathrm{e}^{-\lambda x^\alpha}\mathrm{d}x\\&=\alpha\lambda\int_0^{+\infty}x^\alpha\mathrm{e}^{-\lambda x^\alpha}\mathrm{d}x\\&\xlongequal{\text{令 } t=\lambda x^\alpha}\alpha\lambda\int_0^{+\infty}\frac{t}{\lambda}\mathrm{e}^{-t}\lambda^{-\frac{1}{\alpha}}\frac{1}{\alpha}t^{\frac{1}{\alpha}-1}\mathrm{d}t\\&=\lambda^{-\frac{1}{\alpha}}\int_0^{+\infty}t^{\frac{1}{\alpha}}\mathrm{e}^{-t}\mathrm{d}t\\&=\lambda^{-\frac{1}{\alpha}}\Gamma\left(\frac{1}{\alpha}+1\right),\end{aligned}$$

$$\begin{aligned}E(X^2)&=\int_{-\infty}^{+\infty}x^2f(x)\mathrm{d}x=\int_0^{+\infty}x^2\alpha\lambda x^{\alpha-1}\mathrm{e}^{-\lambda x^\alpha}\mathrm{d}x\\&=\alpha\lambda\int_0^{+\infty}x^{\alpha+1}\mathrm{e}^{-\lambda x^\alpha}\mathrm{d}x\\&\xlongequal{\text{令 } t=\lambda x^\alpha}\alpha\lambda\int_0^{+\infty}\left(\frac{t}{\lambda}\right)^{\frac{\alpha+1}{\alpha}}\mathrm{e}^{-t}\lambda^{-\frac{1}{\alpha}}\frac{1}{\alpha}t^{\frac{1}{\alpha}-1}\mathrm{d}t\\&=\lambda^{-\frac{2}{\alpha}}\int_0^{+\infty}t^{\frac{2}{\alpha}}\mathrm{e}^{-t}\mathrm{d}t=\lambda^{-\frac{2}{\alpha}}\Gamma\left(\frac{2}{\alpha}+1\right),\end{aligned}$$

故

$$\begin{aligned}D(X)&=E(X^2)-(E(X))^2\\&=\lambda^{-\frac{2}{\alpha}}\left[\Gamma\left(\frac{2}{\alpha}+1\right)-\left(\Gamma\left(\frac{1}{\alpha}+1\right)\right)^2\right].\end{aligned}$$

34. 试证明：$X\sim\mathscr{E}(\lambda)\Leftrightarrow X^{\frac{1}{\alpha}}\sim W(\alpha,\lambda)$，其中 $\alpha>0$，$\lambda>0$ 是常数.

证 记 $Y=X^{\frac{1}{\alpha}}$，则 $X=Y^\alpha$.

充分性 假设 $Y\sim W(\alpha,\lambda)$，即

$$f_Y(y)=\begin{cases}\alpha\lambda y^{\alpha-1}\mathrm{e}^{-\lambda y^\alpha}, & y>0;\\0, & \text{其他};\end{cases}$$

用积分转化法求 $X=Y^\alpha$ 的概率密度. 记 $h(x)$ 是任意有界连续函数，则

$$\begin{aligned}\int_{-\infty}^{+\infty}h(y^\alpha)f_Y(y)\mathrm{d}y&=\int_0^{+\infty}h(y^\alpha)\alpha\lambda y^{\alpha-1}\mathrm{e}^{-\lambda y^\alpha}\mathrm{d}y\\&\xlongequal{\text{令 } x=y^\alpha}\int_0^{+\infty}h(x)\alpha\lambda x^{\frac{\alpha-1}{\alpha}}\mathrm{e}^{-\lambda x}\frac{1}{\alpha}x^{\frac{1}{\alpha}-1}\mathrm{d}x\end{aligned}$$

$$=\int_{0}^{+\infty} h(x)\lambda e^{-\lambda x}\,dx.$$

故 $X=Y^{\alpha}$ 的概率密度为

$$f_X(x)=\begin{cases}\lambda e^{-\lambda x}, & x>0;\\ 0, & 其他,\end{cases}$$

即 $X\sim \mathscr{E}(\lambda)$.

必要性　假设 $X\sim \mathscr{E}(\lambda)$，用积分转化法有

$$\int_{-\infty}^{+\infty} h(x^{\frac{1}{\alpha}})f_X(x)\,dx=\int_{0}^{+\infty} h(x^{\frac{1}{\alpha}})\lambda e^{-\lambda x}\,dx$$

$$\xlongequal{令\ y=x^{\frac{1}{\alpha}}}\int_{0}^{+\infty} h(y)\lambda e^{-\lambda y^{\alpha}}\alpha y^{\alpha-1}\,dy$$

$$=\int_{0}^{+\infty} h(y)\lambda\alpha y^{\alpha-1}e^{-\lambda y^{\alpha}}\,dy.$$

故 $Y=X^{\frac{1}{\alpha}}$ 的概率密度为

$$f_Y(y)=\begin{cases}\lambda\alpha y^{\alpha-1}e^{-\lambda y^{\alpha}}, & y>0;\\ 0, & 其他,\end{cases}$$

即 $Y\sim W(\alpha,\lambda)$.

35. 验证韦布尔分布 $W(\alpha,\lambda)$ 的危险率函数为 $h(x)=\alpha\lambda x^{\alpha-1}$，$x\geqslant 0$.

解　这里概率密度为

$$f(x)=\alpha\lambda e^{-\lambda x^{\alpha}}x^{\alpha-1},\quad x>0.$$

设分布函数为 $F(x)$，则当 $x>0$ 时，

$$F(x)=\int_{-\infty}^{x} f(t)\,dt=\int_{0}^{x}\alpha\lambda x^{\alpha-1}e^{-\lambda x^{\alpha}}\,dx$$

$$=(-e^{-\lambda x^{\alpha}})\Big|_{0}^{x}=1-e^{-\lambda x^{\alpha}}.$$

故危险率函数为(当 $x>0$ 时)

$$h(x)=\frac{f(x)}{1-F(x)}=\frac{\alpha\lambda x^{\alpha-1}e^{-\lambda x^{\alpha}}}{1-(1-e^{-\lambda x^{\alpha}})}=\alpha\lambda x^{\alpha-1}.$$

注　当 $x\leqslant 0$ 时，$h(x)=0$ (在解题时可不写出).

(二) 补充题解答

1. 假设由自动线加工的某种零件的内径 X (单位：mm) 服从正态分布 $N(\mu,1)$，内径小于 10 或大于 12 的为不合格品，其余为合格品，销售每件合格品获利，销售每件不合格品亏损. 已知销售利润 T (单位：元) 与销售零件

的内径 X 有如下关系：

$$T=\begin{cases}-1, & X<10;\\ 20, & 10\leqslant X\leqslant 12;\\ -5, & X>12.\end{cases}$$

问平均内径 μ 取何值时，销售一个零件的平均利润最大？

解 $E(T)=\int_{-\infty}^{10}(-1)f(x)\mathrm{d}x+\int_{10}^{12}20f(x)\mathrm{d}x+\int_{12}^{+\infty}-5f(x)\mathrm{d}x$

$$=-\int_{-\infty}^{10}\frac{1}{\sqrt{2\pi}}\mathrm{e}^{-\frac{(x-\mu)^2}{2}}\mathrm{d}x+20\int_{10}^{12}\frac{1}{\sqrt{2\pi}}\mathrm{e}^{-\frac{(x-\mu)^2}{2}}\mathrm{d}x$$

$$-5\int_{12}^{+\infty}\frac{1}{\sqrt{2\pi}}\mathrm{e}^{-\frac{(x-\mu)^2}{2}}\mathrm{d}x$$

$$\xlongequal{令 t=x-\mu}-\int_{-\infty}^{10-\mu}\frac{1}{\sqrt{2\pi}}\mathrm{e}^{-\frac{t^2}{2}}\mathrm{d}t+20\int_{10-\mu}^{12-\mu}\frac{1}{\sqrt{2\pi}}\mathrm{e}^{-\frac{t^2}{2}}\mathrm{d}t$$

$$-5\int_{12-\mu}^{+\infty}\frac{1}{\sqrt{2\pi}}\mathrm{e}^{-\frac{t^2}{2}}\mathrm{d}t,$$

$$\frac{\mathrm{d}E(T)}{\mathrm{d}\mu}=-\frac{1}{\sqrt{2\pi}}\mathrm{e}^{-\frac{(10-\mu)^2}{2}}+20\left(\frac{1}{\sqrt{2\pi}}\mathrm{e}^{-\frac{(12-\mu)^2}{2}}-\frac{1}{\sqrt{2\pi}}\mathrm{e}^{-\frac{(10-\mu)^2}{2}}\right)$$

$$+5\cdot\frac{1}{\sqrt{2\pi}}\mathrm{e}^{-\frac{(12-\mu)^2}{2}}$$

$$=25\cdot\frac{1}{\sqrt{2\pi}}\mathrm{e}^{-\frac{(12-\mu)^2}{2}}-21\cdot\frac{1}{\sqrt{2\pi}}\mathrm{e}^{-\frac{(10-\mu)^2}{2}}.$$

令 $\frac{\mathrm{d}E(T)}{\mathrm{d}\mu}=0$，得 $\mu=11-\frac{1}{2}\ln\frac{25}{21}\approx 10.9$ (mm).

2. 设随机变量 X 服从拉普拉斯(Laplace)分布，其概率密度为 $f(x)=\frac{1}{2\beta}\exp\left\{-\frac{|x|}{\beta}\right\}$，$-\infty<x<+\infty$.

(1) 求 X 的数学期望 $E(X)$ 和方差 $D(X)$.

(2) 求 X 与 $|X|$ 的协方差，并问 X 与 $|X|$ 是否不相关？

(3) 问 X 与 $|X|$ 是否相互独立？ 为什么？

解 (1) $E(X)=\int_{-\infty}^{+\infty}x\cdot\frac{1}{2\beta}\mathrm{e}^{-\frac{|x|}{\beta}}\mathrm{d}x=0$，

$$E(X^2)=\int_{-\infty}^{+\infty}x^2\cdot\frac{1}{2\beta}\mathrm{e}^{-\frac{|x|}{\beta}}\mathrm{d}x=2\int_0^{+\infty}\frac{x^2}{2\beta}\mathrm{e}^{-\frac{x}{\beta}}\mathrm{d}x$$

$$=\int_0^{+\infty}x^2\mathrm{d}\left(-\mathrm{e}^{-\frac{x}{\beta}}\right)=-x^2\mathrm{e}^{-\frac{x}{\beta}}\Big|_0^{+\infty}+\int_0^{+\infty}2x\,\mathrm{e}^{-\frac{x}{\beta}}\mathrm{d}x$$

$$=2\beta\int_0^{+\infty}x\,\mathrm{d}\left(-\mathrm{e}^{-\frac{x}{\beta}}\right)=2\beta\left(-x\mathrm{e}^{-\frac{x}{\beta}}\Big|_0^{+\infty}+\int_0^{+\infty}\mathrm{e}^{-\frac{x}{\beta}}\mathrm{d}x\right)$$

$$=2\beta^2,$$

故 $D(X)=2\beta^2$.

(2) 因 $E(X|X|)=\int_{-\infty}^{+\infty}x|x|\cdot\frac{1}{2\beta}\mathrm{e}^{-\frac{|x|}{\beta}}\mathrm{d}x=0$，又 $E(X)=0$，所以

$$\mathrm{Cov}(X|X|)=E(X|X|)-E(X)E(|X|)=0,$$

即 X 与 $|X|$ 不相关.

(3) X 与 $|X|$ 不相互独立. 事实上，由 $\{X\leqslant 1\}\supset\{|x|\leqslant 1\}$ 可得

$$P\{X\leqslant 1,\ |X|\leqslant 1\}=P\{|X|\leqslant 1\},$$

且 $P\{X\leqslant 1\}=\int_{-\infty}^{1}\frac{1}{2\beta}\mathrm{e}^{-\frac{|x|}{\beta}}\mathrm{d}x=1-\frac{1}{2}\mathrm{e}^{-\frac{1}{\beta}}$，即 $0<P\{X\leqslant 1\}<1$. 同理，显然有 $0<P\{|X|\leqslant 1\}<1$. 从而

$$P\{X\leqslant 1,\ |X|\leqslant 1\}\neq P\{X\leqslant 1\}P\{|X|\leqslant 1\},$$

由独立性的定义即知 X 与 $|X|$ 不相互独立.

3. 设两个随机变量 X,Y 相互独立，且都服从均值为 0、方差为 $\frac{1}{2}$ 的正态分布，求随机变量 $|X-Y|$ 的方差.

解　令 $Z=X-Y$，则由题设条件知 $Z\sim N(0,1)$，于是

$$E(|X-Y|)=E(|Z|)=\int_{-\infty}^{\infty}|x|\frac{1}{\sqrt{2\pi}}\mathrm{e}^{-\frac{x^2}{2}}\mathrm{d}x$$

$$=\sqrt{\frac{2}{\pi}}\int_0^{\infty}x\mathrm{e}^{-\frac{x^2}{2}}\mathrm{d}x=\sqrt{\frac{2}{\pi}}\left(-\mathrm{e}^{-\frac{x^2}{2}}\right)\Big|_0^{\infty}=\sqrt{\frac{2}{\pi}},$$

$$E(|X-Y|^2)=E(Z^2)=D(Z)+(E(Z))^2=1,$$

故 $D(|X-Y|)=1-\left(\sqrt{\frac{2}{\pi}}\right)^2=\frac{\pi-2}{\pi}$.

4. 设随机变量 X 和 Y 的联合分布是以点 $(0,1),(1,0),(1,1)$ 为顶点的三角形区域上的均匀分布，试求随机变量 $U=X+Y$ 的方差.

解　(X,Y) 的联合概率密度为

$$f(x,y)=\begin{cases}2, & 0\leqslant x\leqslant 1,\ 1-x\leqslant y\leqslant 1;\\ 0, & 其他.\end{cases}$$

于是

$$E(X+Y)=\int_{-\infty}^{\infty}\int_{-\infty}^{\infty}(x+y)f(x,y)\mathrm{d}x\,\mathrm{d}y$$

$$=\int_0^1 dx\int_{1-x}^1 2(x+y)dy$$
$$=\int_0^1 (x^2+2x)dx=\frac{4}{3},$$
$$E(X+Y)^2=\int_{-\infty}^{\infty}\int_{-\infty}^{\infty}(x+y)^2 f(x,y)dx\,dy$$
$$=\int_0^1 dx\int_{1-x}^1 2(x+y)^2dy=\frac{11}{6}.$$

故 $D(U)=\frac{11}{6}-\left(\frac{4}{3}\right)^2=\frac{1}{18}.$

5. 设二维随机变量(X,Y)在矩形区域$G=\{(x,y):0\leqslant x\leqslant 2,0\leqslant y\leqslant 1\}$上服从均匀分布，记

$$U=\begin{cases}0, & X\leqslant Y;\\ 1, & X>Y;\end{cases}\quad V=\begin{cases}0, & X\leqslant 2Y;\\ 1, & X>2Y.\end{cases}$$

(1) 求U和V的联合分布.

(2) 求U和V的相关系数.

解 (1) (X,Y)的联合概率密度为

$$f(x,y)=\begin{cases}\frac{1}{2}, & 0\leqslant x\leqslant 2,0\leqslant y\leqslant 1;\\ 0, & \text{其他}.\end{cases}$$

于是

$$P\{U=0,V=0\}=P\{X\leqslant Y,X\leqslant 2Y\}=\int_0^1 dx\int_x^1\frac{1}{2}dy=\frac{1}{4},$$
$$P\{U=0,V=1\}=P\{X\leqslant Y,X>2Y\}=0,$$
$$P\{U=1,V=0\}=P\{X>Y,X\leqslant 2Y\}=\int_0^1 dy\int_y^{2y}\frac{1}{2}dx=\frac{1}{4},$$
$$P\{U=1,V=1\}=1-\frac{1}{4}-0-\frac{1}{4}=\frac{1}{2}.$$

所以(U,V)的联合分布律为

U \ V	0	1
0	$\frac{1}{4}$	0
1	$\frac{1}{4}$	$\frac{1}{2}$

(2) $$E(U)=0\times\left(\frac{1}{4}+0\right)+1\times\left(\frac{1}{4}+\frac{1}{2}\right)=\frac{3}{4},$$

$$E(V)=0\times\left(\frac{1}{4}+\frac{1}{4}\right)+1\times\left(0+\frac{1}{2}\right)=\frac{1}{2},$$

$$E(UV)=1\times1\times\frac{1}{2}+0=\frac{1}{2},$$

$$E(U^2)=0^2\times\left(\frac{1}{4}+0\right)+1^2\times\left(\frac{1}{4}+\frac{1}{2}\right)=\frac{3}{4},$$

$$E(V^2)=0^2\times\left(\frac{1}{4}+\frac{1}{4}\right)+1^2\times\left(0+\frac{1}{2}\right)=\frac{1}{2}.$$

于是 $\mathrm{Cov}(U,V)=\frac{1}{2}-\frac{3}{4}\times\frac{1}{2}=\frac{1}{8}$,

$$D(U)=\frac{3}{4}-\left(\frac{3}{4}\right)^2=\frac{3}{16},$$

$$D(V)=\frac{1}{2}-\left(\frac{1}{2}\right)^2=\frac{1}{4}.$$

故 U 和 V 的相关系数 $\rho=\frac{1/8}{\sqrt{3/16}\cdot\sqrt{1/4}}=\frac{\sqrt{3}}{3}$.

6. 设二维随机变量(X,Y)的联合概率密度

$$f(x,y)=\frac{1}{2}(\varphi_1(x,y)+\varphi_2(x,y)),$$

其中 $\varphi_1(x,y)$ 和 $\varphi_2(x,y)$ 都是二维正态密度函数，且它们对应的二维随机变量的相关系数分别为$\frac{1}{3}$，$-\frac{1}{3}$，它们的边缘密度函数所对应的随机变量的数学期望都是 0，方差为 1.

(1) 求随机变量 X 和 Y 的密度函数 $f_X(x)$ 和 $f_Y(y)$，以及 X 和 Y 的相关系数 ρ（可以直接利用二维正态密度函数的性质）.

(2) 问 X 和 Y 是否独立？ 为什么？

解 (1) 由已知有

$$\int_{-\infty}^{\infty}\varphi_1(x,y)\mathrm{d}y=\int_{-\infty}^{\infty}\varphi_2(x,y)\mathrm{d}y=\frac{1}{\sqrt{2\pi}}\mathrm{e}^{-\frac{x^2}{2}},$$

$$\int_{-\infty}^{\infty}\varphi_1(x,y)\mathrm{d}x=\int_{-\infty}^{\infty}\varphi_2(x,y)\mathrm{d}x=\frac{1}{\sqrt{2\pi}}\mathrm{e}^{-\frac{y^2}{2}}.$$

于是有

$$f_X(x)=\int_{-\infty}^{\infty}f(x,y)\mathrm{d}y=\int_{-\infty}^{\infty}\frac{1}{2}(\varphi_1(x,y)+\varphi_2(x,y))\mathrm{d}y$$

$$=\frac{1}{2}\cdot\frac{1}{\sqrt{2\pi}}\mathrm{e}^{-\frac{x^2}{2}}+\frac{1}{2}\cdot\frac{1}{\sqrt{2\pi}}\mathrm{e}^{-\frac{x^2}{2}}=\frac{1}{\sqrt{2\pi}}\mathrm{e}^{-\frac{x^2}{2}},$$

$$f_Y(y)=\int_{-\infty}^{\infty} f(x,y)\mathrm{d}x=\int_{-\infty}^{\infty}\frac{1}{2}(\varphi_1(x,y)+\varphi_2(x,y))\mathrm{d}x$$

$$=\frac{1}{2}\cdot\frac{1}{\sqrt{2\pi}}\mathrm{e}^{-\frac{y^2}{2}}+\frac{1}{2}\cdot\frac{1}{\sqrt{2\pi}}\mathrm{e}^{-\frac{y^2}{2}}=\frac{1}{\sqrt{2\pi}}\mathrm{e}^{-\frac{y^2}{2}}.$$

由于 $E(X)=0$, $E(Y)=0$, 则

$$\begin{aligned}\mathrm{Cov}(X,Y)=E(XY)&=\int_{-\infty}^{\infty} xyf(x,y)\mathrm{d}x\ \mathrm{d}y\\&=\int_{-\infty}^{\infty} xy\left(\frac{1}{2}\varphi_1(x,y)+\frac{1}{2}\varphi_2(x,y)\right)\mathrm{d}x\ \mathrm{d}y\\&=\frac{1}{2}\int_{-\infty}^{\infty} xy\varphi_1(x,y)\mathrm{d}x\ \mathrm{d}y+\frac{1}{2}xy\varphi_2(x,y)\mathrm{d}x\ \mathrm{d}y\\&=\frac{1}{2}\times\frac{1}{3}+\frac{1}{2}\times\left(-\frac{1}{3}\right)=0,\end{aligned}$$

因此 $\rho=0$.

(2) 由于 $f_X(x)f_Y(y)$ 不是 (X,Y) 的联合概率密度,因此 X 与 Y 不独立.

7. 设二维随机变量 (X,Y) 服从二维正态分布 $N(0,0;1,1;\rho)$, 求 $E(\max\{X,Y\})$, $E(\min\{X,Y\})$.

解 令 $Z=X-Y$, 由于 (X,Y) 服从二维正态分布, 则其线性组合 $X-Y$ 必服从一维正态分布(教材中 p. 169 的定理). 又

$$\begin{aligned}E(Z)&=E(X)-E(Y)=0-0=0,\\D(Z)&=D(X)+D(Y)-2\mathrm{Cov}(X,Y)\\&=1+1-2\rho=2(1-\rho),\end{aligned}$$

即知 $Z\sim N(0,2(1-\rho))$, 于是

$$\begin{aligned}E(|Z|)&=\int_{-\infty}^{\infty}|x|\cdot\frac{1}{\sqrt{2\pi}\cdot\sqrt{2(1-\rho)}}\mathrm{e}^{-\frac{x^2}{4(1-\rho)}}\mathrm{d}x\\&=\frac{1}{\sqrt{\pi(1-\rho)}}\int_0^{\infty}x\cdot\mathrm{e}^{-\frac{x^2}{4(1-\rho)}}\mathrm{d}x\\&=\frac{1}{\sqrt{\pi(1-\rho)}}\left[-2(1-\rho)\mathrm{e}^{-\frac{x^2}{4(1-\rho)}}\right]\Big|_0^{\infty}\\&=2\sqrt{\frac{1-\rho}{\pi}}.\end{aligned}$$

从而, 由 $\max\{X,Y\}=\dfrac{|X-Y|+X+Y}{2}=\dfrac{|Z|+X+Y}{2}$, 得

$$E(\max\{X,Y\})=\frac{1}{2}E(|Z|)+\frac{1}{2}E(X)+\frac{1}{2}E(Y)$$
$$=\frac{1}{2}\cdot 2\sqrt{\frac{1-\rho}{\pi}}+\frac{1}{2}\times 0+\frac{1}{2}\times 0$$
$$=\sqrt{\frac{1-\rho}{\pi}}.$$

又 $\max\{X,Y\}+\min\{X,Y\}=X+Y$，利用如上结果得

$$E(\min\{X,Y\})=E(X)+E(Y)-E(\max\{X,Y\})$$
$$=0+0-\sqrt{\frac{1-\rho}{\pi}}=-\sqrt{\frac{1-\rho}{\pi}}.$$

8. 设随机变量 $X_1,X_2,\cdots,X_{m+n}(n>m)$ 相互独立，方差存在且具有相同的分布函数，求 $Y=X_1+X_2+\cdots+X_n$ 与 $Z=X_{m+1}+X_{m+2}+\cdots+X_{m+n}$ 的相关系数.

解 设 $D(X_1)=\sigma^2$，注意到独立性，则有

$$\mathrm{Cov}(Y,Z)=\sum_{i=1}^{n}\sum_{j=1}^{n}\mathrm{Cov}(X_i,X_{m+j})$$
$$=\sum_{i\neq m+j}\mathrm{Cov}(X_i,X_{m+j})+\sum_{i=m+j}\mathrm{Cov}(X_i,X_{m+j})$$
$$=0+(n-m)\sigma^2=(n-m)\sigma^2.$$

又 $D(Y)=\sum_{i=1}^{n}D(X_i)=n\sigma^2$，$D(Z)=\sum_{i=1}^{n}D(X_{m+i})=n\sigma^2$，故

$$\rho_{YZ}=\frac{(n-m)\sigma^2}{\sqrt{n\sigma^2}\ \sqrt{n\sigma^2}}=\frac{n-m}{n}.$$

9. 设随机变量 $X_1,X_2,\cdots,X_{2n}$ 的数学期望为 0，方差为 1，且任意两个随机变量的相关系数都为 ρ，求 $Y=X_1+X_2+\cdots+X_n$ 与 $Z=X_{n+1}+X_{n+2}+\cdots+X_{2n}$ 的相关系数.

解 由协方差的性质，得

$$\mathrm{Cov}(Y,Z)=\mathrm{Cov}\Big(\sum_{i=1}^{n}X_i,\sum_{j=1}^{n}X_{n+j}\Big)=\sum_{i=1}^{n}\sum_{j=1}^{n}\mathrm{Cov}(X_i,X_{n+j})$$
$$=\sum_{i=1}^{n}\sum_{j=1}^{n}\rho\sqrt{D(X_i)}\ \sqrt{D(X_{n+j})}=n^2\rho,$$

$$D(Y)=\sum_{i=1}^{n}D(X_i)+2\sum_{1\leqslant i<j\leqslant n}\mathrm{Cov}(X_i,X_j)=n+2\cdot\frac{n(n-1)}{2}\rho,$$

$$D(Z)=\sum_{i=1}^{n}D(X_{n+i})+2\sum_{1\leqslant i<j\leqslant n}\mathrm{Cov}(X_{n+i},X_{n+j})$$
$$=n+2\cdot\frac{n(n-1)}{2}\rho.$$

故

$$\rho_{YZ}=\frac{n^2\rho}{\sqrt{n+n(n-1)\rho}\cdot\sqrt{n+n(n-1)\rho}}=\frac{n\rho}{1+(n-1)\rho}.$$

10. 若对随机变量 X，有 $E(|X|^r)<\infty\ (r>0)$，证明有

$$P\{|X|>\varepsilon\}\leqslant\frac{E(|X|^r)}{\varepsilon^r}.$$

证 仅对 X 是连续型随机变量加以证明，当 X 是离散型随机变量时类似可证. 设 X 的概率密度为 $f(x)$，则

$$P\{|X|>\varepsilon\}=\int_{|x|>\varepsilon}f(x)\mathrm{d}x\leqslant\int_{|x|>\varepsilon}\left(\frac{|x|}{\varepsilon}\right)^r f(x)\mathrm{d}x$$
$$\leqslant\int_{-\infty}^{\infty}\frac{|x|^r}{\varepsilon^r}f(x)\mathrm{d}x=\frac{1}{\varepsilon^r}\int_{-\infty}^{\infty}|x|^r f(x)\mathrm{d}x$$
$$=\frac{E(|X|)^r}{\varepsilon^r}.$$

11. 设随机变量 X 服从正态分布 $N(0,\sigma^2)$，求它的各阶矩 $E(X^n)$，$n=3,4,\cdots$.

解 $E(X^n)=\int_{-\infty}^{\infty}x^n\cdot\frac{1}{\sqrt{2\pi}\sigma}\mathrm{e}^{-\frac{x^2}{2\sigma^2}}\mathrm{d}x.$

由此得：当 n 为奇数时，$E(X^n)=0$；当 n 为偶数时，有($n\geqslant 2$)

$$E(X^n)=\int_{-\infty}^{\infty}x^n\cdot\frac{1}{\sqrt{2\pi}\sigma}\mathrm{e}^{-\frac{x^2}{2\sigma^2}}\mathrm{d}x\xlongequal{令t=\frac{x}{\sigma}}\frac{\sigma^n}{\sqrt{2\pi}}\int_{-\infty}^{\infty}t^n\mathrm{e}^{-\frac{t^2}{2}}\mathrm{d}t$$
$$=\frac{\sigma^n}{\sqrt{2\pi}}\left[\left(-t^{n-1}\mathrm{e}^{-\frac{t^2}{2}}\right)\Big|_{-\infty}^{\infty}+\int_{-\infty}^{\infty}(n-1)t^{n-2}\mathrm{e}^{-\frac{t^2}{2}}\mathrm{d}t\right]$$
$$=\frac{\sigma^n}{\sqrt{2\pi}}\cdot(n-1)\int_{-\infty}^{\infty}t^{n-2}\mathrm{e}^{-\frac{t^2}{2}}\mathrm{d}t=\cdots$$
$$=\frac{\sigma^n}{\sqrt{2\pi}}\cdot(n-1)(n-3)\cdot\cdots\cdot 3\cdot 1\cdot\int_{-\infty}^{\infty}\mathrm{e}^{-\frac{t^2}{2}}\mathrm{d}t$$
$$=\frac{\sigma^n}{\sqrt{2\pi}}\cdot(n-1)(n-3)\cdot\cdots\cdot 3\cdot 1\cdot\sqrt{2\pi}$$
$$=\sigma^n(n-1)!!.$$

故

$$E(X^n)=\begin{cases}0, & n\text{ 为正奇数时;}\\ \sigma^n(n-1)!!, & n\text{ 为正偶数时.}\end{cases}$$

12. 设随机变量 X 服从参数为 λ 的指数分布，求它的各阶矩 $E(X^n)$，$n=3,4,\cdots$.

解 $E(X^n)=\int_0^{\infty}x^n\lambda\mathrm{e}^{-\lambda x}\mathrm{d}x$. 当 $n\geqslant 3$ 时，有

$$\begin{aligned}E(X^n)&=\int_0^{\infty}x^n\lambda\mathrm{e}^{-\lambda x}\mathrm{d}x\xlongequal{t=\lambda x}\int_0^{\infty}\frac{t^n}{\lambda^n}\mathrm{e}^{-t}\mathrm{d}t=\frac{1}{\lambda^n}\int_0^{\infty}t^n\mathrm{e}^{-t}\mathrm{d}t\\&=\frac{1}{\lambda^n}\left[(-t^n\mathrm{e}^{-t})\Big|_0^{\infty}+\int_0^{\infty}nt^{n-1}\mathrm{e}^{-t}\mathrm{d}t\right]\\&=\frac{1}{\lambda^n}\cdot n\int_0^{\infty}t^{n-1}\mathrm{e}^{-t}\mathrm{d}t=\cdots\\&=\frac{1}{\lambda^n}\cdot n(n-1)\cdots 2\cdot 1\cdot\int_0^{\infty}\mathrm{e}^{-t}\mathrm{d}t\\&=\frac{1}{\lambda^n}\cdot n(n-1)\cdots 2\cdot 1\cdot 1=\frac{n!}{\lambda^n}.\end{aligned}$$

13. 设 $X_1,X_2,\cdots,X_n,\cdots$ 为具有数学期望的随机变量序列，随机变量 Y 只取正整数值，且与 $\{X_k:k=1,2,\cdots\}$ 相互独立，证明：

$$E\Big(\sum_{k=1}^{Y}X_k\Big)=\sum_{k=1}^{\infty}E(X_k)P\{Y\geqslant k\}.$$

证 由题设条件，有

$$\begin{aligned}E\Big(\sum_{k=1}^{Y}X_k\Big)&=E\Big(E\Big(\sum_{k=1}^{Y}X_k\,|\,Y\Big)\Big)=\sum_{n=1}^{\infty}E\Big(\sum_{k=1}^{Y}X_k\,|\,Y=n\Big)P\{Y=n\}\\&=\sum_{n=1}^{\infty}E\Big(\sum_{k=1}^{n}X_k\Big)P\{Y=n\}=\sum_{n=1}^{\infty}\sum_{k=1}^{n}E(X_k)P\{Y=n\}\\&=\sum_{k=1}^{\infty}\sum_{n=k}^{\infty}E(X_k)P\{Y=n\}=\sum_{k=1}^{\infty}E(X_k)\sum_{n=k}^{\infty}P\{Y=n\}\\&=\sum_{k=1}^{\infty}E(X_k)P\{Y\geqslant k\}.\end{aligned}$$

14. 设 (X,Y) 服从二维正态分布，$E(X|Y)=E(Y|X)=0$，$E(X^2|Y)=E(Y^2|X)=1$，写出 (X,Y) 的联合密度函数，并计算 $D(X,Y)$.

解 因

$$Y|X=x\sim N\left(\mu_2+\rho\frac{\sigma_2}{\sigma_1}(x-\mu_1),(1-\rho^2)\sigma_2^2\right),$$

所以

$$E(Y|X=x)=\mu_2+\rho\frac{\sigma_2}{\sigma_1}(x-\mu_1).$$

同理，$E(X|Y=y)=\mu_1+\rho\frac{\sigma_1}{\sigma_2}(y-\mu_2)$，故

$$E(Y|X)=\mu_2+\rho\frac{\sigma_2}{\sigma_1}(X-\mu_1),\quad E(X|Y)=\mu_1+\rho\frac{\sigma_1}{\sigma_2}(Y-\mu_2).$$

由于 $E(Y|X)=0$，$E(Y|X)=0$，则必有

$$\mu_1=0,\quad \mu_2=0,\quad \rho=0.$$

而由 $\mu_2+\rho\frac{\sigma_2}{\sigma_1}(x-\mu_1)=0$ 知

$$E(Y^2|X)=D(Y|X)=(1-\rho^2)\sigma_2^2.$$

又 $E(Y^2|X)=1$，从而 $\sigma_2=1$. 同理 $\sigma_1=1$. 故 $(X,Y)\sim N(0,0,1,1,0)$. 由于此时 $\rho=0$，可知 X 与 Y 相互独立. 于是

$$D(X+Y)=D(X)+D(Y)=1+1=2.$$

三、测试题及测试题解答

(一) 测试题

1. 把 4 只球随机地放入 4 只盒子中，设 X 表示空盒子的个数，求 $E(X)$，$D(X)$.

2. 设随机变量 X 服从拉普拉斯(Laplace)分布，其概率密度为

$$f(x)=\frac{1}{2\lambda}e^{-\frac{|x-\mu|}{\lambda}}\quad (\lambda>0 \text{ 及 } \mu \text{ 皆为常数}).$$

试求 $E(X)$, $D(X)$.

3. 设 X 表示 10 次独立重复射击时命中目标的次数，每次击中目标的概率为 0.4，求 X^2 的数学期望 $E(X^2)$.

4. 设 X 的概率密度为 $f(x)=\begin{cases} xe^{-\frac{x^2}{2}}, & x>0; \\ 0, & x\leqslant 0. \end{cases}$ 试求 (1) $E(X)$，

(2) $E\left(\frac{1}{X}\right)$.

5. 对球的直径作近似测量，设其值均匀分布于区间$[a,b]$内，求球的体积的数学期望.

6. 设X,Y相互独立且服从同一分布，已知X的分布律为$P\{X=i\}=\frac{1}{3}$，$i=1,2,3$，又$Z=\max\{X,Y\}$，求$E(Z),D(Z)$.

7. 设随机变量X和Y同分布，X的概率密度为

$$f(x)=\begin{cases}\frac{3}{8}x^2, & 0<x<2;\\ 0, & \text{其他}.\end{cases}$$

(1) 已知事件$A=\{X>a\}$和$B=\{Y>a\}$独立，且$P(A\cup B)=\frac{3}{4}$，求常数a.

(2) 求$\frac{1}{X^2}$的数学期望.

8. 设随机变量X的概率密度为

$$f(x)=\begin{cases}ax^2+bx+c, & 0<x<1;\\ 0, & \text{其他}.\end{cases}$$

已知$E(X)=0.5$，$D(X)=0.15$，求常数a,b,c.

9. 设随机变量X服从$[-\pi,\pi]$上的均匀分布，求$E(\max\{|X|,1\})$.

10. 设排球队A与排球队B进行比赛，若有一队胜3场，则比赛结束，假定排球队A在每场比赛中获胜的概率$p=\frac{1}{2}$，试求比赛场次X的数学期望.

11. 设随机变量X的概率密度为

$$f(x)=\begin{cases}\frac{1}{2}\cos\frac{x}{2}, & 0\leqslant x\leqslant\pi;\\ 0, & \text{其他}.\end{cases}$$

对X独立重复地观察4次，用Y表示观察值大于$\frac{\pi}{3}$的次数，求Y^2的数学期望$E(Y^2)$.

12. 设随机变量U服从$[-2,2]$上的均匀分布，随机变量

$$X=\begin{cases}-1, & U\leqslant -1;\\ 1, & U>-1;\end{cases}\quad Y=\begin{cases}-1, & U\leqslant 1;\\ 1, & U>1.\end{cases}$$

试求$D(X+Y)$.

13. 对某目标进行独立重复射击，直到击中目标 k 次为止. 若每次命中率为 p，求射击次数 X 的数学期望与方差.

14. 假设有 10 只同种电器元件，其中有两只废品，装配仪器时，从这批元件中任取一只，若是废品，则扔掉重新任取一只，试求在取到正品之前，已取出的废品数 X 的分布律、数学期望和方差.

15. 已知随机变量 X 和 Y 的联合概率密度为

$$f(x,y)=\begin{cases} e^{-(x+y)}, & 0<x<\infty, 0<y<\infty; \\ 0, & \text{其他}. \end{cases}$$

试求(1) $P\{X<Y\}$；(2) $E(XY)$.

16. 两台同样的自动记录仪，每台无故障工作的时间服从参数为 5 的指数分布；首先开动其中一台，当其发生故障时停用而另一台自动开动，试求两台记录仪无故障工作的总时间 T 的概率密度 $f(t)$，以及 T 的数学期望和方差.

17. 假定在国际市场上每年对我国某种出口商品的需求量 X 服从[2 000，4 000]上的均匀分布(单位：吨(t))，设每售出此商品 1 t，可为国家挣得外汇 3 万元，但是若销售不出而囤积在仓库中，则每吨需花保养费 1 万元，问组织多少货源，才能使国家的平均收益最大？

18. 一辆送客汽车，载有 20 位乘客从起点站开出，沿途有 10 个车站可以下车，若到达一个车站没有乘客下车就不停车，设每位乘客在每一个车站下车是等可能的，试求汽车的平均停车次数.

19. 设随机变量 X_1,X_2,X_3 相互独立，其中 X_1 在[0,1]上服从均匀分布，X_2 服从正态分布 $N(0,2^2)$，X_3 服从参数为 3 的泊松分布，求 $E((X_1-2X_2+3X_3)^2)$.

20. 已知(X,Y)的联合分布律为

X \ Y	0	1
0	0.2	0.4
1	0.3	0.1

试求 $\mathrm{Cov}(X^2,Y^2)$.

21. 设(X,Y)服从区域 D 上的均匀分布，这里 D 是由 X 轴、Y 轴及直线 $x+y+1=0$ 所围成的区域，试求(1) $\mathrm{Cov}(X,Y)$，(2) ρ_{XY}.

(二) 测试题解答

1.解 方法 1 X 的可能取值为 0,1,2,3，且

$$P\{X=0\}=\frac{4!}{4^4}=\frac{6}{64},\quad P\{X=1\}=\frac{C_4^1C_3^1C_4^2\cdot 2}{4^4}=\frac{36}{64},$$

$$P\{X=2\}=\frac{C_4^2(2C_4^3C_4^2)}{4^4}=\frac{21}{64},\quad P\{X=3\}=\frac{4}{4^4}=\frac{1}{64},$$

于是有

$$E(X)=0\times\frac{6}{64}+1\times\frac{36}{64}+2\times\frac{21}{64}+3\times\frac{1}{64}=\frac{81}{64},$$

$$E(X^2)=0^2\times\frac{6}{64}+1^2\times\frac{36}{64}+2^2\times\frac{21}{64}+3^2\times\frac{1}{64}=\frac{129}{64},$$

$$D(X)=\frac{129}{64}-\left(\frac{81}{64}\right)^2=\frac{1\,695}{64^2}.$$

方法 2　也可利用性质计算，令

$$X_i=\begin{cases}1, & \text{第 } i \text{ 个盒子中有球;}\\ 0, & \text{第 } i \text{ 个盒子中无球,}\end{cases}\quad i=1,2,3,4,$$

且知 $P\{X_i=1\}=\frac{3^4}{4^4}$，$P\{X_i=0\}=1-\left(\frac{3}{4}\right)^4$，于是

$$E(X_i)=1\times\left(\frac{3}{4}\right)^4+0\times\left[1-\left(\frac{3}{4}\right)^4\right]=\left(\frac{3}{4}\right)^4,$$

$$E(X_i^2)=1^2\times\left(\frac{3}{4}\right)^4+0^2\times\left[1-\left(\frac{3}{4}\right)^4\right]=\left(\frac{3}{4}\right)^4,$$

$$D(X_i)=\left(\frac{3}{4}\right)^4-\left(\frac{3}{4}\right)^8.$$

又当 $i\neq j$ 时，

$$\begin{aligned}E(X_iX_j)&=1\times1\times P\{X_i=1,\ X_j=1\}\\&\quad+0\times1\times P\{X_i=0,\ X_j=1\}+\cdots\\&=P\{X_i=1,\ X_j=1\}=\frac{2^4}{4^4}=\frac{1}{16},\end{aligned}$$

此时，$\mathrm{Cov}(X_i,X_j)=\frac{1}{16}-\left(\frac{3}{4}\right)^8$.

由 $X=\sum_{i=1}^4 X_i$ 及性质得 $E(X)=\sum_{i=1}^4 E(X_i)=4\times\left(\frac{3}{4}\right)^4=\frac{81}{64}$，

$$\begin{aligned}D(X)&=\sum_{i=1}^4 D(X_i)+2\sum_{1\leqslant i<j\leqslant 4}\mathrm{Cov}(X_i,X_j)\\&=4\left[\left(\frac{3}{4}\right)^4-\left(\frac{3}{4}\right)^8\right]+2\times6\times\left[\frac{1}{16}-\left(\frac{3}{4}\right)^8\right]\end{aligned}$$

$$=\frac{129}{64}-16\times\left(\frac{3}{4}\right)^8=\frac{1\,695}{64^2}.$$

2.解 $E(X)=\int_{-\infty}^{\infty}xf(x)\mathrm{d}x=\int_{-\infty}^{\infty}x\cdot\frac{1}{2\lambda}\mathrm{e}^{-\frac{|x-\mu|}{\lambda}}\mathrm{d}x$

$$\xlongequal{x-\mu=t}\int_{-\infty}^{\infty}(\mu+t)\cdot\frac{1}{2\lambda}\mathrm{e}^{-\frac{|t|}{\lambda}}\mathrm{d}t$$

$$=\int_{-\infty}^{\infty}\mu\cdot\frac{1}{2\lambda}\mathrm{e}^{-\frac{|t|}{\lambda}}\mathrm{d}t+\frac{1}{2\lambda}\int_{-\infty}^{\infty}t\,\mathrm{e}^{-\frac{|t|}{\lambda}}\mathrm{d}t$$

$$=\frac{\mu}{\lambda}\int_{-\infty}^{\infty}\mathrm{e}^{-\frac{|t|}{\lambda}}\mathrm{d}t+0=\mu,$$

$$D(X)=\int_{-\infty}^{\infty}(x-E(X))^2f(x)\mathrm{d}x=\int_{-\infty}^{\infty}(x-\mu)^2\cdot\frac{1}{2\lambda}\mathrm{e}^{-\frac{|x-\mu|}{\lambda}}\mathrm{d}x$$

$$\xlongequal{t=\frac{x-\mu}{\lambda}}\int_{-\infty}^{\infty}\lambda^2t^2\cdot\frac{1}{2\lambda}\mathrm{e}^{-\frac{|t|}{\lambda}}\lambda\,\mathrm{d}t=\lambda^2\int_0^{\infty}t^2\mathrm{e}^{-t}\mathrm{d}t$$

$$=\lambda^2\left(-t^2\mathrm{e}^{-t}\Big|_0^{\infty}+\int_0^{\infty}2t\,\mathrm{e}^{-t}\mathrm{d}t\right)=2\lambda^2.$$

3.解 由题设知 $X\sim B(10,0.4)$，故

$$E(X^2)=D(X)+E(X)^2$$

$$=10\times0.4\times0.6+(10\times0.4)^2=18.4.$$

4.解 (1) $E(X)=\int_{-\infty}^{\infty}xf(x)\mathrm{d}x=\int_0^{\infty}x^2\mathrm{e}^{-\frac{x^2}{2}}\mathrm{d}x$

$$=-x\mathrm{e}^{-\frac{x^2}{x}}\Big|_0^{\infty}+\int_0^{\infty}\mathrm{e}^{-\frac{x^2}{2}}\mathrm{d}x=\frac{1}{2}\int_{-\infty}^{\infty}\mathrm{e}^{-\frac{x^2}{2}}\mathrm{d}x$$

$$=\frac{1}{2}\cdot\sqrt{2\pi}=\sqrt{\frac{\pi}{2}}.$$

(2) $E\left(\frac{1}{X}\right)=\int_{-\infty}^{\infty}\frac{1}{x}f(x)\mathrm{d}x=\int_0^{\infty}\mathrm{e}^{-\frac{x^2}{2}}\mathrm{d}x=\frac{1}{2}\int_{-\infty}^{\infty}\mathrm{e}^{-\frac{x^2}{2}}\mathrm{d}x$

$$=\frac{1}{2}\cdot\sqrt{2\pi}=\sqrt{\frac{\pi}{2}}.$$

5.解 设球的直径为 X，体积为 Y，由题意知 X 的概率密度为

$$f(x)=\begin{cases}\frac{1}{b-a}, & a\leqslant x\leqslant b;\\ 0, & \text{其他},\end{cases}$$

且 $Y=\frac{1}{b}\pi X^3$. 故

$$E(Y)=\int_a^b \frac{1}{b}\pi x^3 \cdot \frac{1}{b-a}\mathrm{d}x=\frac{\pi}{24}(a+b)(a^2+b^2).$$

6.解 X 和 Y 的联合分布律为

X \ Y	1	2	3
1	$\frac{1}{9}$	$\frac{1}{9}$	$\frac{1}{9}$
2	$\frac{1}{9}$	$\frac{1}{9}$	$\frac{1}{9}$
3	$\frac{1}{9}$	$\frac{1}{9}$	$\frac{1}{9}$

于是 $Z=\max\{X,Y\}$ 的分布律为

X	1	2	3
P	$\frac{1}{9}$	$\frac{3}{9}$	$\frac{5}{9}$

故

$$E(Z)=1\times\frac{1}{9}+2\times\frac{3}{9}+3\times\frac{5}{9}=\frac{22}{9},$$

$$E(Z^2)=1^2\times\frac{1}{9}+2^2\times\frac{3}{9}+3^2\times\frac{5}{9}=\frac{58}{9},$$

$$D(Z)=\frac{58}{9}-\left(\frac{22}{9}\right)^2=\frac{38}{81}.$$

7.解 (1) 由条件知 $P(A)=P(B)$，$P(AB)=P(A)P(B)$，又

$$P(A\cup B)=P(A)+P(B)-P(AB)=2P(A)-(P(A))^2=\frac{3}{4},$$

解之得 $P(A)=\frac{1}{2}$. 显然 $0<a<2$，由

$$P(A)=P\{X>a\}=\int_a^2\frac{3}{8}x^2\mathrm{d}x=1-\frac{a^3}{8}=\frac{1}{2},$$

得 $a=\sqrt[3]{4}$.

(2) $E\left(\frac{1}{X^2}\right)=\int_{-\infty}^{\infty}\frac{1}{x^2}f(x)\mathrm{d}x=\int_0^2\frac{3}{8}\mathrm{d}x=\frac{3}{4}.$

8.解 由已知得

$$\int_0^1(ax^2+bx+c)\mathrm{d}x=\frac{a}{3}+\frac{b}{2}+c=1,$$

$$\int_0^1 x(ax^2+bx+c)\mathrm{d}x=\frac{a}{4}+\frac{b}{3}+\frac{c}{2}=0.5,$$

$$\int_0^1 x^2(ax^2+bx+c)\mathrm{d}x=\frac{a}{5}+\frac{b}{4}+\frac{c}{3}=0.15+0.5^2=0.4,$$

即

$$\begin{cases}\dfrac{a}{3}+\dfrac{b}{2}+c=1,\\ 3a+4b+6c=6,\\ 12a+15b+20c=24.\end{cases}$$

解之得 $a=12$，$b=-12$，$c=3$.

9.解 X 的概率密度为

$$f(x)=\begin{cases}\dfrac{1}{2\pi}, & -\pi\leqslant x\leqslant\pi;\\ 0, & 其他.\end{cases}$$

则

$$\begin{aligned}E(\max\{|X|,1\})&=\int_{-\infty}^{\infty}\max\{|x|,1\}f(x)\mathrm{d}x\\&=\int_{-\pi}^{\pi}\max\{|x|,1\}\frac{1}{2\pi}\mathrm{d}x\\&=2\int_0^1 1\cdot\frac{1}{2\pi}\mathrm{d}x+\int_{-\pi}^{-1}(-x)\frac{1}{2\pi}\mathrm{d}x+\int_1^{\pi}x\cdot\frac{1}{2\pi}\mathrm{d}x\\&=\frac{1}{2}\left(\pi+\frac{1}{\pi}\right).\end{aligned}$$

10.解 X 的可能取值为 3,4,5，记 $q=1-p=\frac{1}{2}$，则

$$P\{X=3\}=p^3+q^3=\left(\frac{1}{2}\right)^3+\left(\frac{1}{2}\right)^3=\frac{1}{4},$$

$$P\{X=4\}=C_3^2p^2q\cdot p+C_3^2pq^2\cdot q=C_3^2\times\left(\frac{1}{2}\right)^4+C_3^2\left(\frac{1}{2}\right)^4=\frac{3}{8},$$

$$P\{X=5\}=C_4^2p^2q^2\cdot p+C_4^2p^2q^2\cdot q=C_4^2\left(\frac{1}{2}\right)^5+C_4^2\left(\frac{1}{2}\right)^5=\frac{3}{8}.$$

故 $E(X)=3\times\frac{1}{4}+4\times\frac{3}{8}+5\times\frac{3}{8}=\frac{33}{8}$.

11.解 由题知 $Y\sim B(4,p)$，其中

$$p=P\left\{X>\frac{\pi}{3}\right\}=\int_{\frac{\pi}{3}}^{\pi}\frac{1}{2}\cos\frac{x}{2}\,\mathrm{d}x=\frac{1}{2},$$

故

$$E(Y^2)=D(Y)+(E(Y))^2=4\times\frac{1}{2}\times\frac{1}{2}+\left(4\times\frac{1}{2}\right)^2=5.$$

12.解　由第三章测试题 1 知(X,Y)的联合分布律为

$$P\{X=-1,\ Y=-1\}=\frac{1}{4},$$

$$P\{X=-1,\ Y=1\}=0,$$

$$P\{X=1,\ Y=-1\}=\frac{1}{2},$$

$$P\{X=1,\ Y=1\}=\frac{1}{4}.$$

由此得 $X+Y$ 的分布律为

$X+Y$	-2	0	2
P	$\frac{1}{4}$	$\frac{1}{2}$	$\frac{1}{4}$

于是

$$E(X+Y)=(-2)\times\frac{1}{4}+0\times\frac{1}{2}+2\times\frac{1}{4}=0,$$

$$E(X+Y)^2=(-2)^2\times\frac{1}{4}+0^2\times\frac{1}{2}+2^2\times\frac{1}{4}=2,$$

$$D(X+Y)=2-0^2=2.$$

13.解　令 X_i 表示自第$i-1$次击中后到第i次击中时的射击次数，$i=1,2,\cdots,k$，则有

$$P\{X_i=n\}=(1-p)^{n-1}p,\quad n=1,2,\cdots,$$

且 $X=\sum_{i=1}^{k}X_i$，由题意知 $X_1,X_2,\cdots,X_k$ 相互独立，于是有

$$E(X_i)=\sum_{n=1}^{\infty}n(1-p)^{n-1}p=p\left(\sum_{n=1}^{\infty}x^n\right)'\bigg|_{x=1-p}$$

$$=p\left(\frac{1}{1-x}\right)'\bigg|_{x=1-p}=\frac{1}{p},$$

$$E(X_i^2)=\sum_{n=1}^{\infty}n^2(1-p)^{n-1}p$$

$$=\sum_{n=1}^{\infty}n(n+1)(1-p)^{n-1}p-\sum_{n=1}^{\infty}n(1-p)^{n-1}p$$

$$=p\left(\sum_{n=0}^{\infty}x^n\right)''\Big|_{x=1-p}-p\left(\sum_{n=0}^{\infty}x^n\right)'\Big|_{x=1-p}$$

$$=p\cdot\left(\frac{1}{1-x}\right)''\Big|_{x=1-p}-p\left(\frac{1}{1-x}\right)'\Big|_{x=1-p}$$

$$=\frac{2-p}{p^2}.$$

故有

$$E(X)=\sum_{i=1}^{k}E(X_i)=k\cdot\frac{1}{p}=\frac{k}{p},$$

$$D(X)=\sum_{i=p}^{k}D(X_i)=k\cdot\left(\frac{2-p}{p^2}-\frac{1}{p^2}\right)=\frac{k(1-p)}{p^2}.$$

注 此题的解法类同于本章基本题 16，有兴趣的同学可参照基本题 16 给出的其他解法.

14.解 X 的可能取值为 0,1,2，且

$$P\{X=0\}=\frac{8}{10}=\frac{4}{5},$$

$$P\{X=1\}=\frac{2}{10}\times\frac{8}{9}=\frac{8}{45},$$

$$P\{X=2\}=\frac{2}{10}\times\frac{1}{9}\times\frac{8}{8}=\frac{1}{45},$$

故 X 的分布律为

X	-2	0	2
P	$\frac{4}{5}$	$\frac{8}{45}$	$\frac{1}{45}$

且

$$E(X)=0\times\frac{4}{5}+1\times\frac{8}{45}+2\times\frac{1}{45}=\frac{2}{9},$$

$$E(X^2)=0^2\times\frac{4}{5}+1^2\times\frac{8}{45}+2^2\times\frac{1}{45}=\frac{4}{15},$$

$$D(X)=\frac{4}{15}-\left(\frac{2}{9}\right)^2=\frac{88}{405}.$$

15.解 (1) $P\{X<Y\}=\iint\limits_{x<y}f(x,y)\mathrm{d}x\,\mathrm{d}y=\int_0^{\infty}\mathrm{d}y\int_0^{y}\mathrm{e}^{-(x+y)}\mathrm{d}x$

$$=\int_0^{\infty}\mathrm{e}^{-y}(1-\mathrm{e}^{-y})\mathrm{d}y=\frac{1}{2}.$$

(2) $E(XY)=\int_{-\infty}^{\infty}\int_{-\infty}^{\infty}xyf(x,y)\mathrm{d}x\,\mathrm{d}y=\int_{0}^{\infty}\int_{0}^{\infty}xy\mathrm{e}^{-(x+y)}\mathrm{d}x\,\mathrm{d}y$

$=\int_{0}^{\infty}x\mathrm{e}^{-x}\mathrm{d}x\int_{0}^{\infty}y\mathrm{e}^{-y}\mathrm{d}y=1.$

16.解　以 X_1 和 X_2 表示先后开动的记录仪无故障工作的时间，则 $T=X_1+X_2$，由条件知 $X_i(i=1,2)$ 的概率密度为

$$f_i(x)=\begin{cases}5\mathrm{e}^{-5x}, & x>0;\\0, & x\leqslant 0,\end{cases}$$

且 X_1 和 X_2 相互独立. 由卷积公式，当 $t>0$ 时

$$f(t)=\int_{-\infty}^{\infty}f_1(x)f_2(t-x)\mathrm{d}x=\int_0^t 25\mathrm{e}^{-5x}\cdot\mathrm{e}^{-5(t-x)}\mathrm{d}x$$
$$=25t\,\mathrm{e}^{-5t};$$

当 $t\leqslant 0$ 时，$f(t)=0$. 即

$$f(t)=\begin{cases}25t\,\mathrm{e}^{-5t}, & t>0;\\0, & t\leqslant 0.\end{cases}$$

又由已知有 $E(X_i)=\frac{1}{5}$，$D(X_i)=\frac{1}{25}$，$i=1,2$，于是

$$E(T)=E(X_1)+E(X_2)=\frac{2}{5},\quad D(T)=D(X_1)+D(X_2)=\frac{2}{25}.$$

17.解　设准备出品的商品数量为 a，收益为 Y，则

$$Y=\begin{cases}3a, & X\geqslant a;\\3X-(a-X)=4X-a, & X<a.\end{cases}$$

而 X 的概率密度为

$$f(x)=\begin{cases}\frac{1}{2\,000}, & 2\,000\leqslant x\leqslant 4\,000;\\0, & \text{其他},\end{cases}$$

于是

$$E(Y)=\int_{2\,000}^{a}(4x-a)\frac{1}{2\,000}\mathrm{d}x+\int_a^{4\,000}3a\cdot\frac{1}{2\,000}\mathrm{d}x$$
$$=\frac{1}{1\,000}(-a^2+7\,000\,a-4\times 10^6).$$

令 $\frac{\mathrm{d}E(Y)}{\mathrm{d}a}=\frac{1}{1\,000}(-2a+7\,000)=0$，得 $a=3\,500$. 又 $\left.\frac{\mathrm{d}^2E(Y)}{\mathrm{d}a^2}\right|_{a=3\,500}=-\frac{1}{500}<0$，由此即知当 $a=3\,500$ 吨时，才能使平均收益最大.

18.解　设停车次数为 X，且令

$$X_i=\begin{cases}1, & \text{第 } i \text{ 个车站停车};\\ 0, & \text{第 } i \text{ 个车站不停车},\end{cases} \quad i=1,2,\cdots,10.$$

易知 $X=\sum_{i=1}^{10} X_i$，且 X_i 的分布律($i=1,2,\cdots,10$) 为

X_i	0	1
P	0.9^{20}	$1-0.9^{20}$

故 $E(X)=\sum_{i=1}^{10}E(X_i)=10E(X_1)=10(1-0.9^{20})$.

19.解　由已知有 $E(X_1)=\frac{1}{2}$，$D(X_1)=\frac{1}{12}$，$E(X_2)=0$，$D(X_2)=2^2$，$E(X_3)=D(X_3)=3$，且 X_1,X_2,X_3 相互独立，于是有

$$E(X_1-2X_2+3X_3)=E(X_1)-2E(X_2)+3E(X_3)=\frac{19}{2},$$

$$D(X_1-2X_2+3X_3)=D(X_1)-4D(X_2)+9D(X_3)=\frac{517}{12}.$$

故 $E((X_1-2X_2+3X_3)^2)=\frac{517}{12}+\left(\frac{19}{2}\right)^2=\frac{400}{3}$.

20.解　$E(X^2Y^2)=0^2\times 0^2\times 0.2+0^2\times 1^2\times 0.4+1^2\times 0^2\times 0.3+1^2\times 1^2\times 0.1=0.1$,

$$E(X^2)=0^2\times(0.2+0.4)+1^2\times(0.3+0.1)=0.4,$$
$$E(Y^2)=0^2\times(0.2+0.3)+1^2\times(0.4+0.1)=0.5,$$

故

$$\begin{aligned}\text{Cov}(X^2,Y^2)&=E(X^2Y^2)-E(X^2)E(Y^2)\\&=0.1-0.4\times 0.5=-0.1.\end{aligned}$$

21.解　D 的面积 $S=\frac{1}{2}$，于是(X,Y) 的联合概率密度为

$$f(x,y)=\begin{cases}2, & (x,y)\in D;\\ 0, & \text{其他}.\end{cases}$$

从而有

$$E(X)=\iint_D 2x\,dx\,dy=\int_{-1}^{0}dx\int_{-1-x}^{0}2x\,dy=-\frac{1}{3},$$

$$E(X^2)=\iint_D 2x^2\,dx\,dy=\int_{-1}^{0}dx\int_{-1-x}^{0}2x^2\,dy=-\frac{1}{6},$$

$$D(X)=\frac{1}{6}-\left(-\frac{1}{3}\right)^2=\frac{1}{18}.$$

同理可得 $E(Y)=-\frac{1}{3}$，$D(Y)=\frac{1}{18}$，且

$$E(XY)=\iint_D 2xy\mathrm{d}x\ \mathrm{d}y=\int_{-1}^{0}\mathrm{d}x\int_{-1-x}^{0}2xy\mathrm{d}y=-\frac{1}{12}.$$

故

$$\mathrm{Cov}(X,Y)=\frac{1}{12}-\left(-\frac{1}{3}\right)\times\left(-\frac{1}{3}\right)=-\frac{1}{36},$$

$$\rho_{XY}=\frac{-1/36}{\sqrt{1/18}\times\sqrt{1/18}}=-\frac{1}{2}.$$

第五章　极限定理(大数定律和中心极限定理)

一、大纲要求及疑难点解析

(一) 大纲要求

1. 了解切比雪夫(Chebyshev)不等式，了解切比雪夫大数定律、伯努利大数定律和辛钦大数定律的条件和结论.

2. 了解列维 - 林德伯格定理和棣莫佛 - 拉普拉斯定理的条件和结论，并会用相关定理近似计算有关随机事件的概率.

(二) 内容提要

切比雪夫不等式，切比雪夫大数定律，伯努利大数定律，辛钦大数定律，列维 - 林德伯格定理(独立同分布的中心极限定理)，棣莫佛 - 拉普拉斯定理(二项分布以正态分布为极限分布).

(三) 疑难点解析

1. *如何理解大数定律?*

答　大数定律可以说发端于对频率稳定性的深层次的理论思考. 在第一章中，我们提到过频率的稳定性，它是指当重复独立试验的次数无限增大时，频率稳定在某个常数附近，即以某种收敛意义逼近某一个定常数. 那么，怎样描述这种收敛性呢? 经过研究，其中有一种较典型的提法是：当试验次数 n 足够大时，事件 A 的频率$\dfrac{n_A}{n}$ 与某个定常数 p（称为稳定值或概率）有较大偏差的概率很小，用数学式子表达就是，$\forall \varepsilon > 0$，有

$$\lim_{n\to\infty} P\left\{\left|\frac{n_A}{n}-p\right| \geqslant \varepsilon\right\}=0.$$

这个式子是否成立呢？利用切比雪夫不等式，可证此式是成立的，既然能证明此式，则从理论上(而不仅仅是实践)回答了频率稳定性的正确性. 经过仔细研究发现，之所以频率$\frac{n_A}{n}$具有稳定性，很重要的一点是因为n_A是独立随机变量之和，即若令

$$X_i=\begin{cases}1, & \text{第 } i \text{ 次试验出现 } A;\\ 0, & \text{第 } i \text{ 次试验不出现 } A,\end{cases}$$

则$n_A=X_1+X_2+\cdots+X_n$，这样频率稳定性又可表达成为$\forall\varepsilon>0$，有

$$\lim_{n\to\infty}P\left\{\left|\frac{1}{n}\sum_{i=1}^{n}X_i-p\right|\geqslant\varepsilon\right\}=0.$$

注意到此时$p=E\left(\frac{1}{n}\sum_{i=1}^{n}X_i\right)=\frac{1}{n}\sum_{i=1}^{n}E(X_i)$. 在上式中，$X_i$是如上定义的服从0-1分布的随机变量，然而从理论上看，即推而广之，对一般的随机变量$X_i\ (i=1,2,\cdots)$是否也成立类似的式子呢？即当X_i不一定是0-1分布时，是否也有类似于上述形式上的结论呢？若有，这将是一种有意义的推广.

对一般的随机变量$X_i(i=1,2,\cdots)$是否仍有$\forall\varepsilon>0$有

$$\lim_{n\to\infty}P\left\{\left|\frac{1}{n}\sum_{i=1}^{n}X_i-\frac{1}{n}\sum_{i=1}^{n}E(X_i)\right|\geqslant\varepsilon\right\}=0?$$

显然不能认为此式是无条件成立的，即对一般的随机变量$X_i(i=1,2,\cdots)$要附加一些条件，上述极限式才能成立. 当给出一定的条件时(如切比雪夫大数定律的条件是独立、方差存在且有公共界，而辛钦大数定律的条件是独立同分布，且数学期望存在)，上述极限式子就成立. 由于条件不尽相同，每个使结论成立的条件都形成一个定理，由此不同的条件就得到一系列的定理. 由于其结论都有相同的形式，这类定理皆称为大数定律.

另外，收敛性也可有其他的提法，比如$P\left\{\lim\limits_{n\to\infty}\frac{n_A}{n}=p\right\}=1$，以此为基准的定理，在概率论中皆称为强大数定律.

2. 如何理解中心极限定理?

答　大数定律考虑的是概率$P\left\{\left|\frac{1}{n}\sum_{i=1}^{n}X_i-\frac{1}{n}\sum_{i=1}^{n}E(X_i)\right|\geqslant\varepsilon\right\}$是否以零为极限，中心极限定理考虑的是形如

$$P\left\{\frac{\frac{1}{n}\sum_{i=1}^{n}X_i-\frac{1}{n}\sum_{i=1}^{n}E(X_i)}{\sqrt{D\left(\frac{1}{n}\sum_{i=1}^{n}X_i\right)}}\leqslant x\right\}=P\left\{\frac{\sum_{i=1}^{n}X_i-\sum_{i=1}^{n}E(X_i)}{\sqrt{D\left(\sum_{i=1}^{n}X_i\right)}}\leqslant x\right\}$$

的分布函数当 $n\to\infty$ 时的极限，为什么要取如此复杂的形式呢？这还得从频率开始说起. 我们知道频数 n_A 是一个服从二项分布的随机变量(n_A 表示 n 次试验中 A 出现的次数，称为频数)，即 $n_A\sim B(n,p)$. 在有关计算中，常需考虑形如 $P\{n_A\leqslant x\}$ 的值. 然而，当试验次数 n 较大时，直接计算将相当复杂，在求近似值时，泊松定理只有在当 p 或 $1-p$ 较小、np 或 $n(1-p)$ 适中时才有效，若 np 较大则精确度不高，此时，就需要考虑 $P\{n_A\leqslant x\}$ 的极限，以极限作为近似值就是一个当然的想法. 但直接考虑时，可以证明有 $\lim\limits_{n\to\infty}P\{n_A\leqslant x\}=0$ (对任意的 x)，即直接考虑将无意义，经过研究，考虑如下形式：

$$P\left\{\frac{n_A-E(n_A)}{\sqrt{D(n_A)}}\leqslant x\right\}$$

当 $n\to\infty$ 时的极限. 棣莫佛(当 $p=\frac{1}{2}$ 时)和拉普拉斯(当 $0<p<1$ 时)证明了上式当 $n\to\infty$ 时的极限是 $\Phi(x)=\frac{1}{2\pi}\int_{-\infty}^{x}\mathrm{e}^{-\frac{t^2}{2}}\mathrm{d}t$. 因为 n_A 可表达成和的形式，类似于大数定律那样推广，就形成一系列的定理，这些定理都以标准正态分布的分布函数 $\Phi(x)$ 作为极限分布，在概率论中统称为中心极限定理.

二、习题解答

(一) 基本题解答

1. 设 $X_1,X_2,\cdots$ 是一列两两不相关的随机变量，又设它们的方差有界，即存在正数 C，使得 $D(X_i)\leqslant C$，$i=1,2,\cdots$. 证明：对任意的 $\varepsilon>0$，有

$$\lim_{n\to\infty}P\left\{\left|\frac{1}{n}\sum_{k=1}^{n}X_k-\frac{1}{n}\sum_{k=1}^{n}E(X_k)\right|<\varepsilon\right\}=1.$$

证　由于 $X_1, X_2, \cdots$ 两两不相关，则

$$D\left(\sum_{k=1}^{n} X_k\right) = \sum_{k=1}^{n} D(X_k) + 2\sum_{1\leqslant i<j\leqslant n} \operatorname{Cov}(X_i, X_j) = \sum_{k=1}^{n} D(X_k).$$

由切比雪夫不等式，有 $\forall \varepsilon > 0$，

$$P\left\{\left|\frac{1}{n}\sum_{k=1}^{n} X_k - \frac{1}{n}\sum_{k=1}^{n} E(X_k)\right| < \varepsilon\right\}$$

$$\geqslant 1 - \frac{D\left(\frac{1}{n}\sum_{k=1}^{n} X_k\right)}{\varepsilon^2} = 1 - \frac{D\left(\sum_{k=1}^{n} X_k\right)}{n^2\varepsilon^2} = 1 - \frac{\sum_{k=1}^{n} D(X_k)}{n^2\varepsilon^2}$$

$$\geqslant 1 - \frac{nC}{n^2\varepsilon^2} = 1 - \frac{C}{n\varepsilon^2} \to 1 \quad (n \to \infty).$$

由此立得

$$\lim_{n\to\infty} P\left\{\left|\frac{1}{n}\sum_{k=1}^{n} X_k - \frac{1}{n}\sum_{k=1}^{n} E(X_k)\right| < \varepsilon\right\} = 1.$$

2. 设随机变量 $X_n (n=1,2,\cdots)$ 相互独立，且都在 $[-\pi,\pi]$ 上服从均匀分布. 设 $Y_n = \cos(nX_n)$ $(n=1,2,\cdots)$，证明：对任意 $\varepsilon > 0$，有

$$\lim_{n\to\infty} P\left\{\left|\frac{1}{n}\sum_{k=1}^{n} Y_k\right| < \varepsilon\right\} = 1.$$

证　显然 $\{Y_n : n=1,2,\cdots\}$ 是独立的随机变量序列，且

$$E(Y_i) = \int_{-\pi}^{\pi} \cos(nx) \cdot \frac{1}{2\pi} \mathrm{d}x = 0,$$

$$E(Y_i^2) = \int_{-\pi}^{\pi} \cos^2(nx) \cdot \frac{1}{2\pi} \mathrm{d}x = \frac{1}{2},$$

从而

$$D(Y_i) = E(Y_i^2) - (E(Y_i))^2 = \frac{1}{2}, \quad i = 1,2,\cdots.$$

由切比雪夫大数定律知

$$\frac{1}{n}\sum_{i=1}^{n} Y_i = \frac{1}{n}\sum_{i=1}^{n} Y_i - \frac{1}{n}\sum_{i=1}^{n} E(Y_i) \xrightarrow{P} 0,$$

即对任意正数 ε，都有

$$\lim_{n\to\infty} P\left\{\left|\frac{1}{n}\sum_{i=1}^{n} Y_i\right| < \varepsilon\right\} = 1.$$

3. 设 $X_1, X_2, \cdots$ 为独立同分布的随机变量序列，并且 X_n 服从参数为 $\lambda > 0$ 的泊松分布，记 $\overline{X} = \frac{1}{n}\sum_{k=1}^{n} X_k$，试证明 $\sqrt{n}(\overline{X} - \lambda)$ 的分布函数收敛于正

态分布 $N(0,\lambda)$.

证 因$\{X_n: n=1,2,\cdots\}$是独立同分布随机变量序列，且易知$E(X_n)=\lambda$，$D(X_n)=\lambda>0\ (n=1,2,\cdots)$，由莱维－林德伯格中心极限定理知，对任意实数 x 都有

$$\lim_{n\to\infty}P\left\{\frac{\sum_{i=1}^{n}X_i-n\lambda}{\sqrt{n}\sqrt{\lambda}}\leqslant x\right\}=\frac{1}{\sqrt{2\pi}}\int_{-\infty}^{x}e^{-\frac{t^2}{2}}dt.$$

从而$\{Y_n: n=1,2,\cdots\}$的分布函数序列的极限为

$$\begin{aligned}\lim_{n\to\infty}P\{Y_n\leqslant x\}&=\lim_{n\to\infty}P\{\sqrt{n}(\overline{X}-\lambda)\leqslant x\}\\&=\lim_{n\to\infty}P\left\{\frac{\sum_{i=1}^{n}X_i-n\lambda}{\sqrt{n}\sqrt{\lambda}}\leqslant\frac{x}{\sqrt{\lambda}}\right\}\\&=\frac{1}{\sqrt{2\pi}}\int_{-\infty}^{\frac{x}{\sqrt{\lambda}}}e^{-\frac{t^2}{2}}dt\\&\xlongequal{\text{令 }u=\sqrt{\lambda}t}\int_{-\infty}^{x}\frac{1}{\sqrt{2\pi}}\cdot\frac{1}{\sqrt{\lambda}}e^{-\frac{u^2}{2\lambda}}du,\end{aligned}$$

即$\sqrt{n}(\overline{X}-\lambda)$的分布函数序列收敛于正态分布 $N(0,\lambda)$，其中$Y_n=\sqrt{n}(\overline{X}-\lambda)(n=1,2,\cdots)$.

4. 设$X,X_n(n=1,2,\cdots)$都是服从退化分布的随机变量，且$P\{X=0\}=1$，$P\left\{X_n=\frac{1}{n}\right\}=1\ (n=1,2,\cdots)$. 试证明：$X_n$ 依概率收敛于X，但是X_n 的分布函数不收敛于 X 的分布函数.

证 $\forall\varepsilon>0$，由于$P\left\{X_n=\frac{1}{n}\right\}=1$，故当$n>\frac{1}{\varepsilon}$时，

$$P\{|X_n|\geqslant\varepsilon\}\leqslant P\left\{X_n\neq\frac{1}{n}\right\}=0.$$

于是当$n>\frac{1}{\varepsilon}$时，

$$P\{|X_n-X|\geqslant\varepsilon\}=P\{|X_n-0|\geqslant\varepsilon\}=P\{|X_n|\geqslant\varepsilon\}=0,$$

即$\lim\limits_{n\to\infty}P\{|X_n-X|\geqslant\varepsilon\}=0$. 从而知$\{X_n\}$依概率收敛于 X.

X_n 的分布函数为

$$F_n(x)=P\{X_n\leqslant x\}=\begin{cases}0, & x<\frac{1}{n};\\1, & x\geqslant\frac{1}{n}.\end{cases}$$

X 的分布函数为

$$F(x)=P\{X_n \leqslant x\}=\begin{cases}0, & x<0;\\ 1, & x \geqslant 0.\end{cases}$$

而 $\lim\limits_{n\to\infty} F_n(x)=\begin{cases}0, & x \leqslant 0;\\ 1, & x>0,\end{cases}$ 即当 $x=0$ 时，$\lim\limits_{n\to\infty} F_n(0)=0 \neq F(0)$，也就是 X_n 的分布函数不收敛于 X 的分布函数.

5. 某微机系统有 120 个终端，每个终端有 5% 时间在使用. 若各终端使用与否是相互独立的，试求有不少于 10 个终端在使用的概率.

解　设 n_A 表示使用终端的个数，则 $n_A \sim B(120,0.05)$，于是所求概率是

$$\begin{aligned}
&P\{n_A \geqslant 10\}\\
&=P\left\{\frac{10-120\times 0.05}{\sqrt{120\times 0.05\times 0.95}} \leqslant \frac{n_A-120\times 0.05}{\sqrt{120\times 0.05\times 0.95}} \leqslant \frac{120-120\times 0.05}{\sqrt{120\times 0.05\times 0.95}}\right\}\\
&\approx \Phi\left(\frac{120-6}{\sqrt{5.7}}\right)-\Phi\left(\frac{4}{\sqrt{5.7}}\right) \approx 1-\Phi(1.675)\\
&=1-0.953=0.047.
\end{aligned}$$

6. 一生产线生产的产品成箱包装，每箱的重量是随机的，假设每箱平均重 50 kg，标准差 5 kg. 若用最大载重量为 5 t 的汽车承运，试利用中心极限定理说明每辆车最多可以装多少箱，才能保障不超载的概率大于 0.997.

解　设 X_i 表示装运的第 i 箱的重量，$i=1,2,\cdots,n$，其中 n 是所求箱数，$X_1,X_2,\cdots,X_n$ 独立同分布，$E(X_1)=50$，$D(X_1)=5^2$，且承运总重量是

$$T=X_1+X_2+\cdots+X_n=\sum_{i=1}^{n} X_i.$$

由条件知，$P\{T \leqslant 5\,000\}>0.997$，由中心极限定理有

$$\begin{aligned}
P\{T \leqslant 5\,000\}&=P\left\{\sum_{i=1}^{n} X_i \leqslant 5\,000\right\}=P\left\{\frac{\sum\limits_{i=1}^{n} X_i-50n}{\sqrt{25n}} \leqslant \frac{5\,000-50n}{\sqrt{25n}}\right\}\\
&\approx \Phi\left(\frac{5\,000-50n}{5\sqrt{n}}\right),
\end{aligned}$$

即应有 $\Phi\left(\dfrac{5\,000-50}{5\sqrt{n}}\right)>0.997$.

查表有 $\dfrac{5\,000-50n}{5\sqrt{n}}>2$，即 $n<98.019\,9$，故最多可以装 98 箱.

7. 计算机在进行加法时，将每个加数舍入最靠近它的整数. 设所有舍入误差是独立的且在(−0.5,0.5)上服从均匀分布.

(1) 若将1 500个数相加，问误差总和的绝对值超过15的概率是多少?

(2) 最多可有几个数相加，使得误差总和的绝对值小于10的概率不小于0.90?

解 以 X_i 表示第 i 个数的取整误差.

(1) 此时 $i=1,2,\cdots,1\,500$，且 $X_1,X_2,\cdots,X_{1\,500}$ 独立皆服从(−0.5,0.5)上的均匀分布，$E(X_i)=0$，$D(X_i)=\frac{1}{12}$，于是所求概率是

$$
\begin{aligned}
&P\left\{\left|\sum_{i=1}^{1\,500} X_i\right|>15\right\}\\
&=1-P\left\{\frac{-15}{\sqrt{1\,500\times\frac{1}{12}}}\leqslant\frac{\sum\limits_{i=1}^{1\,500}X_i-0}{\sqrt{1\,500\times\frac{1}{12}}}\leqslant\frac{15}{\sqrt{1\,500\times\frac{1}{12}}}\right\}\\
&\approx 1-\left(\Phi\left(\frac{15}{\sqrt{125}}\right)-\Phi\left(\frac{15}{\sqrt{125}}\right)\right)\\
&=2\left(1-\Phi\left(\frac{3}{\sqrt{5}}\right)\right)=2(1-\Phi(1.34))\\
&=2(1-0.909\,9)=0.180\,2.
\end{aligned}
$$

(2) 此时 $i=1,2,\cdots,n$，其中 n 是所求的个数，$X_1,X_2,\cdots,X_n$ 独立皆服从(−0.5,0.5)上的均匀分布，由条件知，应有

$$P\left\{\left|\sum_{i=1}^{n} X_i\right|<10\right\}\geqslant 0.90.$$

由独立同分布的中心极限定理，有

$$P\left\{\left|\sum_{i=1}^{n} X_i\right|<10\right\}=P\left\{\frac{-10}{\sqrt{\frac{n}{12}}}<\frac{\sum\limits_{i=1}^{n}X_i}{\sqrt{\frac{n}{12}}}<\frac{10}{\sqrt{\frac{n}{12}}}\right\}\approx 2\Phi\left(\frac{20\sqrt{3}}{\sqrt{n}}\right)-1,$$

即有 $2\Phi\left(\frac{20\sqrt{3}}{\sqrt{n}}\right)-1\geqslant 0.9$，即 $\Phi\left(\frac{20\sqrt{3}}{\sqrt{n}}\right)\geqslant 0.95$. 查表有 $\frac{20\sqrt{3}}{\sqrt{n}}\geqslant 1.645$，即 $n\leqslant 443.45$. 故最多有443个数相加，才能使误差总和的绝对值小于10的概率不小于0.90.

8. 某单位设置一电话总机，共有200架电话分机. 每个电话分机是否使用外

线通话是相互独立的. 设每时刻每个分机有 5% 的概率要使用外线通话. 问总机需要多少外线才能以不低于 90% 的概率保证每个分机要使用外线时可供使用?

解 用 n_A 表示要使用外线的分机个数, 则 $n_A \sim B(200,0.5)$, 设 n 表示外线数, 则由题知应有 $P\{n_A \leqslant n\} \geqslant 0.9$. 由于

$$
\begin{aligned}
&P\{n_A \leqslant n\} \\
&=P\left\{\frac{0-200\times 0.05}{\sqrt{200\times 0.05\times 0.95}}<\frac{n_A-200\times 0.05}{\sqrt{200\times 0.05\times 0.95}}\leqslant\frac{n-200\times 0.05}{\sqrt{200\times 0.05\times 0.95}}\right\} \\
&=\Phi\left(\frac{n-10}{\sqrt{9.5}}\right),
\end{aligned}
$$

即应有 $\Phi\left(\frac{n-10}{\sqrt{9.5}}\right) \geqslant 0.9$. 查表得 $\frac{n-10}{\sqrt{9.5}} \geqslant 1.39$, 即 $n \geqslant 14.28$. 故至少需要 15 条外线, 才能满足需要.

9. 某车间有 200 台车床, 由于各种原因每台车床有 60% 的时间在开动, 每台车床开动期间耗电能为 E. 问至少供给此车间多少电能才能以 99.9% 的概率保证此车间不因供电不足而影响生产?

解 设 n_A 表示开动的车床台数, n 表示供给的电能, 则 $n_A \sim B(200, 0.6)$, 且由题意知, 应有 $P\{n_A \leqslant n\} \geqslant 0.999$. 由于

$$
\begin{aligned}
P\{n_A\leqslant n\}&=P\left\{\frac{0-200\times 0.06}{\sqrt{200\times 0.6\times 0.4}}<\frac{n_A-200\times 0.06}{\sqrt{200\times 0.06\times 0.4}}\leqslant\frac{n-200\times 0.06}{\sqrt{200\times 0.6\times 0.4}}\right\} \\
&\approx\Phi\left(\frac{n-120}{\sqrt{48}}\right)-\Phi\left(\frac{-120}{\sqrt{48}}\right)\approx\Phi\left(\frac{n-120}{4\sqrt{3}}\right),
\end{aligned}
$$

即应有 $\Phi\left(\frac{n-120}{4\sqrt{3}}\right) \geqslant 0.999$. 查表得 $\frac{n-120}{4\sqrt{3}} \geqslant 3.1$, 即 $n \geqslant 141.48$. 故至少供给 $142E$ 的电能才能满足条件.

10. 在一家保险公司里有 10 000 个人参加保险, 每人每年付 12 元保险费. 在一年内一个人死亡的概率为 0.006, 死亡时其家属可向保险公司领得 1 000 元. 问:

(1) 保险公司亏本的概率有多大?

(2) 保险公司一年的利润不少于 40 000 元、60 000 元、80 000 元的概率各为多少?

解 设 n_A 表示参加保险的人中死亡的人数, 则 $n_A \sim B(10\,000, 0.006)$.

(1) 所求概率是

$$P\{1\,000\,n_A > 120\,000\} = P\{n_A > 120\}$$
$$= P\left\{\frac{n_A - 60}{\sqrt{60 \times 0.994}} > \frac{120 - 60}{\sqrt{60 \times 0.994}}\right\}$$
$$\approx 1 - \Phi\left(\sqrt{\frac{60}{0.994}}\right) = 1 - \Phi(7.77) \approx 0.$$

(2) 所求概率分别为

$$P\{120\,000 - 1\,000\,n_A \geqslant 40\,000\} = P\{n_A \leqslant 80\}$$
$$= P\left\{\frac{n_A - 60}{\sqrt{60 \times 0.994}} \leqslant \frac{80 - 60}{\sqrt{60 \times 0.994}}\right\}$$
$$\approx \Phi\left(\frac{20}{\sqrt{60 \times 0.994}}\right) = \Phi(2.59) = 0.995\,2,$$
$$P\{120\,000 - 1\,000\,n_A \geqslant 60\,000\} = P\{n_A \leqslant 60\}$$
$$= P\left\{\frac{n_A - 60}{\sqrt{60 \times 0.994}} \leqslant \frac{60 - 60}{\sqrt{60 \times 0.994}}\right\}$$
$$\approx \Phi(0) = 0.5,$$
$$P\{120\,000 - 1\,000\,n_A \geqslant 80\,000\} = P\{n_A \leqslant 40\}$$
$$= P\left\{\frac{n_A - 60}{\sqrt{60 \times 0.994}} \leqslant \frac{40 - 60}{\sqrt{60 \times 0.994}}\right\}$$
$$\approx \Phi(-2.59) = 0.004\,8.$$

11. 设 $X_1, X_2, \cdots$ 为独立同分布随机变量序列，已知 $E(X_n^k) = a_k (k = 1,2,3,4;\ n = 1,2,\cdots)$，且 $a_4 - a_2^2 > 0$. 试问：当 n 充分大时，随机变量 $Y_n = \frac{1}{n}\sum_{k=1}^{n} X_k^2$ 近似服从什么分布？指出其分布参数.

解 由条件易知 $\{X_n^2 : n = 1,2,\cdots\}$ 是独立同分布的随机变量序列，且 $E(X_n^2) = a_2$，$D(X_n^2) = E(X_n^4) - (E(X_n^2))^2 = a_4 - a_2^2 > 0\ (n = 1,2,\cdots)$ 都存在. 由莱维 - 林德柏格中心极限定理知，当 n 充分大时，随机变量

$$\frac{\sum_{i=1}^{n} X_i^2 - n a_2}{\sqrt{n}\sqrt{a_4 - a_2^2}}$$

近似地服从 $N(0,1)$，从而 $\frac{1}{n}\sum_{i=1}^{n} X_i^2$ 近似地服从 $N\left(a_2, \frac{a_4 - a_2^2}{n}\right)$.

12. 一个职工每天乘公交车上班. 若每天上班的等车时间服从均值为 5 min 的

指数分布，求他在 300 个工作日中用于上班的等车时间之和大于 24 h 的概率.

解　以 $X_i(i=1,2,\cdots,300)$ 表示第 i 个工作日的等车时间(单位：分钟). 由已知，$E(X_i)=5$，$D(X_i)=5^2$，从而所求概率为

$$\begin{aligned} p &= P\left\{\sum_{i=1}^{300} X_i > 24\times 60\right\} \\ &= P\left\{\frac{\sum_{i=1}^{300} X_i - 300\times 5}{\sqrt{300}\times 5} > \frac{24\times 60 - 300\times 5}{\sqrt{300}\times 5}\right\} \\ &\approx 1-\Phi(-0.69) = \Phi(0.69) \approx 0.754\,9. \end{aligned}$$

13. 某计算机平均每天上网 5 h，标准差是 4 h，求一年内上网的时间小于 1 700 h 的概率.

解　以 $X_i(i=1,2,\cdots,356)$ 表示计算机在一年中第 i 天上网的时间(单位：小时). 由已知，$E(X_i)=5$，$D(X_i)=4^2$，故所求概率为

$$\begin{aligned} p &= P\left\{\sum_{i=1}^{365} X_i < 1700\right\} \\ &= P\left\{\frac{\sum_{i=1}^{365} X_i - 365\times 5}{\sqrt{365}\times 4} < \frac{1700 - 365\times 5}{\sqrt{365}\times 4}\right\} \\ &\approx 1-\Phi(1.64) \approx 1-0.949\,5 = 0.050\,5. \end{aligned}$$

14. 设随机变量 X_n 满足 $P\{X_n \geqslant 0\}=1\ (n\geqslant 1)$，且 $\lim\limits_{n\to\infty} E(X_n)=0$. 试证明：$X_n \xrightarrow{P} 0$.

证　因为 $P\{X_n\geqslant 0\}=1$，所以 $E(|X_n|)=E(X_n)$. 由马尔可夫不等式有

$$P\{|X_n|\geqslant \varepsilon\} \leqslant \frac{E(|X_n|)}{\varepsilon} = \frac{E(X_n)}{\varepsilon}.$$

再由 $\lim\limits_{n\to\infty} E(X_n)=0$ 得 $\lim\limits_{n\to\infty} P\{|X_n|\geqslant\varepsilon\}=0$，即 $X_n \xrightarrow{P} 0$.

15. 设 $\{X_n: n=1,2,\cdots\}$ 为独立随机变量序列，$X_n(n\geqslant 1)$ 服从参数为 λ 的泊松分布. 试证明：$\dfrac{1}{n}\sum\limits_{i=1}^{n} X_i^2 \xrightarrow{\text{a.s.}} \lambda^2+\lambda$.

证　由条件知，显然 $\{X_n^2: n=1,2,\cdots\}$ 是独立同分布的随机变量序列，

且 $E(X_n^2)=D(X_n)+(E(X_n))^2=\lambda^2+\lambda$ 存在. 由柯尔莫哥洛夫强大数定律知,

$$\frac{1}{n}\sum_{i=1}^{n}X_i^2 \xrightarrow{\text{a.s.}} \lambda^2+\lambda.$$

(二) 补充题解答

1. 设 $X_1,X_2,\cdots$ 为相互独立具有相同分布的随机变量序列, 并且 X_n 的分布律为

$$P\{X_n=2^{i-2\ln i}\}=2^{-i}, \quad i=1,2,\cdots.$$

试利用辛钦大数定律证明$\{X_n, n=1,2,\cdots\}$服从大数定律.

证 $\{X_n: n=1,2,\cdots\}$是独立同分布的随机变量序列, 且

$$E(X_n)=\sum_{i=1}^{\infty}2^{-i}\cdot 2^{i-2\ln i}=\sum_{i=1}^{n}\frac{1}{i^2}=\frac{\pi^2}{6}, \quad n=1,2,\cdots.$$

由辛钦大数定律知, $\frac{1}{n}\sum_{i=1}^{n}X_i \xrightarrow{P} \frac{\pi^2}{6}$, 即$\{X_n: n=1,2,\cdots\}$服从大数定律.

2. 设 $X_1,X_2,\cdots$ 为相互独立具有相同分布的随机变量序列, 并且 X_n 服从$[0,\pi]$上的均匀分布, 记 $Y_n=\sin X_n$, $n=1,2,\cdots$. 试利用柯尔莫哥洛夫强大数定律证明: 存在常数 C, 使得$\frac{1}{n}\sum_{k=1}^{n}Y_k \xrightarrow{\text{a. s.}} C$, 并求 C.

解 由条件知, $\{Y_n: n=1,2,\cdots\}$是独立同分布的随机变量序列, 且

$$E(Y_n)=\int_0^{\pi}\sin x\cdot\frac{1}{\pi}\mathrm{d}x=\frac{2}{\pi}, \quad n=1,2,\cdots.$$

由柯尔莫哥洛夫强大数定律知

$$\frac{1}{n}\sum_{i=1}^{n}Y_i \xrightarrow{\text{a.s.}} \frac{2}{\pi}.$$

故结论成立, 且 $C=\frac{2}{\pi}$.

3. 设 $X_1,X_2,\cdots$ 为相互独立具有相同分布的随机变量序列, 每个 X_n 均服从$[1,2]$上的均匀分布. 令 $Y_n=\left(\prod_{k=1}^{n}X_k\right)^{\frac{1}{n}}$, $n=1,2,\cdots$. 试证明: $Y_n \xrightarrow{\text{a. s.}} C$, 这里 C 是常数, 并求 C.

证 令 $Z_n=\ln Y_n=\frac{1}{n}\sum_{i=1}^{n}\ln X_i\,(n=1,2,\cdots)$. 由条件知, $\{\ln X_n: n=1,2,\cdots\}$独立同分布, 且

$$E(\ln X_n)=\int_1^2 \ln x\,\mathrm{d}x=2\ln 2-1,\quad n=1,2,\cdots.$$

由柯尔莫哥洛夫强大数定律知,

$$Z_n=\frac{1}{n}\sum_{i=1}^{n}\ln X_i \xrightarrow{\text{a.s.}} 2\ln 2-1.$$

故
$$Y_n=\mathrm{e}^{Z_n}\xrightarrow{\text{a.s.}}\mathrm{e}^{2\ln 2-1}=\frac{4}{\mathrm{e}}\quad\left(C=\frac{4}{\mathrm{e}}\right).$$

4. 设 $\{X_n,\ n\geqslant 1\}$ 是独立随机变量序列,$X_n\sim U(0,\theta)$. 试证明:$\max\{X_1,X_2,\cdots,X_n\}\xrightarrow{P}\theta$.

证 记 $Y_n=\max\{X_1,X_2,\cdots,X_n\}$,则 Y_n 的分布函数为

$$\begin{aligned}F_n(x)&=P\{Y_n\leqslant x\}=P\{X_1\leqslant x,\ X_2\leqslant x,\ \cdots,\ X_n\leqslant x\}\\&=(P\{X_1\leqslant x\})^n.\end{aligned}$$

由于 $X_1\sim U[0,\theta]$,可知

$$P\{X_1\leqslant x\}=\begin{cases}0, & x<0;\\ \dfrac{\lambda}{\theta}, & 0\leqslant x\leqslant\theta;\\ 1, & x>\theta.\end{cases}$$

从而

$$F_n(x)=\begin{cases}0, & x<0;\\ \left(\dfrac{x}{\theta}\right)^n, & 0\leqslant x\leqslant\theta;\\ 1, & x>\theta,\end{cases}$$

Y_n 的概率密度函数为

$$f_n(x)=\begin{cases}\dfrac{nx^{n-1}}{\theta^n}, & 0\leqslant x\leqslant\theta;\\ 0, & \text{其他}.\end{cases}$$

由马尔可夫不等式得

$$P\{|Y_n-\theta|\geqslant\varepsilon\}\leqslant\frac{E(|Y_n-\theta|)}{\varepsilon}.$$

因

$$\begin{aligned}E(|Y_n-\theta|)&=\int_0^\theta|x-\theta|\cdot\frac{nx^{n-1}}{\theta^n}\mathrm{d}x=\int_0^\theta(\theta-x)\frac{nx^{n-1}}{\theta^n}\mathrm{d}x\\&=\frac{1}{n+1}\theta\longrightarrow 0\quad(n\to\infty),\end{aligned}$$

故
$$\lim_{n\to\infty}P\{|Y_n-\theta|\geqslant\varepsilon\}=0,\text{ 即 }Y_n\xrightarrow{P}\theta.$$

5. 设 X_n 服从参数为 $n\lambda>0$ 的泊松分布，证明：$\dfrac{X_n-n\lambda}{\sqrt{n\lambda}}$ 的分布函数收敛到标准正态分布 $N(0,1)$ 的分布函数 $\Phi(x)$.

证 由于分布函数的收敛性只与分布有关，而与随机变量是从何模型得到无关，于是不妨设$\{Y_n: n=1,2,\cdots\}$是独立且每个都服从参数为 λ 的泊松分布的随机变量序列. 由泊松分布的再生性，$\sum\limits_{i=1}^{n}Y_i$ 服从参数为 $n\lambda$ 的泊松分布. 不妨设 $X_n=\sum\limits_{i=1}^{n}Y_i$(此时，$X_n$ 服从参数为 $n\lambda$ 的泊松分布). 由莱维-林德伯格中心极限定律得

$$\begin{aligned}\lim_{n\to\infty}P\left\{\frac{\sum\limits_{i=1}^{n}Y_i-n\lambda}{\sqrt{n}\cdot\sqrt{\lambda}}\leqslant x\right\}&=\lim_{n\to\infty}P\left\{\frac{X_n-n\lambda}{\sqrt{n\lambda}}\leqslant x\right\}\\&=\int_{-\infty}^{x}\frac{1}{\sqrt{2\pi}}\mathrm{e}^{-\frac{t^2}{2}}\,\mathrm{d}t,\end{aligned}$$

故结论成立.

6. 设 $X_n\xrightarrow{P}X$，$g(x)$ 是连续函数，试证明：$g(X_n)\xrightarrow{P}g(X)$.

证 即需证：对任意正数 ε，有

$$\lim_{n\to\infty}P\{|g(X_n)-g(X)|\geqslant\varepsilon\}=0.$$

下面利用极限定义证明. 首先，因

$$\begin{aligned}\lim_{M\to\infty}P\{|X|>M\}&=\lim_{M\to\infty}(P\{X>M\}+P\{X<-M\})\\&\leqslant\lim_{M\to\infty}(1-F_X(M)+F_X(-M))\\&=0,\end{aligned}$$

即 $\lim\limits_{M\to\infty}P\{|X|>M\}=0$，于是对任意正数 $\delta>0$，取充分大正数 M，使

$$P\{|X|>M\}<\frac{\delta}{3}.$$

又因 $X_n\xrightarrow{P}X$，所以 $\lim\limits_{n\to\infty}P\{|X_n-X|\geqslant1\}=0$，存在正整数 N_1，使得当 $n>N_1$ 时有

$$P\{|X_n-X|\geqslant1\}<\frac{\delta}{3}.$$

因

$$P\{|g(X_n)-g(X)|\geqslant\varepsilon\}$$

$$=P\{|g(X_n)-g(X)|\geqslant\varepsilon,\ |X|>M\}$$
$$+P\{|g(X_n)-g(X)|\geqslant\varepsilon,\ |X|\leqslant M\}$$
$$\leqslant P\{|X|>M\}+P\{|g(X_n)-g(X)|\geqslant\varepsilon,\ |X|\leqslant M\}$$
$$<\frac{\delta}{3}+P\{|g(X_n)-g(X)|\geqslant\varepsilon,\ |X|\leqslant M\},$$

又因 $g(x)$ 在 $(-\infty,+\infty)$ 上连续，所以在闭区间 $[-(M+1),M+1]$ 上 $g(x)$ 一致连续. 从而对任意正数 ε，存在正数 η，使得当 $x_1,x_2\in[-(M+1),M+1]$ 且 $|x_1-x_1|<\eta$ 时有

$$|g(x_1)-g(x_2)|<\varepsilon.$$

由于 $X_n\xrightarrow{P}X$，则对正数 η，必存在正整数 N_2，使得当 $n>N_2$ 时有

$$P\{|X_n-X|\geqslant\eta\}<\frac{\delta}{3}.$$

取 $N=\max\{N_1,N_2\}$，则当 $n>N$ 时，

$$P\{|g(X_n)-g(X)|\geqslant\varepsilon\}$$
$$<\frac{\delta}{3}+P\{|g(X_n)-g(X)|\geqslant\varepsilon,\ |X_n-X|<1,\ |X|\leqslant M\}+\frac{\delta}{3}.$$

这是因为

$$P\{|g(X_n)-g(X)|\geqslant\varepsilon,\ |X|\leqslant M\}$$
$$=P\{|g(X_n)-g(x)|\geqslant\varepsilon,\ |X|\leqslant M,\ |X_n-X|<1\}$$
$$+P\{|g(X_n)-g(X)|\geqslant\varepsilon,\ |X|\leqslant M,\ |X_n-X|\geqslant 1\}$$
$$\leqslant P\{|X_n-X|\geqslant 1\}+P\{|g(X_n)-g(X)|\geqslant\varepsilon,\ |X|\leqslant M,\ |X_n-X|<1\}$$
$$<\frac{\delta}{3}+P\{|g(X_n)-g(X)|\geqslant\varepsilon,\ |X|\leqslant M,\ |X_n-X|<1\}.$$

再分析后一部分得

$$P\{|g(X_n)-g(X)|\geqslant\varepsilon,\ |X|\leqslant M,\ |X_n-X|<1\}$$
$$=P\{|g(X_n)-g(X)|\geqslant\varepsilon,\ |X|\leqslant M,\ |X_n-X|<1,\ |X_n-X|\geqslant\eta\}$$
$$+P\{|g(X_n)-g(X)|\geqslant\varepsilon,\ |X|\leqslant M,\ |X_n-X|<1,\ |X_n-X|<\eta\}$$
$$<P\{|X_n-X|\geqslant\eta\}+P\{|g(X_n)-g(X)|\geqslant\varepsilon,\ |X|\leqslant M,$$
$$|X_n-X|<1,\ |X_n-X|<\eta\}.$$

若事件 $\{|X|\leqslant M,\ |X_n-X|<1,\ |X_n-X|<\eta\}$ 发生，则由于 $X\in[-(M+1),M+1]$，且 $|X_n|<|X|+|X_n-X|<1+M$，即 $X_n\in[-(M+1),M+1]$ 且 $|X_n-X|<\eta$，则必有

$$|g(X_n)-g(X)|<\varepsilon,$$

即

$\{|X|\leqslant M,\ |X_n-X|<1,\ |X_n-X|<\eta\}\subset\{|g(X_n)-g(X)|<\varepsilon\}.$

从而

$\{|g(X_n)-g(X)|\geqslant\varepsilon,\ |X|\leqslant M,\ |X_n-X|<1,\ |X_n-X|<\eta\}=\varnothing.$

故当 $n>N$ 时,

$$P\{|g(X_n)-g(X)|\geqslant\varepsilon\}$$
$$<\frac{\delta}{3}+\frac{\delta}{3}+P\{|X_n-X|\geqslant\eta\}<\frac{\delta}{3}+\frac{\delta}{3}+\frac{\delta}{3}=\delta.$$

故

$$\lim_{n\to\infty}P\{|g(X_n)-g(X)|\geqslant\varepsilon\}=0,$$

即 $g(X_n)\xrightarrow{P}g(X)$.

三、测试题及测试题解答

(一) 测试题

1. 某工厂有 400 台同类机器,各台机器发生故障的概率都是 0.02,假设各台机器工作是相互独立的,试求机器出故障的台数不小于 2 的概率.

2. 独立重复地掷均匀硬币,试问需投掷硬币多少次,才能使出现正面朝上的频率在 0.4 到 0.6 之间的概率不小于 0.9?

3. 设各零件的重量是随机变量,且相互独立服从同一分布,其数学期望为 0.5 kg,均方差为 0.1 kg. 问 5 000 只零件的总重量超过 2 510 kg 的概率是多少?

(二) 测试题解答

1.解 设机器出故障的台数为 X,则 $X\sim B(400,0.02)$,所求概率为

$$P\{X\geqslant 2\}$$
$$=P\left\{\frac{2-400\times0.02}{\sqrt{400\times0.02\times0.98}}<\frac{X-400\times0.02}{\sqrt{400\times0.02\times0.98}}\leqslant\frac{400-0.02\times400}{\sqrt{400\times0.02\times0.98}}\right\}$$
$$\approx1-\Phi\left(\frac{2-8}{2.8}\right)=\Phi(2.142\,9)\approx0.983\,8.$$

2.解　设 n 为掷硬币的次数，n_A 表示出现正面朝上的次数，$n_A \sim B(n, 0.5)$，由题设知应有

$$P\left\{0.4 \leqslant \frac{n_A}{n} \leqslant 0.6\right\} \geqslant 0.9.$$

由棣莫佛 - 拉普拉斯中心极限定理，有

$$\begin{aligned}
&P\left\{0.4 \leqslant \frac{n_A}{n} \leqslant 0.6\right\} \\
&\quad = P\{0.4n \leqslant n_A \leqslant 0.6n\} \\
&\quad = P\left\{\frac{0.4n - 0.5n}{0.5\sqrt{n}} \leqslant \frac{n_A - 0.5n}{0.5\sqrt{n}} \leqslant \frac{0.6n - 0.5n}{0.5\sqrt{n}}\right\} \\
&\quad \approx \Phi(0.25n) - \Phi(-0.25n) \\
&\quad = 2\Phi(0.25n) - 1,
\end{aligned}$$

于是应有 $2\Phi(0.25n) - 1 \geqslant 0.9$，即 $\Phi(0.25n) \geqslant 0.95$. 查表得 $0.25\sqrt{n} \geqslant 1.645$，$n \geqslant 67.65$，故取 $n = 68$.

3.解　设 X_i 表示第 i 个零件的重量，$i = 1, 2, \cdots, 5\,000$，由题意知 $X_1, X_2, \cdots, X_{5\,000}$ 独立且同分布，$E(X_i) = 0.5$，$D(X_i) = 0.1^2$，由中心极限定理，所求概率为

$$\begin{aligned}
&P\left\{\sum_{i=1}^{5\,000} X_i > 2\,510\right\} \\
&\quad = P\left\{\frac{\sum\limits_{i=1}^{n} X_i - 5\,000 \times 0.5}{\sqrt{5\,000 \times 0.1^2}} > \frac{2\,510 - 5\,000 \times 0.5}{\sqrt{5\,000 \times 0.1^2}}\right\} \\
&\quad \approx 1 - \Phi(\sqrt{2}) \approx 1 - \Phi(1.41) = 0.079\,3.
\end{aligned}$$

第六章　数理统计的基本概念

一、大纲要求及疑难点解析

(一) 大纲要求

1. 理解总体、简单随机样本、统计量、样本均值、样本方差及样本矩的概念.

2. 了解 χ^2 分布、t 分布和 F 分布的定义及性质，了解分位数的概念并会查表计算.

3. 了解正态总体的某些常用抽样分布.

(二) 内容提要

总体，个体，简单随机样本，统计量，经验分布函数，样本均值，样本方差和样本矩，χ^2 分布，t 分布，F 分布，分位数，正态总体，常用抽样分布.

(三) 疑难点解析

1. 采用抽样的方法推断总体，对样本应当有怎样的要求?

答　利用样本值推断总体，是一个通过局部认识整体的问题，这自然要求样本要有代表性，即要求每个个体被抽取的机会均等，并且抽取一个个体后总体不变. 要做到这一点，首先要求抽样具有“随机性”，使样品 X_i 与总体 X 同分布；其次，应具有“独立性”，即保持各样品 X_i 的抽取互不影响，且各 $X_i(1 \leqslant i \leqslant n)$ 与总体 X 取值的概率完全相同. 此即要求 $X_1, X_2, \cdots, X_n$ 是一简单随机样本.

2. 为什么要求统计量中不含未知参数?

答　统计量的使用目的在于对所研究的问题进行统计推断和分析. 如用

统计量对未知参数进行估计时，若统计量自身都含有未知参数，就无法依据所得样本值求得未知参数的估计值；再如，在假设检验中，若检验统计量中含有未知参数，那么就无法由样本值求得相应的检验统计量的值，从而也就无法与相应的临界值进行比较，这样便使得通过统计量表示的拒绝域失去意义.

3. 什么是自由度？ 如何确定自由度？

答 所谓自由度，通常是指不受任何约束、可以自由变动的变量的个数，在数理统计中，自由度是对随机变量的二次型（二次统计量）而言的. 由线性代数知识可知，一个含有 n 个变量的二次型 $f(X_1,X_2,\cdots,X_n)=\boldsymbol{X}^{\mathrm{T}}\boldsymbol{A}\boldsymbol{X}$ 的秩等于矩阵 $\boldsymbol{A}$ 的秩，其中 $\boldsymbol{A}$ 为 n 阶对称矩阵（$\boldsymbol{X}$ 为 n 维列向量），而秩的大小反映了 n 个变量中可自由变动、无约束的变量个数的多少，此处的自由度便是指二次型的秩. 因此，欲确定一个二次统计量的自由度，只要确定相应矩阵 A 的秩便是.

4. 如何理解大样本问题与小样本问题？

答 众多的统计推断与统计量或样本函数的分布相关联. 而要得到有关精确分布或近似分布，又与样本容量紧密相连. 若对于固定的样本容量，可得到相关统计量或样本函数的精确分布，那么与此相应的统计推断问题，通常属于小样本问题；若统计量或样本函数的精确分布不易求出或其表达方式过于复杂而难以应用时，如能求出在样本容量趋于无穷时的极限分布，那么利用此极限分布作为其近似分布进行统计推断，便属于大样本问题. 但大样本与小样本绝不可以以样本容量大和小来区分，因为样本容量的大小受多种因素的影响. 有时虽属小样本问题，但要求样本的容量可能比较大；反之，对某些大样本问题，有可能要求其样本容量却不大.

二、习题解答

1. 从正态总体 $N(3.4,6^2)$ 中抽取容量为 n 的样本，如果要求其样本均值位于区间(1.4,5.4)内的概率不小于 0.95，问样本容量 n 至少应取多大？

解 设样本均值为 $\overline{X}$，则由题意，有 $\overline{X}\sim N\left(3.4,\dfrac{6^2}{n}\right)$，或 $\dfrac{\overline{X}-3.4}{6/\sqrt{n}}\sim N(0,1)$，于是由

$$0.95 \leqslant P\{1.4 < \overline{X} < 5.4\} = P\left\{\frac{1.4-3.4}{6/\sqrt{n}} < \frac{\overline{X}-3.4}{6/\sqrt{n}} < \frac{5.4-3.4}{6/\sqrt{n}}\right\}$$

$$= 2\Phi\left(\frac{\sqrt{n}}{3}\right) - 1,$$

得 $\Phi\left(\frac{\sqrt{n}}{3}\right) \geqslant 0.975$，因此$\frac{\sqrt{n}}{3} \geqslant 1.96$，即 $n \geqslant 34.5744$. 故样本容量至少应取 35.

2. 在天平上重复称量一个重为 a 的物品，假设各次称量结果相互独立且均服从正态分布 $N(a,0.2^2)$. 若以 $\overline{X}_n$ 表示 n 次称量结果的算术平均值，则为使 $P\{|\overline{X}_n - a| < 0.1\} \geqslant 0.95$，$n$ 至少应等于多少？

解 由题意可知$\frac{\overline{X}_n - a}{0.2/\sqrt{n}} \sim N(0,1)$. 又

$$0.95 \leqslant P\{|\overline{X}_n - a| < 0.1\} = P\left\{\left|\frac{\overline{X}_n - a}{0.2/\sqrt{n}}\right| < \frac{0.1}{0.2/\sqrt{n}}\right\}$$

$$= 2\Phi\left(\frac{\sqrt{n}}{2}\right) - 1,$$

故有 $\Phi\left(\frac{\sqrt{n}}{2}\right) \geqslant 0.975$，因此$\frac{\sqrt{n}}{2} \geqslant 1.96$，即 $n \geqslant 15.3664$. 所以 n 至少应等于 16.

3. 设 X_1, X_2, X_3, X_4 是来自正态总体 $N(0,2^2)$ 的简单随机子样，

$$X = a(X_1 - 2X_2)^2 + b(3X_3 - 4X_4)^2,$$

则当 a,b 各取什么值时统计量 X 服从自由度为 2 的 χ^2 分布.

解 由正态分布的性质及样本的独立性知，$X_1 - 2X_2$ 和 $3X_3 - 4X_4$ 相互独立，均服从正态分布. 由于

$$E(X_1 - 2X_2) = 0,$$

$$D(X_1 - 2X_2) = D(X_1) + 4D(X_2) = 20,$$

以及

$$E(3X_3 - 4X_4) = 0,$$

$$D(3X_3 - 4X_4) = 9D(X_3) + 16D(X_4) = 100,$$

所以，有

$$X_1 - 2X_2 \sim N(0,20) \Rightarrow \frac{X_1 - 2X_2}{\sqrt{20}} \sim N(0,1),$$

$$3X_3-4X_4\sim N(0,100)\Rightarrow\frac{3X_3-4X_4}{10}\sim N(0,1).$$

于是由 χ^2 分布的定义知，当 $a=\frac{1}{20}$，$b=\frac{1}{100}$ 时，有

$$\begin{aligned}X&=a(X_1-2X_2)^2+b(3X_3-4X_4)^2\\&=\left(\frac{X_1-2X_2}{\sqrt{20}}\right)^2+\left(\frac{3X_3-4X_4}{10}\right)^2\sim\chi^2(2).\end{aligned}$$

4. 设随机变量 X 和 Y 相互独立且都服从正态分布 $N(0,3^2)$，而 $X_1,X_2,\cdots,X_9$ 和 $Y_1,Y_2,\cdots,Y_9$ 分别是来自总体 X 和 Y 的样本，试确定统计量 $U=\frac{X_1+X_2+\cdots+X_9}{\sqrt{Y_1^2+Y_2^2+\cdots+Y_9^2}}$ 的分布.

解　由正态分布的性质及样本的独立性知，

$$X_1+X_2+\cdots+X_9\sim N(0,9^2)\Rightarrow\frac{1}{9}(X_1+X_2+\cdots+X_9)\sim N(0,1).$$

又 $\frac{Y_i}{3}\sim N(0,1)$，$i=1,2,\cdots,9$，所以

$$\left(\frac{Y_1}{3}\right)^2+\left(\frac{Y_2}{3}\right)^2+\cdots+\left(\frac{Y_9}{3}\right)^2=\frac{1}{9}(Y_1^2+Y_2^2+\cdots+Y_9^2)\sim\chi^2(9).$$

由于两个总体 X 和 Y 是相互独立的，所以其相应的样本也是相互独立的，故 $\frac{1}{9}(X_1+X_2+\cdots+X_9)$ 与 $\frac{1}{9}(Y_1^2+Y_2^2+\cdots+Y_9^2)$ 也相互独立，于是由 t 分布的定义知，

$$U=\frac{X_1+X_2+\cdots+X_9}{\sqrt{Y_1^2+Y_2^2+\cdots+Y_9^2}}=\frac{\frac{1}{9}(X_1+X_2+\cdots+X_9)}{\sqrt{\frac{1}{9}(Y_1^2+Y_2^2+\cdots+Y_9^2)/9}}\sim t(9).$$

5. 设总体 X 服从正态分布 $N(\mu,\sigma^2)$ $(\sigma>0)$，从该总体中抽取简单随机样本 $X_1,X_2,\cdots,X_{2n}$ $(n\geqslant 2)$，其样本均值为 $\overline{X}=\frac{1}{2n}\sum_{i=1}^{2n}X_i$，求统计量 $Y=\sum_{i=1}^{n}(X_i+X_{n+i}-2\overline{X})^2$ 的数学期望 $E(Y)$.

解 1　考虑 $X_1+X_{n+1},X_2+X_{n+2},\cdots,X_n+X_{2n}$，将其视为取自正态总体 $N(2\mu,2\sigma^2)$ 的简单随机样本，则其样本均值为

$$\frac{1}{n}\sum_{i=1}^{n}(X_i+X_{n+i})=\frac{1}{n}\sum_{i=1}^{2n}X_i=2\overline{X},$$

样本方差为$\frac{1}{n-1}Y$. 由于$E\left(\frac{1}{n-1}Y\right)=2\sigma^2$，所以

$$E(Y)=(n-1)(2\sigma^2)=2(n-1)\sigma^2.$$

解 2 记$\overline{X}'=\frac{1}{n}\sum_{i=1}^{n}X_i$，$\overline{X}''=\frac{1}{n}\sum_{i=1}^{n}X_{n+i}$，显然有$2\overline{X}=\overline{X}'+\overline{X}''$，因此

$$\begin{aligned}E(Y)&=E\Big(\sum_{i=1}^{n}(X_i+X_{n+i}-2\overline{X})^2\Big)\\&=E\Big(\sum_{i=1}^{n}[(X_i-\overline{X}')+(X_{n+i}-\overline{X}'')]^2\Big)\\&=E\Big(\sum_{i=1}^{n}[(X_i-\overline{X}')^2+2(X_i-\overline{X}')(X_{n+i}-\overline{X}'')+(X_{n+i}-\overline{X}'')^2]\Big)\\&=(n-1)\sigma^2+0+(n-1)\sigma^2=2(n-1)\sigma^2.\end{aligned}$$

6. 设$X_1,X_2,\cdots,X_9$是取自正态总体X的简单随机样本，

$$Y_1=\frac{1}{6}(X_1+X_2+\cdots+X_6),\quad Y_2=\frac{1}{3}(X_7+X_8+X_9),$$

$$S^2=\frac{1}{2}\sum_{i=7}^{9}(X_i-Y_2)^2,\quad Z=\frac{\sqrt{2}(Y_1-Y_2)}{S}.$$

证明：统计量Z服从自由度为2的t分布.

解 记$D(X)=\sigma^2$(未知)，易见$E(Y_1)=E(Y_2)$，$D(Y_1)=\frac{\sigma^2}{6}$，$D(Y_2)=\frac{\sigma^2}{3}$. 由于$Y_1,Y_2$相互独立，故有

$$E(Y_1-Y_2)=0,\quad D(Y_1-Y_2)=\frac{\sigma^2}{6}+\frac{\sigma^2}{3}=\frac{\sigma^2}{2}.$$

从而$U=\frac{Y_1-Y_2}{\sigma/\sqrt{2}}\sim N(0,1)$. 又$\chi^2=\frac{2S^2}{\sigma^2}\sim\chi^2(2)$，$Y_1$与$Y_2$相互独立，$Y_1$与$S^2$相互独立，由定理6.3.2知，$Y_2$与$S^2$相互独立，所以$Y_1-Y_2$与$S^2$相互独立. 于是由$t$分布的定义，知

$$Z=\frac{\sqrt{2}(Y_1-Y_2)}{S}=\frac{U}{\sqrt{\chi^2/2}}\sim t(2).$$

7. 在设计导弹发射装置时，重要事情之一是研究弹着点偏离目标中心的距离的方差. 对于一类导弹发射装置，弹着点偏离目标中心的距离(单位：

m）服从正态分布 $N(\mu,\sigma^2)$，这里 $\sigma^2=100$，现在进行 25 次发射试验，用 S^2 记这 25 次试验中弹着点偏离目标中心的距离的样本方差. 试求 S^2 超过 50 的概率.

解　由 $\dfrac{(n-1)S^2}{\sigma^2}\sim\chi^2(n-1)$，其中由题意知，$n=25$，$\sigma^2=100$，于是

$$P\{S^2>50\}=P\left\{\frac{(n-1)S^2}{\sigma^2}>\frac{50(n-1)}{\sigma^2}\right\}=P\{\chi^2(25-1)>12\}$$
$$=P\{\chi^2(24)>12\}\geqslant 0.975.$$

上式中的不等式是查表得到的，所以所求的概率至少为 0.975.

8. 设 $X_1,X_2,\cdots,X_n$ 是取自参数为 λ 的指数分布的样本，试求样本均值 $\overline{X}$ 的分布.

解　本题要用到这样一个结论：Γ 分布 $\Gamma(\alpha,\beta)$ 关于第一个参数具有可加性，即若 $U\sim\Gamma(\alpha_1,\beta)$，$V\sim\Gamma(\alpha_2,\beta)$，且 U 与 V 相互独立，则 $U+V\sim\Gamma(\alpha_1+\alpha_2,\beta)$，其中 $\Gamma(\alpha,\beta)$ 的概率密度为

$$f(x)=\begin{cases}\dfrac{1}{\beta^\alpha\Gamma(\alpha)}x^{\alpha-1}\mathrm{e}^{-x/\beta}, & x>0;\\ 0, & \text{其他}.\end{cases}$$

读者可利用卷积公式自己证明之.

回到本题，当 $\alpha=1$，$\beta=\dfrac{1}{\lambda}$ 时，Γ 分布就是参数为 λ 的指数分布，所以由样本的独立性及 Γ 分布的可加性，有

$$X_1+X_2+\cdots+X_n\sim\Gamma\left(n,\frac{1}{\lambda}\right),$$

即 $\sum\limits_{i=1}^{n}X_i$ 的概率密度为

$$g(x)=\begin{cases}\dfrac{\lambda^n}{(n-1)!}x^{n-1}\mathrm{e}^{-\lambda x}, & x>0;\\ 0, & \text{其他}.\end{cases}$$

因此 $\overline{X}=\dfrac{1}{n}\sum\limits_{i=1}^{n}X_i$ 的概率密度为

$$h(y)=ng(ny)=\begin{cases}\dfrac{(n\lambda)^n}{(n-1)!}y^{n-1}\mathrm{e}^{-\lambda ny}, & y>0;\\ 0, & y\leqslant 0.\end{cases}$$

9. 设 X_1,X_2 为取自正态总体 $N(\mu,\sigma^2)$ 的样本.

(1) 证明：X_1+X_2 与 X_1-X_2 相互独立.

(2) 假定 $\mu=0$，求 $\dfrac{(X_1+X_2)^2}{(X_1-X_2)^2}$ 的分布，并求 $P\left\{\dfrac{(X_1+X_2)^2}{(X_1-X_2)^2}<4\right\}$.

解 (1) 根据正态分布的性质，X_1+X_2 与 X_1-X_2 服从二维正态分布，所以要证明它们相互独立，只需证它们不相关. 由于

$$E\big((X_1+X_2)(X_1-X_2)\big)=E(X_1^2)-E(X_2^2)=0,$$

$$E(X_1+X_2)E(X_1-X_2)=0,$$

所以 $\mathrm{Cov}(X_1+X_2,X_1-X_2)=0$，即 X_1+X_2 与 X_1-X_2 相互独立.

(2) 由于 $\mu=0$，所以

$$X_1+X_2\sim N(0,2\sigma^2)\Rightarrow\frac{X_1+X_2}{\sqrt{2}\sigma}\sim N(0,1)$$

$$\Rightarrow\frac{1}{2}\left(\frac{X_1+X_2}{\sigma}\right)^2\sim\chi^2(1),$$

$$X_1-X_2\sim N(0,2\sigma^2)\Rightarrow\frac{X_1-X_2}{\sqrt{2}\sigma}\sim N(0,1)$$

$$\Rightarrow\frac{1}{2}\left(\frac{X_1-X_2}{\sigma}\right)^2\sim\chi^2(1).$$

由上面证明的独立性，再由 F 分布的定义知

$$\frac{(X_1+X_2)^2}{(X_1-X_2)^2}=\frac{\left(\dfrac{X_1+X_2}{\sqrt{2}\sigma}\right)^2\Big/1}{\left(\dfrac{X_1-X_2}{\sqrt{2}\sigma}\right)\Big/1}\sim F(1,1),$$

设 $Y=\dfrac{(X_1+X_2)^2}{(X_1-X_2)^2}$ 的概率密度函数为 $f_Y(y)$，将 $n_1=n_2=1$ 代入 $F(n_1,n_2)$ 分布的概率密度函数 $\psi(y)$（见教材第 164 页(6.2.17)式）中，可得

$$f_Y(y)=\begin{cases}\dfrac{1}{\pi(1+y)y^{1/2}}, & y>0;\\ 0, & y\leqslant 0.\end{cases}$$

所以

$$P\left\{\frac{(X_1+X_2)^2}{(X_1-X_2)^2}<4\right\}=\int_0^4 f_Y(y)\mathrm{d}y=2\int_0^4\frac{1}{\pi(1+y)}\mathrm{d}\sqrt{y}$$

$$=\frac{2}{\pi}\arctan 2=0.70.$$

10. 设 $X_1,X_2,\cdots,X_n$ 是来自正态总体 $N(0,1)$ 的简单随机样本，试确定随

机变量 $Y=\left(\frac{n}{3}-1\right)\sum\limits_{i=1}^{3}X_i^2\Big/\sum\limits_{i=4}^{n}X_i^2$ 的分布.

解　由 χ^2 分布的定义知 $\sum\limits_{i=1}^{3}X_i^2\sim\chi^2(3)$，$\sum\limits_{i=4}^{n}X_i^2\sim\chi^2(n-3)$，且 $\sum\limits_{i=1}^{3}X_i^2$ 与 $\sum\limits_{i=4}^{n}X_i^2$ 相互独立，所以

$$\sum_{i=1}^{3}\frac{X_i^2}{3}\Big/\sum_{i=4}^{n}\frac{X_i^2}{n-3}=\left(\frac{n}{3}-1\right)\sum_{i=1}^{3}X_i^2\Big/\sum_{i=4}^{n}X_i^2\sim F(3,n-3).$$

三、测试题及测试题解答

(一) 测试题

1. 设(X_1,X_2)是取自总体 X 的一个样本，试证：$X_1-\overline{X}$ 和 $X_2-\overline{X}$ 的相关系数 ρ 等于 -1，其中 $\overline{X}=\frac{1}{2}(X_1+X_2)$ 为样本均值.

2. 设$(X_1,X_2,\cdots,X_n)$是来自正态总体 $X\sim N(0,1)$ 的样本，求统计量

$$Y=\frac{1}{m}\left(\sum_{i=1}^{m}X_i\right)^2+\frac{1}{n-m}\left(\sum_{i=m+1}^{n}X_i\right)^2$$

的分布.

3. 设$(X_1,X_2,\cdots,X_{2n})$是来自正态总体 $X\sim N(0,\sigma^2)$ 的样本，求统计量

$$Y=\frac{X_1+X_3+\cdots+X_{2n-1}}{\sqrt{X_2^2+X_4^2+\cdots+X_{2n}^2}}$$

的分布.

4. (1)　求 F 分布的分位数 $F_{0.95}(8,12)$.

(2)　求 F 分布密度曲线在分位数 $F_p(9,24)=0.209\,7$ 左边的面积.

5. 设$(X_1,X_2,\cdots,X_5)$是取自正态总体 $N(0,\sigma^2)$ 的一个样本，试问当 k 为何值时，$\dfrac{k(X_1+X_2)^2}{X_3^2+X_4^2+X_5^2}$ 服从 F 分布.

6. 设 X,Y 为两个正态总体，又 $X\sim N(\mu_1,\sigma_1^2)$，$(X_1,\cdots,X_n)$ 为取自 X 的样本，$\overline{X},S_1^2$ 分别为其样本均值和样本方差，$Y\sim N(\mu_2,\sigma_2^2)$，$(Y_1,\cdots,Y_n)$ 为取自 Y 的样本，$\overline{Y},S_2^2$ 分别为其样本均值和样本方差，且两样本独立，求统计量

$$U=\frac{(\overline{X}-\overline{Y})-(\mu_1-\mu_2)}{\sqrt{S_1^2+S_2^2-2S_{12}}}\sqrt{n}$$

所服从的分布，其中 $S_{12}=\frac{1}{n}\sum\limits_{i=1}^{n}(X_i-\overline{X})(Y_i-\overline{Y})$.

7. 从两个正态总体中分别抽取容量为 25 和 20 的两独立样本，算得样本方差依次为 $s_1^2=62.7$，$s_2^2=25.6$. 若两总体方差相等，求随机抽取的样本的样本方差比 $\frac{S_1^2}{S_2^2}$ 大于 $\frac{62.7}{25.6}$ 的概率是多少.

8. 设总体 $X\sim N(12,2^2)$，抽取容量为 5 的样本 $X_1,X_2,\cdots,X_5$，试求：

(1) 样本的最小次序统计量小于 10 的概率；

(2) 最大次序统计量大于 15 的概率.

(二) 测试题解答

1.解 $X_1-\overline{X}=\frac{1}{2}(X_1-X_2)=-(X_2-\overline{X})$，即 $X_1-\overline{X}$ 和 $X_2-\overline{X}$ 存在着线性关系，并且斜率为负，因此由相关系数的性质知 $\rho=-1$.

2.解 因为 $X\sim N(0,1)$，所以有

$$\sum_{i=1}^{m}X_i\sim N(0,m),\quad \frac{\sum\limits_{i=1}^{m}X_i}{\sqrt{m}}\sim N(0,1),$$

$$\sum_{i=m+1}^{n}X_i\sim N(0,n-m),\quad \frac{\sum\limits_{i=m+1}^{n}X_i}{\sqrt{n-m}}\sim N(0,1).$$

又 $\sum\limits_{i=1}^{m}X_i$ 与 $\sum\limits_{i=m+1}^{n}X_i$ 独立，故由 χ^2 分布的定义，有

$$Y=\left(\frac{\sum\limits_{i=1}^{m}X_i}{\sqrt{m}}\right)^2+\left(\frac{\sum\limits_{i=m+1}^{n}X_i}{\sqrt{n-m}}\right)\sim\chi^2(2).$$

3.解 因为 $X_1+X_3+\cdots+X_{2n-1}\sim N(0,n\sigma^2)$，故

$$\frac{X_1+X_3+\cdots+X_{2n-1}}{\sqrt{n}\sigma}\sim N(0,1).$$

又 $\dfrac{X_i}{\sigma}\sim N(0,1)$，$i=1,2,\cdots,2n$，由样本的独立性及 χ^2 分布的定义，有

$$\left(\frac{X_2}{\sigma}\right)^2+\left(\frac{X_4}{\sigma}\right)^2+\cdots+\left(\frac{X_{2n}}{\sigma}\right)^2\sim\chi^2(n).$$

再由样本的独立性以及 t 分布的定义，有

$$Y=\frac{\dfrac{X_1+X_3+\cdots+X_{2n-1}}{\sqrt{n}\sigma}}{\sqrt{\dfrac{X_2^2+X_4^2+\cdots+X_{2n}^2}{n\sigma^2}}}\sim t(n).$$

4.解 (1) 查表可得 $F_{0.05}(12,8)=3.28$，故

$$F_{0.95}(8,12)=\frac{1}{F_{0.05}(12,8)}=\frac{1}{3.28}=0.3.$$

(2) 因为 $F_p(9,24)=0.209\,7<1$，所以无法从 F 分布表中直接反查 p，为此计算

$$F_{1-p}(24,9)=\frac{1}{F_p(9,24)}=\frac{1}{0.207\,9}=4.81.$$

再由 F 分布表可查出 $1-p=0.01$，即所求的面积为 0.01.

5.解 因 $X_1+X_2\sim N(0,2\sigma^2)$，所以

$$\frac{X_1+X_2}{\sqrt{2}\sigma}\sim N(0,1),\quad \left(\frac{X_1+X_2}{\sqrt{2}\sigma}\right)^2\sim\chi^2(1).$$

又因 $\dfrac{X}{\sigma}\sim N(0,1)$，故

$$\left(\frac{X_3}{\sigma}\right)^2+\left(\frac{X_4}{\sigma}\right)^2+\left(\frac{X_5}{\sigma}\right)^2\sim\chi^2(3).$$

而 $(X_1+X_2)^2$ 与 $X_3^2+X_4^2+X_5^2$ 相互独立，故

$$\frac{\left(\dfrac{X_1+X_2}{\sqrt{2}\sigma}\right)^2}{\dfrac{1}{3}\left[\left(\dfrac{X_3}{\sigma}\right)^2+\left(\dfrac{X_4}{\sigma}\right)^2+\left(\dfrac{X_5}{\sigma}\right)^2\right]}=\frac{3}{2}\,\frac{(X_1+X_2)^2}{X_3^2+X_4^2+X_5^2}\sim F(1,3).$$

所以必须取 $k=\dfrac{3}{2}$.

6.解 令 $Z=X-Y$，则 $Z\sim N(\mu_1-\mu_2,\sigma_1^2+\sigma_2^2)$，视 Z 为样本，则 $Z_i=X_i-Y_i(i=1,2,\cdots,n)$ 是取自总体 Z 的样本，则其样本均值为 $\overline{Z}=\overline{X}-\overline{Y}$，样本方差为

$$S^2=\frac{1}{n}\sum_{i=1}^{n}(Z_i-\overline{Z})=\frac{1}{n}\sum_{i=1}^{n}[X_i-Y_i-(\overline{X}-\overline{Y})]$$
$$=S_1^2+S_2^2-2S_{12}.$$

故

$$U=\frac{(\overline{X}-\overline{Y})-(\mu_1-\mu_2)}{\sqrt{S_1^2+S_2^2-2S_{12}}}\sqrt{n}=\frac{\overline{Z}-(\mu_1-\mu_2)}{S/\sqrt{n}}\sim t(n-1).$$

7.解 由于正态总体的方差相等，所以有

$$\frac{S_1^2}{S_2^2}\sim F(n_1-1,n_2-1).$$

已知 $n_1=25$，$n_2=20$，故 $\frac{S_1^2}{S_2^2}\sim F(24,19)$，从而查表可算得

$$P\left\{\frac{S_1^2}{S_2^2}>\frac{62.7}{25.6}\right\}=P\left\{\frac{S_1^2}{S_2^2}>2.45\right\}=0.025.$$

8.解 (1) 所求的概率为

$$\begin{aligned}P\{X_{(1)}<10\}&=1-P\{X_{(1)}\geqslant 10\}\\&=1-P\{X_1\geqslant 10,\cdots,X_5\geqslant 10\}\\&=1-P\{X_1\geqslant 10\}\cdots P\{X_5\geqslant 10\}\\&=1-(P\{X\geqslant 10\})^5=1-\left(1-\Phi\left(\frac{10-12}{2}\right)\right)^5\\&=1-(\Phi(1))^5=1-(0.841\,3)^5\\&=0.58.\end{aligned}$$

(2) 所求的概率为

$$\begin{aligned}P\{X_{(5)}>15\}&=1-P\{X_{(5)}\leqslant 15\}\\&=1-P\{X_1\leqslant 15,\cdots,X_5\leqslant 15\}\\&=1-P\{X_1\leqslant 15\}\cdots P\{X_5\leqslant 15\}\\&=1-(P\{X\leqslant 15\})^5=1-\left(\Phi\left(\frac{15-12}{2}\right)\right)^5\\&=1-(\Phi(1.5))^5=1-(0.933\,2)^5\\&=0.29.\end{aligned}$$

第七章 参数估计

一、大纲要求及疑难点解析

(一) 大纲要求

1. 理解参数的点估计、估计量与估计值的概念.

2. 掌握矩估计法(一阶、二阶矩)和最大似然估计法.

3. 了解估计量的无偏性、有效性(最小方差性)和一致性(相合性)的概念,并会验证估计量的无偏性.

4. 了解区间估计的概念,会求单个正态总体的均值和方差的置信区间,会求两个正态总体的均值差和方差比的置信区间.

(二) 内容提要

点估计的概念,估计量的估计值,矩估计法,最大似然估计法,估计量的评选标准,区间估计的概念,单个正态总体均值的区间估计,单个正态总体方差和标准差的区间估计,两个正态总体的均值差和方差比的区间估计.

(三) 疑难点解析

1. 矩估计法和最大似然估计法各有何优缺点?

答 矩估计法对任何总体皆可用,方法简单,直观意义最明显,不过要求总体的相应矩存在,否则便不能应用此方法. 最大似然估计法不仅对任何总体皆可用,且在相当广泛的条件下,用此方法所获得的估计量具有相合性、渐近正态性和渐近最小方差性. 尽管所获统计量不一定具有无偏性,但常常可通过修正使之成为无偏估计量,因此在某种意义上说,没有比最大似然估计更好的估计. 然而,不是所有待估计的参数都能求得似然估计量,且使用最大似然估计法求估计量时，往往要解一个似然方程(或方程组)，而这有时比较困难，甚至根本就写不出有限形式的解. 综上所述，可见两种方法各有利弊，在处理有关问题时，应扬长避短，根据要求选择相应的估计方法.

2. 如何理解评价估计量优良性的三个常用标准?

答 对同一参数用不同的点估计方法(如矩估计法或最大似然估计法)求得的估计量可能不尽相同，因而其优良性也会相应有别. 评价估计量的常用标准有三个：无偏性、有效性及一致(相合)性. 由于估计量是样本的函数，亦是一个随机变量，那么对于不同的样本观察值就会得到不同的参数估计值. 从而，其优劣性我们不能仅由一次试验的结果来衡量. 人们当然首先希望多次估计值的理论平均值等于未知参数 θ 的真值，即 $E(\hat{\theta})=\theta$，这就导致提出无偏估计这一标准. 无偏估计是对一个估计量常有而又重要的要求，而无偏性的实际意义则是指没有系统性偏差. 由于一个参数的无偏估计量往往不止一个，人们自然地认为其中以与真值的平均偏差较小者为好，因而引入有效性这一评判准则：若 $\hat{\theta}_1$ 与 $\hat{\theta}_2$ 皆为 θ 的无偏估计量，且有 $D(\hat{\theta}_1)<D(\hat{\theta}_2)$，则称 $\hat{\theta}_1$ 比 $\hat{\theta}_2$ 有效. 作为常规估计量 $\hat{\theta}$ 的无偏性和有效性均是在样本容量越大时，估计量 $\hat{\theta}$ 越接近被估计参数，这就启发人们引入一致性这一标准：对任给的 $\varepsilon>0$，有

$$\lim_{n\to\infty} P\{|\hat{\theta}-\theta|>\varepsilon\}=0,$$

称 $\hat{\theta}$ 为 θ 的一致估计量. 一致(相合)性是对一个估计量最基本的要求，如果一个估计量没有一致性，不论样本多大，我们也不可能把未知参数估计到预定的精度，这种估计量显然是不可取的. 由上述可知，有效估计应以无偏估计为前提，而一致估计并无此要求. 又由于一致性是在极限意义下引进的，求极限有时并非易事，因而在实际中常用的是无偏性与有效性这两个标准.

3. 如何理解未知参数的点估计和区间估计?

答 所谓参数的点估计，就是利用样本 $X_1,X_2,\cdots,X_n$ 的信息构造一个统计量 $\hat{\theta}=\hat{\theta}(X_1,X_2,\cdots,X_n)$ 作为 θ 的估计量. 从而，依样本观测值得到一个对应数值 $\hat{\theta}=\hat{\theta}(x_1,x_2,\cdots,x_n)$ 作为未知参数 θ 的一个近似值. 由于近似值与真值总存在一定偏差，其偏(误)差范围点估计本身并没有告诉我们什么，因而无法知晓这种推断的精确与可靠程度. 为弥补点估计这一不足之处，人们在用 $\hat{\theta}$ 去估计参数 θ 时，按一定的置信度 $1-\alpha$ (概率) 要求构造某个随机区间 $[I_1(\hat{\theta}),I_2(\hat{\theta})]$，使该随机区间包含 θ 的概率达到 $1-\alpha$，即

$$P\{I_1(\hat{\theta})<\theta<I_2(\hat{\theta})\}=1-\alpha,$$

其中 $I_i(\hat{\theta})$ 为 $\hat{\theta}$ 的函数. 依频率含义可认为，被估计的参数虽然未知，但它是一个常数，没有随机性；而区间 $(I_1(\hat{\theta}),I_2(\hat{\theta}))$ 则是随机的. 因而关系式 $P\{I_1(\hat{\theta})<\theta<I_2(\hat{\theta})\}=1-\alpha$ 可解释为随机区间 $(I_1(\hat{\theta}),I_2(\hat{\theta}))$ 以概率 $1-\alpha$ 包含参数 θ 的真值. 但当用一组样本观测值代入上述区间时，便得到一个相应的确定区间 $(i_1(\hat{\theta}),i_2(\hat{\theta}))$. 该区间再不具有随机性，它要么包含 θ，要么不包含 θ，二者必居其一. 此时就不能说区间 $(i_1(\hat{\theta}),i_2(\hat{\theta}))$ 以概率 $1-\alpha$ 包含 θ 的真值，更不能说 θ 落在 $(i_1(\hat{\theta}),i_2(\hat{\theta}))$ 内的概率为 $1-\alpha$. 而从频率的角度看，从给定的总体 X 中重复抽取多次，且各次抽得的样本容量均为 n，对每次抽得的样本观测值皆对应于一个确定的区间 $(i_1(\hat{\theta}),i_2(\hat{\theta}))$. 根据伯努利大数定律，当抽样次数充分大时，在这些区间中包含 θ 真值的频率接近于置信度 $1-\alpha$，即在这些区间中，大约有 $100(1-\alpha)\%$ 的区间包含 θ 的真值，$100\alpha\%$ 的区间不包含 θ 的真值，例如，若取 $\alpha=0.05$，重复抽样 100 次所得到的 100 个区间中，大约有 95 个包含真值 θ.

4. 如何评价未知参数 θ 的区间估计量 $(\hat{\theta}_1,\hat{\theta}_2)$ 的优劣？

答　评估一个区间估计的优劣有两个要素：一是精度，二是其可靠程度. 其精度可用区间长度 $\hat{\theta}_2-\hat{\theta}_1$ 来刻画，而长度越长，精度越低. 其可靠程度，则可以用相关概率 $P\{\hat{\theta}_1<\theta<\hat{\theta}_2\}$ 来衡量，概率越大，可靠程度越高. 一般说来，在样本 n 一定的情形下，精度与可靠(置信)程度是(此消彼长)彼此矛盾的. 人们现遵循统计学家奈曼处理上述矛盾的原则：先照顾可靠度，即要求区间估计 $(\hat{\theta}_1,\hat{\theta}_2)$ 不低于某一个数 $1-\alpha$ 的置信度，亦即要求 $P\{\hat{\theta}_1<\theta<\hat{\theta}_2\}\geqslant 1-\alpha$，在这个前提下，使 $[\hat{\theta}_1,\hat{\theta}_2]$ 的精度尽可能地高.

二、习题解答

(一) 基本题解答

1. 设 $X_1,X_2,\cdots,X_n$ 是来自总体的样本，求下述各总体的概率密度或分布律中的未知参数的矩估计量：

(1) $f(x,\theta)=\begin{cases}(\theta+1)x^{\theta}, & 0<x<1;\\ 0, & 其他,\end{cases}$ 其中 $\theta>-1$ 是未知参数;

(2) $P\{X=x\}=p(1-p)^{x-1}$, $x=1,2,\cdots$, 其中 $0<p<1$ 是未知参数;

(3) $f(x,\theta)=\begin{cases}2\mathrm{e}^{-2(x-\theta)}, & x\geqslant\theta;\\ 0, & x<\theta,\end{cases}$ 其中 $\theta>0$ 为未知参数;

(4) $f(x,\theta)=\begin{cases}\sqrt{\theta}x^{\sqrt{\theta}-1}, & 0\leqslant x\leqslant 1;\\ 0, & 其他,\end{cases}$ 其中 $\theta>0$ 为未知参数;

(5) $f(x,\sigma)=\dfrac{1}{2\sigma}\mathrm{e}^{-\frac{|x|}{\sigma}}$, 其中 $\sigma>0$ 为未知参数;

(6) $f(x;a,b)=\begin{cases}\dfrac{1}{b-a}, & a\leqslant x\leqslant b;\\ 0, & 其他,\end{cases}$ 其中 $a<b$ 为未知参数;

(7) $f(x,\theta)=\begin{cases}\lambda\mathrm{e}^{-\lambda x}, & x\geqslant 0;\\ 0, & 其他,\end{cases}$ 其中 $\lambda>0$ 为未知参数.

解 (1) $E(X)=\int_{-\infty}^{\infty}xf(x)\mathrm{d}x=\int_0^1(\theta+1)x^{\theta+1}\mathrm{d}x=\dfrac{\theta+1}{\theta+2}$.

令 $\dfrac{\theta+1}{\theta+2}=\overline{X}$, 得未知参数 θ 的矩估计量为 $\hat{\theta}=\dfrac{2\overline{X}-1}{1-\overline{X}}$.

(2) 因为 $E(X)=\dfrac{1}{p}$, 所以 p 的矩估计量为 $\hat{p}=\dfrac{1}{\overline{X}}$.

(3) $E(X)=\int_{-\infty}^{\infty}xf(x,\theta)\mathrm{d}x=\int_{\theta}^{\infty}2x\mathrm{e}^{-2(x-\theta)}\mathrm{d}x=\dfrac{1}{2}+\theta$.

令 $\dfrac{1}{2}+\theta=\overline{X}$, 解得 θ 矩估计量为 $\hat{\theta}=\overline{X}-\dfrac{1}{2}$.

(4) $E(X)=\int_{-\infty}^{\infty}xf(x,\theta)\mathrm{d}x=\int_0^1\sqrt{\theta}x^{\sqrt{\theta}}\mathrm{d}x=\dfrac{\sqrt{\theta}}{\sqrt{\theta}+1}$.

令 $\dfrac{\sqrt{\theta}}{\sqrt{\theta}+1}=\overline{X}$, 解得 θ 矩估计量为 $\hat{\theta}=\left(\dfrac{\overline{X}}{1-\overline{X}}\right)^2$.

(5) 因为一阶矩

$$E(X)=\int_{-\infty}^{\infty}xf(x,\sigma)\mathrm{d}x=\int_{-\infty}^{\infty}\frac{x}{2\sigma}\mathrm{e}^{-\frac{|x|}{\sigma}}\mathrm{d}x=0,$$

它与 σ 无关, 所以还必须求二阶矩:

$$E(X^2)=\int_{-\infty}^{\infty}x^2f(x,\sigma)\mathrm{d}x=\int_{-\infty}^{\infty}\frac{x^2}{2\sigma}\mathrm{e}^{-\frac{|x|}{\sigma}}\mathrm{d}x$$

$$=\int_0^{\infty}\frac{x^2}{\sigma}e^{-\frac{x}{\sigma}}dx=2\sigma^2.$$

令 $2\sigma^2=\frac{1}{n}\sum_{i=1}^{n}X_i^2$，解得参数的矩估计量为 $\hat{\sigma}=\sqrt{\frac{1}{2n}\sum_{i=1}^{n}X_i^2}$.

(6) 因 $E(X)=\frac{a+b}{2}$，$E(X^2)=\frac{(b-a)^2}{12}+\left(\frac{a+b}{2}\right)^2$，令

$$\begin{cases}\overline{X}=\frac{a+b}{2},\\ \frac{1}{n}\sum_{i=1}^{n}X_i^2=\frac{(b-a)^2}{12}+\left(\frac{a+b}{2}\right)^2,\end{cases}$$

解得 a,b 的矩估计量分别为 $\hat{a}=\overline{X}-\sqrt{3}S^*$，$\hat{b}=\overline{X}+\sqrt{3}S^*$，其中

$$S^{*2}=\frac{1}{n}\sum_{i=1}^{n}(X_i^2-\overline{X})^2=\frac{1}{n}\left(\sum_{i=1}^{n}X_i^2-n\overline{X}^2\right).$$

(7) 因 $E(\overline{X})=\frac{1}{\lambda}$，令 $\overline{X}=\frac{1}{\lambda}$，得 λ 的矩估计量为 $\hat{\lambda}=\frac{1}{\overline{X}}$.

2. 求上题中各未知参数的最大似然估计量.

解 (1) 设 $x_1,x_2,\cdots,x_n$ 是相应于 $X_1,X_2,\cdots,X_n$ 的样本，则似然函数为

$$L(\theta)=\prod_{i=1}^{n}f(x_i)$$

$$=\begin{cases}(\theta+1)^n\left(\prod_{i=1}^{n}x_i\right)^{\theta}, & 0<x_i<1,\ i=1,2,\cdots,n;\\ 0, & \text{其他}.\end{cases}$$

当 $0<x_i<1$，$i=1,2,\cdots,n$ 时，$L(\theta)>0$，并且有

$$\ln L(\theta)=n\ln(\theta+1)+\theta\sum_{i=1}^{n}\ln x_i.$$

令 $\frac{d\ln L}{d\theta}=\frac{n}{\theta+1}+\sum_{i=1}^{n}\ln x_i=0$，解得 θ 的最大似然估计值为

$$\hat{\theta}=-1-\frac{n}{\sum_{i=1}^{n}\ln x_i}.$$

从而 θ 的最大似然估计量为

$$\hat{\theta}=-1-\frac{n}{\sum_{i=1}^{n}\ln X_i}.$$

(2) 设 $x_1,x_2,\cdots,x_n$ 是相应于 $X_1,X_2,\cdots,X_n$ 的样本，则似然函数为

$$L(p)=\prod_{i=1}^{n}p(1-p)^{x_i-1}=p^n(1-p)^{\sum_{i=1}^{n}x_i-n},$$

$$\ln L=n\ln p+\left(\sum_{i=1}^{n}x_i-n\right)\ln(1-p).$$

令

$$\frac{\mathrm{d}\ln L}{\mathrm{d}p}=\frac{n}{p}+\frac{n-\sum_{i=1}^{n}x_i}{1-p}=0,$$

解得 p 的最大似然估计值为 $\hat{p}=\frac{1}{\bar{x}}$. 从而 θ 的最大似然估计量为 $\hat{p}=\frac{1}{\bar{X}}$.

(3) 设 $x_1,x_2,\cdots,x_n$ 是相应于 $X_1,X_2,\cdots,X_n$ 的样本，则似然函数为

$$L(\theta)=\prod_{i=1}^{n}f(x_i,\theta)=\begin{cases}2^n\mathrm{e}^{-2\sum_{i=1}^{n}(x_i-\theta)}, & x_i\geqslant\theta,\ i=1,2,\cdots,n;\\0, & \text{其他}.\end{cases}$$

当 $x_i\geqslant\theta\ (i=1,2,\cdots)$ 时，$L(\theta)>0$，并且

$$\ln L(\theta)=n\ln 2-2\sum_{i=1}^{n}(x_i-\theta).$$

因为 $\frac{\mathrm{d}\ln L}{\mathrm{d}\theta}=2n>0$，所以 $L(\theta)$ 单调递增.

因为必须满足 $x_i\geqslant\theta\ (i=1,2,\cdots)$，所以当 $\theta=x_{(1)}=\min\{x_1,x_2,\cdots,x_n\}$ 时，$L(\theta)$ 取最大值，所以 θ 的最大似然估计值为 $\hat{\theta}=x_{(1)}$，最大似然估计量为

$$\hat{\theta}=X_{(1)}=\min\{X_1,X_2,\cdots,X_n\}.$$

(4) 设 $x_1,x_2,\cdots,x_n$ 是相应于 $X_1,X_2,\cdots,X_n$ 的样本，则似然函数为

$$L(\theta)=\prod_{i=1}^{n}f(x_i,\theta)$$

$$=\begin{cases}\theta^{\frac{n}{2}}(x_1x_2\cdots x_n)^{\sqrt{\theta}-1}, & 0\leqslant x_i\leqslant 1,\ i=1,2,\cdots,n;\\0, & \text{其他}.\end{cases}$$

当 $0\leqslant x_i\leqslant 1$, $i=1,2,\cdots,n$ 时，$L(\theta)>0$，并且

$$\ln L=\frac{n}{2}\ln\theta+(\sqrt{\theta}-1)\sum_{i=1}^{n}\ln x_i.$$

令

$$\frac{\mathrm{d}\ln L}{\mathrm{d}\theta}=\frac{n}{2\theta}+\frac{\sum_{i=1}^{n}\ln x_i}{2\sqrt{\theta}}=0.$$

解得 θ 的最大似然估计值为 $\hat{\theta}=\frac{n^2}{\left(\sum_{i=1}^{n}\ln x_i\right)^2}$. θ 的最大似然估计量为

$$\hat{\theta}=\frac{n^2}{\left(\sum_{i=1}^{n}\ln X_i\right)^2}.$$

(5) 设 $x_1,x_2,\cdots,x_n$ 是相应于 $X_1,X_2,\cdots,X_n$ 的样本，则似然函数为

$$L(\sigma)=\prod_{i=1}^{n}f(x_i,\sigma)=\frac{1}{2}\sigma^{-n}\mathrm{e}^{-\frac{1}{\sigma}\sum_{i=1}^{n}|x_1|}.$$

取对数，$\ln L=\frac{-n}{2}\ln\sigma-\frac{1}{\sigma}\sum_{i=1}^{n}|x_i|$. 令

$$\frac{\mathrm{d}\ln L}{\mathrm{d}\sigma}=\frac{-n}{2\sigma}+\frac{1}{\sigma^2}\sum_{i=1}^{n}|x_i|=0,$$

解得 σ 的最大似然估计值为 $\hat{\sigma}=\frac{1}{n}\sum_{i=1}^{n}|x_i|$. 所以 σ 的最大似然估计量为

$$\hat{\sigma}=\frac{1}{n}\sum_{i=1}^{n}|X_i|.$$

(6) 似然函数为

$$L(a,b)=\prod_{i=1}^{n}f(x_i;a,b)=\begin{cases}\frac{1}{(b-a)^n}, & a\leqslant x_1,x_2,\cdots,x_n\leqslant b;\\ 0, & \text{其他},\end{cases}$$

$$=\begin{cases}\frac{1}{(b-a)^n}, & a\leqslant\min\{x_1,\cdots,x_n\},\ b\geqslant\max\{x_1,\cdots,x_n\};\\ 0, & \text{其他}.\end{cases}$$

由于 $b-a$ 越小时 $L(a,b)$ 越大，故 a,b 的最大似然估计值分别为

$$\hat{a}=\min\{X_1,X_2,\cdots,X_n\}=X_{(1)},\ \hat{b}=\max\{X_1,X_2,\cdots,X_n\}=X_{(n)}.$$

(7) 似然函数为

$$L(\lambda)=\prod_{i=1}^{n} f(x_i;\lambda)=\begin{cases}\lambda^n \mathrm{e}^{-\lambda\sum_{i=1}^{n} x_i}, & x_1>0, x_2>0, \cdots, x_n>0; \\ 0, & \text{其他},\end{cases}$$

于是当 $x_1>0, x_2>0, \cdots, x_n>0$ 时取对数得

$$\ln L(\lambda)=n\ln\lambda-\lambda\sum_{i=1}^{n} x_i.$$

令

$$\frac{\mathrm{d}}{\mathrm{d}\lambda}\ln L(\lambda)=\frac{n}{\lambda}-\sum_{i=1}^{n} x_i=0,$$

得 λ 的最大似然估计量为 $\hat{\lambda}=\dfrac{1}{\overline{X}}$.

3. 设 $X_1, X_2, \cdots, X_n$ 是来自总体 X 的样本,其中 X 的分布律为

$$P\{X=x\}=\binom{m}{x} p^x(1-p)^{m-x}, \quad x=0,1,2,\cdots,m, \ 0<p<1,$$

求未知参数 p 的最大似然估计量.

解 设 $x_1, x_2, \cdots, x_n$ 是相应于 $X_1, X_2, \cdots, X_n$ 的样本,似然函数为

$$L(p)=\prod_{i=1}^{n} P\{X=x_i\}=p^{\sum_{i=1}^{n} x_i}(1-p)^{mn-\sum_{i=1}^{n} x_i}\prod_{i=1}^{n}\binom{m}{x_i}.$$

取对数,得

$$\ln L(p)=\sum_{i=1}^{n} x_i\ln p+\left(mn-\sum_{i=1}^{n} x_i\right)\ln(1-p)+\sum_{i=1}^{n}\ln\binom{m}{x_i}.$$

令

$$\frac{\mathrm{d}\ln L(p)}{\mathrm{d}p}=\frac{\sum_{i=1}^{n} x_i}{p}-\frac{mn-\sum_{i=1}^{n} x_i}{1-p}=0,$$

得 p 的最大似然估计值为

$$\hat{p}=\frac{1}{mn}\sum_{i=1}^{n} x_i=\frac{1}{m}\overline{x}.$$

所以 p 的最大似然估计量为

$$\hat{p}=\frac{1}{mn}\sum_{i=1}^{n} X_i=\frac{1}{m}\overline{X}.$$

4. (1) 设总体 X 服从参数为 λ 的泊松分布, $X_1, X_2, \cdots, X_n$ 是来自总体 X 的样本,求 $P\{X=0\}$ 的最大似然估计.

（2） 某铁路局证实，一个扳道员 5 年内所引起的严重事故的次数服从泊松分布. 使用下表所列的 122 个观察值，求一个扳道员 5 年内未引起严重事故的概率 p 的最大似然估计值. 下表中，r 表示一扳道员 5 年内引起严重事故的次数，s 表示观察到的扳道员人数.

r	0	1	2	3	4	5
s	44	42	21	9	4	2

解 （1） 已知 λ 的最大似然估计值为 $\hat{\lambda}=\overline{x}$. 又 $P\{X=0\}=\mathrm{e}^{-\lambda}$，所以根据最大似然估计的性质，$P\{X=0\}$ 的最大似然估计值为 $\mathrm{e}^{-\overline{x}}$.

（2） 观察到的 5 年内每一扳道员引起的严重事故的平均次数为

$$\overline{x}=\frac{1}{122}(0\times 44+1\times 42+2\times 21+3\times 9+4\times 4+5\times 2)$$

$$=\frac{137}{122}=1.123.$$

所以一个扳道员在 5 年内未引起严重事故的概率 p 的最大似然估计值为

$$\hat{p}=\mathrm{e}^{-1.123}=0.325\ 3.$$

5. （1） 设 $Z=\ln X\sim N(\mu,\sigma^2)$，即 X 服从对数正态分布，验证 $E(X)=\exp\left\{\mu+\frac{1}{2}\sigma^2\right\}$.

（2） 设从对数正态总体 X 中抽取容量为 n 的样本 $x_1,x_2,\cdots,x_n$，求 $E(X)$ 的最大似然估计值. 此处 μ,σ^2 均未知.

（3） 已知文学家萧伯纳的 *An Intelligent Woman's Guide To Socialism* 一书中，一个句子的单词数近似服从对数正态分布，μ,σ^2 均未知. 现从该书中随机取 20 个句子，这些句子的单词数分别为

54　24　15　67　15　22　63　26　16　32

7　33　28　14　7　29　10　6　59　30

问这本书中，一个句子的单词数的均值的最大似然估计值等于多少？

解 （1） $$E(X)=E(\mathrm{e}^Z)=\frac{1}{\sqrt{2\pi}\sigma}\int_{-\infty}^{+\infty}\mathrm{e}^z\mathrm{e}^{-\frac{(z-\mu)^2}{2\sigma^2}}\mathrm{d}z$$

$$=\frac{1}{\sqrt{2\pi}\sigma}\int_{-\infty}^{\infty}\exp\left\{-\frac{1}{2\sigma^2}[z^2-(2\mu+2\sigma^2)z+(\mu+\sigma^2)^2-2\mu\sigma^2-\sigma^4]\right\}\mathrm{d}z$$

$$=\exp\left\{\mu+\frac{1}{2}\sigma^2\right\}\frac{1}{\sqrt{2\pi}\sigma}\int_{-\infty}^{\infty}\exp\left\{-\frac{1}{2\sigma^2}(z-\mu-\sigma^2)\right\}dz$$

$$-\exp\left\{\mu+\frac{1}{2}\sigma^2\right\}.$$

(2) 可以将 $\ln x_1,\ln x_2,\cdots,\ln x_n$ 视为取自总体 $Z=\ln X$ 的样本，则由于 $Z\sim N(\mu,\sigma^2)$，因而可得参数 μ,σ^2 的最大似然估计值分别为

$$\hat{\mu}=\frac{1}{n}\sum_{i=1}^{n}\ln x_i,\quad \hat{\sigma}^2=\frac{1}{n}\sum_{i=1}^{n}(\ln x_i-\hat{\mu}).$$

故由最大似然估计的性质，可得 $E(X)$ 的最大似然估计值为

$$\widehat{E(X)}=\exp\left\{\hat{\mu}+\frac{1}{2}\hat{\sigma}^2\right\}.$$

(3) 经计算得

$$\hat{\mu}=\frac{1}{n}\sum_{i=1}^{n}\ln x_i=3.090\,9,\quad \hat{\sigma}^2=\frac{1}{n}\sum_{i=1}^{n}(\ln x_i-\hat{\mu})=0.511\,5,$$

所以，一个句子字数均值的最大似然估计值为

$$\widehat{E(X)}=\exp\left\{\hat{\mu}+\frac{1}{2}\hat{\sigma}^2\right\}=28.407\,4.$$

6. 设总体 $X\sim N(\mu,\sigma^2)$，$X_1,X_2,\cdots,X_n$ 是来自总体 X 的样本，试确定常数 c，使统计量 $c\sum_{i=1}^{n-1}(X_{i+1}-X_i)^2$ 为 σ^2 的无偏估计.

解 由正态分布的性质以及样本的独立性可知 $X_{i+1}-X_i\sim N(0,2\sigma^2)$. 因此

$$E(X_{i+1}-X_i)^2=D(X_{i+1}-X_i)=2\sigma^2.$$

欲使

$$\sigma^2=E\left(c\sum_{i=1}^{n-1}(X_{i+1}-X_i)^2\right)=c\sum_{i=1}^{n-1}E(X_{i+1}-X_i)^2$$
$$=2(n-1)c\sigma^2,$$

必须 $c=\frac{1}{2(n-1)}$. 因此，当 $c=\frac{1}{2(n-1)}$ 时，统计量 $c\sum_{i=1}^{n-1}(X_{i+1}-X_i)^2$ 为 σ^2 的无偏估计.

7. 设 $\hat{\theta}_1$ 和 $\hat{\theta}_2$ 是参数 θ 的两个相互独立的无偏估计，并且 $\hat{\theta}_1$ 的方差是 $\hat{\theta}_2$ 的方差的 2 倍，试求常数 a,b，使得 $a\hat{\theta}_1+b\hat{\theta}_2$ 是 θ 的无偏估计，并且在所有这样的无偏估计中方差最小.

解 由于 $\hat{\theta}_1$ 和 $\hat{\theta}_2$ 均为参数 θ 的无偏估计，所以

$$E(a\hat{\theta}_1+b\hat{\theta}_2)=aE(\hat{\theta}_1)+bE(\hat{\theta}_2)=(a+b)\theta.$$

欲使 $a\hat{\theta}_1+b\hat{\theta}_2$ 是 θ 的无偏估计，必须 $a+b=1$，即 $b=1-a$. 从而由 $\hat{\theta}_1$ 和 $\hat{\theta}_2$ 的独立性以及题设条件，有

$$\begin{aligned}D(a\hat{\theta}_1+b\hat{\theta}_2)&=a^2D(\hat{\theta}_1)+(1-a)^2D(\hat{\theta}_2)=[2a^2+(1-a)^2]D(\hat{\theta}_2)\\&=(1-2a+3a^2)D(\hat{\theta}_2).\end{aligned}$$

上式右边当 $a=\dfrac{1}{3}$ 时达到最小.

综上所述，当 $a=\dfrac{1}{3}$，$b=\dfrac{2}{3}$ 时，$a\hat{\theta}_1+b\hat{\theta}_2$ 是 θ 的无偏估计，并且在所有这样的无偏估计中方差最小.

8. 设总体 X 服从参数为 λ 的泊松分布，$X_1,X_2,\cdots,X_n$ 是来自总体 X 的样本，$\overline{X},S^2$ 分别为样本均值和样本方差.

(1) 试证：对一切 α $(0\leqslant\alpha\leqslant1)$，统计量 $\alpha\overline{X}+(1-\alpha)S^2$ 均为 λ 的无偏估计量.

(2) 试求 λ,λ^2 的最大似然估计量 $\hat{\lambda}_M,\hat{\lambda}_M^2$.

(3) 讨论 $\hat{\lambda}_M^2$ 的无偏性，并给出 λ^2 的一个无偏估计量.

解　(1) 由于总体 X 服从参数为 λ 的泊松分布，所以其数学期望和方差均为 λ，由于样本均值和样本方差是总体均值和方差的无偏估计，所以有

$$E(\overline{X})=E(S^2)=\lambda.$$

从而

$$E(\alpha\overline{X}+(1-\alpha)S^2)=\alpha E(\overline{X})+(1-\alpha)E(S^2)=\lambda.$$

所以 $\alpha\overline{X}+(1-\alpha)S^2$ 为 λ 的无偏估计量.

(2) 已知 λ 的最大似然估计量为 $\hat{\lambda}_M=\overline{X}$，所以由最大似然估计的性质，$\lambda^2$ 的最大似然估计量为 $\hat{\lambda}_M^2=(\overline{X})^2$.

(3) 由于

$$E(\hat{\lambda}_M^2)=E(\overline{X}^2)=D(\overline{X})+(E(\overline{X}))^2=\frac{\lambda}{n}+\lambda^2,$$

因此 $\hat{\lambda}_M^2=(\overline{X})^2$ 不是 λ^2 的无偏估计. 令 $\hat{\lambda}^2=(\overline{X})^2-\dfrac{\overline{X}}{n}$，则有

$$E(\hat{\lambda}^2)=E(\overline{X}^2)-\frac{1}{n}E(\overline{X})=\frac{\lambda}{n}+\lambda^2-\frac{\lambda}{n}=\lambda^2.$$

所以 $\hat{\lambda}^2=(\overline{X})^2-\dfrac{\overline{X}}{n}$ 是 λ^2 的一个无偏估计量.

注 λ^2 的无偏估计量不是唯一的，比如像统计量 $\hat{\lambda}_i^2=(\overline{X})^2-\dfrac{X_i}{n}$ $(i=1,2,\cdots,n)$ 都是 λ^2 的无偏估计量.

9. 设总体 X 服从区间$(\theta,\theta+1)$上的均匀分布，$X_1,X_2,\cdots,X_n$ 是来自总体 X 的样本，证明：估计量

$$\hat{\theta}_1=\frac{1}{n}\sum_{i=1}^{n}X_i-\frac{1}{2},\quad \hat{\theta}_2=X_{(n)}-\frac{n}{n+1}$$

皆为参数 θ 的无偏估计，并且 $\hat{\theta}_2$ 比 $\hat{\theta}_1$ 有效.

解 由题意知，X 的概率密度和分布函数分别为

$$f(x)=\begin{cases}1, & \theta<x<\theta+1;\\ 0, & \text{其他},\end{cases}\qquad F(x)=\begin{cases}0, & x\leqslant\theta;\\ x-\theta, & \theta<x<\theta+1;\\ 1, & x\geqslant\theta+1.\end{cases}$$

因此，最大顺序统计量 $X_{(n)}$ 的概率密度为

$$f_{(n)}(x)=n(F(x))^{n-1}f(x)=\begin{cases}n(x-\theta)^{n-1}, & \theta<x<\theta+1;\\ 0, & \text{其他}.\end{cases}$$

所以，

$$\begin{aligned}E(X_{(n)})&=\int_{-\infty}^{\infty}xf_{(n)}(x)\mathrm{d}x=\int_{\theta}^{\theta+1}nx(x-\theta)^{n-1}\mathrm{d}x\\&=n\int_0^1(t+\theta)t^{n-1}\mathrm{d}t=\frac{n}{n+1}+\theta,\\E(X_{(n)}^2)&=\int_{-\infty}^{\infty}x^2f_{(n)}(x)\mathrm{d}x=\int_{\theta}^{\theta+1}nx^2(x-\theta)^{n-1}\mathrm{d}x\\&=n\int_0^1(t+\theta)^2t^{n-1}\mathrm{d}t=\frac{n}{n+2}+\frac{2n}{n+1}\theta+\theta^2,\\D(X_{(n)})&=E(X_{(n)}^2)-(E(X_{(n)}))^2=\frac{n}{(n+2)(n+1)^2}.\end{aligned}$$

于是

$$E(\hat{\theta}_1)=E(\overline{X})-\frac{1}{2}=E(X)-\frac{1}{2}=\frac{\theta+\theta+1}{2}-\frac{1}{2}=\theta,$$

$$E(\hat{\theta}_2)=E(X_{(n)})-\frac{n}{n+1}=\frac{n}{n+1}+\theta-\frac{n}{n+1}=\theta.$$

所以，$\hat{\theta}_1,\hat{\theta}_2$ 皆为参数 θ 的无偏估计. 又

$$D(\hat{\theta}_1)=D(\overline{X})=\frac{1}{n}D(X)=\frac{1}{12n},$$

$$D(\hat{\theta}_2)=D(X_{(n)})=\frac{n}{(n+2)(n+1)^2}<\frac{1}{12n}\quad(n>1),$$

所以 $\hat{\theta}_2$ 比 $\hat{\theta}_1$ 有效.

10. 从一台机床加工的轴承中，随机地抽取 200 件，测量其椭圆度，得样本均值 $\overline{x}=0.081$ mm，由累积资料知椭圆度服从 $N(\mu,0.025^2)$. 求 μ 的置信度为 0.95 的置信区间.

解 $\sigma^2=0.025^2$ 已知时 μ 的置信度为 $1-\alpha$ 的置信区间为

$$\left(\overline{X}\pm\frac{\sigma}{\sqrt{n}}z_{\alpha/2}\right).$$

将 $\overline{x}=0.081$，$\sigma=0.025$，$z_{\alpha/2}=z_{0.025}=1.96$ 代入得 μ 的置信度为 $1-\alpha$ 的置信区间为(0.077 5,0.084 5).

11. 设总体 $X\sim N(\mu,\sigma^2)$，$x_1,x_2,\cdots,x_n$ 是其样本观察值，如果 σ^2 已知，问 n 取何值时能保证 μ 的置信度为 $1-\alpha$ 的置信区间的长度不大于给定的 L?

解 σ^2 已知时 μ 的置信度为 $1-\alpha$ 的置信区间为

$$\left(\overline{X}\pm\frac{\sigma}{\sqrt{n}}z_{\alpha/2}\right).$$

欲使其区间长度不大于给定的 L，必须 $\dfrac{2\sigma}{\sqrt{n}}z_{\alpha/2}\leqslant L$，即 $n\geqslant\dfrac{4z_{\alpha/2}\,\sigma^2}{L^2}$.

12. 在测量反应时间中，一心理学家估计的标准差为 0.05 s，为了以 95% 的置信度使他对平均反应时间的估计误差不超过 0.01 s，应取多大的样本容量 n?

解 利用上题的结果，由于 $\sigma=0.05$，$z_{\alpha/2}=z_{0.025}=1.96$，要使他对平均反应时间的估计误差不超过 0.01 秒，必须 $L=0.02$，所以

$$n\geqslant\frac{4z_{\alpha/2}\sigma^2}{L^2}=49.$$

13. 从自动机床加工的同类零件中抽取 16 件，测得长度为(单位：mm)：

12.15　12.12　12.01　12.08　12.09　12.16　12.03　12.01

12.07　12.06　12.13　12.11　12.08　12.01　12.03　12.06

设零件长度近似服从正态分布，试求方差 σ^2 的置信度为 0.95 的置信区间.

解 σ^2 的置信度为 $1-\alpha$ 的置信区间为

$$\left(\frac{(n-1)S^2}{\chi^2_{\alpha/2}(n-1)},\frac{(n-1)S^2}{\chi^2_{1-\alpha/2}(n-1)}\right).$$

在本题中，$\alpha=0.05$，$n=16$，经计算得，$s^2=0.002\,44$，查表得，$\chi^2_{0.975}(15)=6.262$，$\chi^2_{0.025}(15)=27.488$，最后得 σ^2 的置信度为 95% 的置信区间为

$$(0.001\,3,0.005\,8).$$

14. 为比较甲与乙两种型号同一产品的寿命，随机地抽取甲型产品 5 个，测得平均寿命 $\overline{x}=1\,000$ h，标准差 $s_1=28$ h，抽取乙型产品 7 个，测得平均寿命 $\overline{y}=980$ h，$s_2=32$ h. 设总体服从正态分布，并且由生产过程知它们的方差相等，求两个总体均值差的置信度为 0.99 的置信区间.

解 此题为方差未知但相等时的两个总体均值差的区间估计问题，已知此时 $\mu_1-\mu_2$ 的置信度为 $1-\alpha$ 的置信区间为

$$\left(\overline{X}-\overline{Y}\pm S_w\sqrt{\frac{1}{n_1}+\frac{1}{n_2}}\,t_{\alpha/2}(n_1+n_2-2)\right).$$

已知 $\overline{x}=1\,000$，$\overline{y}=980$，$n_1=5$，$n_2=7$，$\alpha=0.01$，查表得 $t_{0.005}(10)=3.169\,3$，

$$s_w=\sqrt{\frac{4\times 28^2+6\times 32^2}{4+6}}=30.463.$$

最后得两个总体均值差的置信度为 0.99 的置信区间为$(-36.53,76.53)$.

15. 为了在正常条件下检验一种杂交作物的两种新处理方案，在同一地区随机地挑选 8 块地，在每块试验地上按两种方案种植作物. 这 8 块地的单位面积产量分别是：

一号方案产量 x_i： 86 87 56 93 84 93 75 79

二号方案产量 y_i： 80 79 58 91 77 82 74 66

假设两种方案的产量之差 x_i-y_i 服从正态分布，试求这两个平均产量之差的置信度为 0.95 的置信区间.

解 设 X,Y 分别为一、二号方案的单位面积产量，并设 $X\sim N(\mu_1,\sigma_1^2)$，$Y\sim N(\mu_2,\sigma_2^2)$，$X_1,X_2,\cdots,X_n$ 和 $Y_1,Y_2,\cdots,Y_n$ 为相应于总体 X,Y 的样本，令 $Z=X-Y$，则 $Z\sim N(\mu_1-\mu_2,\sigma_1^2+\sigma_2^2)$. 令 $Z_i=X_i-Y_i$，于是，$\mu_1-\mu_2$ 的置信度为 $1-\alpha$ 的置信区间为

$$\left(\overline{X}-\overline{Y}\pm\frac{S}{\sqrt{n}}t_{\alpha/2}(n-1)\right),$$

其中

$$S^2=\frac{1}{n-1}\sum_{i=1}^{n}(Z_i-\overline{Z})^2=\frac{1}{n-1}\sum_{i=1}^{n}[(X_i-Y_i)-(\overline{X}-\overline{Y})]^2.$$

已知 $n=8$，$\overline{z}=\overline{x}-\overline{y}=5.75$，$s=5.12$，$\alpha=0.05$，$t_{0.025}(7)=2.364\,6$，计算得 $\mu_1-\mu_2$ 的置信度为 95% 的置信区间为$(1.47,10.03)$.

16. 设两位化验员 A,B 独立地对某种聚合物含氯量用相同的方法各做 10 次测定，其测定值的样本方差依次为 $s_A^2=0.5419$，$s_B^2=0.6065$. 设 σ_A^2,σ_B^2 分别为 A,B 所测定的测定值总体的方差，设总体均为正态的. 求方差比 σ_A^2/σ_B^2 的置信度为 0.95 的置信区间.

解　方差比 σ_A^2/σ_B^2 的置信度为 $1-\alpha$ 的置信区间为

$$\left(\frac{S_A^2/S_B^2}{F_{\frac{\alpha}{2}}(n_1-1,n_2-1)},\frac{S_A^2/S_B^2}{F_{1-\frac{\alpha}{2}}(n_1-1,n_2-1)}\right).$$

已知 $s_A^2=0.5419$，$s_B^2=0.6065$，$n_1=n_2=10$，$\alpha=0.05$，$F_{0.025}(9,9)=4.03$，$F_{0.975}(9,9)=0.2481$，代入算得方差比 σ_A^2/σ_B^2 的置信度为 0.95 的置信区间为 $(0.222,3.601)$.

17. 设总体 X 服从未知参数为 $\lambda>0$ 的泊松分布，$X_1,X_2,\cdots,X_n$ 是来自总体 X 的样本. 证明：样本均值 $\overline{X}$ 是参数 λ 的有效估计，C-R 下界为 $\frac{\lambda}{n}$.

证　显然 $E(\overline{X})=\lambda$，即 $\hat{\lambda}=\overline{X}$ 是未知参数 λ 的无偏估计量，且 X 的分布律

$$p(x;\lambda)=\frac{\lambda^x}{x!}e^{-\lambda},\quad x=0,1,2,\cdots,$$

显然满足定理 7.2.1 的条件. 费希尔信息量为

$$\begin{aligned}I(\lambda)&=E\left[\left(\frac{d}{d\lambda}\ln p(X;\lambda)\right)^2\right]=E\left[\left(\frac{X}{\lambda}-1\right)^2\right]\\&=\frac{1}{\lambda^2}E(X^2)-\frac{2}{\lambda}E(X)+1\\&=\frac{1}{\lambda^2}(\lambda^2+\lambda)-\frac{2}{\lambda}\cdot\lambda+1=\frac{1}{\lambda},\end{aligned}$$

故 C-R 下界为 $\frac{1}{nI(\lambda)}=\frac{\lambda}{n}$. 且易知 $D(\overline{X})=\frac{D(X)}{n}=\frac{\lambda}{n}$，故 $\hat{\lambda}=\overline{X}$ 是 λ 的有效估计量，且 C-R 下界为 $\frac{\lambda}{n}$.

18. 设样本 $X_1,X_2,\cdots,X_n$ 来自帕雷托总体

$$f(x;r,A)=\begin{cases}\frac{rA^r}{x^{r+1}}, & x\geqslant A;\\0, & \text{其他},\end{cases}$$

求未知参数 r,A 的最大似然估计，并证明它们的相合性.

解　似然函数为

$$L(r,A)=\prod_{i=1}^{n}f(x_i;r,A)$$

$$=\begin{cases}\dfrac{(rA^r)^n}{(x_1x_2\cdots x_n)^{r+1}}, & x_1\geqslant A, x_2\geqslant A, \cdots, x_n\geqslant A;\\ 0, & \text{其他}\end{cases}$$

$$=\begin{cases}\dfrac{r^nA^{nr}}{\left(\prod\limits_{i=1}^{n}x_i\right)^{r+1}}, & A\leqslant\min\{x_1,x_2,\cdots,x_n\};\\ 0, & \text{其他}.\end{cases}$$

由于 $L(r,A)$ 关于 A 是递增函数，可知 A 的最大似然估计量为

$$\hat{A}=\min\{X_1,X_2,\cdots,X_n\}=X_{(1)},$$

且取对数得

$$\ln L(r,A)=n\ln r+nr\ln A-(r+1)\sum_{i=1}^{n}\ln x_i.$$

令

$$\frac{\mathrm{d}}{\mathrm{d}r}\ln L(r,A)=\frac{n}{r}+n\ln A-\sum_{i=1}^{n}\ln x_i=0,$$

解之得 $r=\dfrac{1}{\dfrac{1}{n}\sum\limits_{i=1}^{n}\ln x_i-\ln A}=\dfrac{1}{\dfrac{1}{n}\sum\limits_{i=1}^{n}\ln\dfrac{x_i}{A}}$，故 r,A 的最大似然估计量为

$$\hat{A}=X_{(1)},\quad \hat{r}=\frac{1}{\dfrac{1}{n}\sum\limits_{i=1}^{n}\dfrac{x_i}{\hat{A}}}.$$

因为总体 X 的分布函数 $F(x)=P\{X\leqslant x\}$ 为

$$F(x)=\begin{cases}1-\left(\dfrac{A}{x}\right)^r, & x\geqslant A;\\ 0, & x<A,\end{cases}$$

所以 $X_{(1)}$ 的分布函数

$$\begin{aligned}F_{\min}(x)&=P\{X_{(1)}\leqslant x\}=1-P\{X_{(1)}>x\}\\&=1-P\{X_1>x, X_2>x, \cdots, X_n>x\}\\&=1-\prod_{i=1}^{n}(1-P\{X_i\leqslant x\})\\&=1-(1-P\{X\leqslant x\})^n\end{aligned}$$

$$=\begin{cases}1-\left(\dfrac{A}{x}\right)^{nr}, & x\geqslant A;\\ 0, & x<A.\end{cases}$$

对任意正数 ε，由

$$\begin{aligned}P\{|\hat{A}-A|\geqslant\varepsilon\}&=P\{\hat{A}\geqslant A+\varepsilon\}+P\{\hat{A}\leqslant A-\varepsilon\}\\&=P\{X_{(1)}\geqslant A+\varepsilon\}+P\{X_{(1)}\leqslant A-\varepsilon\}\\&=1-F_{\min}(A+\varepsilon)+0\\&=\left(\frac{A}{A+\varepsilon}\right)^{nr},\end{aligned}$$

利用 $0<\dfrac{A}{A+\varepsilon}<1$ 知 $\lim\limits_{n\to\infty}P\{|\hat{A}-A|\geqslant\varepsilon\}=0$，即 $\hat{A}=X_{(1)}$ 是 A 的相合估计. 再看 $\hat{r}$ 是否为相合估计.

又因

$$\begin{aligned}E(\ln X_i)=E(\ln x)&=\int_A^{+\infty}(\ln x)\frac{rA^r}{x^{r+1}}\mathrm{d}x\\&=rA^r\int_A^{+\infty}\ln x\,\mathrm{d}\left(-\frac{1}{r}x^{-r}\right)\\&=rA^r\left(-\frac{1}{rx^r}\ln x\Big|_A^{+\infty}+\int_A^{+\infty}\frac{1}{rx^{r+1}}\mathrm{d}x\right)\\&=\ln A+\frac{1}{r},\end{aligned}$$

由辛钦大数定律知，$\dfrac{1}{n}\sum\limits_{i=1}^{n}\ln X_i\xrightarrow{P}\ln A+\dfrac{1}{r}$. 根据概率收敛的性质：若 $X_n\xrightarrow{P}X$，$Y_n\xrightarrow{P}Y$，则必有

$$X_n\pm Y_n\xrightarrow{P}X\pm Y,$$

且若 $X=a\neq0$ 时 $\dfrac{1}{X_n}\xrightarrow{P}\dfrac{1}{a}$（$a$ 为实数），以及 $f(X_n)\xrightarrow{P}f(x)$（$f(x)$ 是 $\mathbf{R}$ 上的连续函数）可得

$$\frac{1}{n}\sum_{i=1}^{n}\ln X_i-\ln\hat{A}\xrightarrow{P}\ln A+\frac{1}{r}-\ln A=\frac{1}{r}.$$

于是有

$$\hat{r}=\frac{1}{\dfrac{1}{n}\sum\limits_{i=1}^{n}\ln X_i-\ln\hat{A}}\xrightarrow{P}\frac{1}{\dfrac{1}{r}}=r.$$

故 r,A 的最大似然估计量为

$$\hat{A}=X_{(1)},\quad \hat{r}=\frac{1}{\frac{1}{n}\sum_{i=1}^{n}\ln X_i-\ln\hat{A}},$$

且都是相合估计.

(二) 补充题解答

1. 考虑离散分布

$$P\{X=x\}=a_x\frac{\theta^x}{f(\theta)},\quad x=0,1,2,\cdots,$$

其中对某些 x 可能 $a_x=0$, $f(\theta)$ 有连续导数. 设 $X_1,X_2,\cdots,X_n$ 是来自此分布的样本.

(1) 证明: θ 的最大似然估计是方程

$$\overline{X}=\frac{\theta f'(\theta)}{f(\theta)}$$

的一个根. 注意, $\frac{\theta f'(\theta)}{f(\theta)}=E(X)$, 上述估计方程与矩法方程相同.

(2) 试求为了估计泊松分布(参数为 λ) 和二项分布 $B(m,p)$ 中的未知参数而需要的上述方程.

解 (1) 设 $x_1,x_2,\cdots,x_n$ 是相应于 $X_1,X_2,\cdots,X_n$ 的一组样本值, 则似然函数为

$$L(\theta)=\prod_{i=1}^{n}a_{x_i}\frac{\theta^{x_i}}{f(\theta)}=\theta^{\sum\limits_{i=1}^{n}x_i}f^{-n}(\theta)\prod_{i=1}^{n}a_{x_i}.$$

取对数得

$$\ln L(\theta)=\sum_{i=1}^{n}x_i\ln\theta-n\ln f(\theta)+\ln\prod_{i=1}^{n}a_{x_i}$$

令

$$\frac{\mathrm{d}\ln L}{\mathrm{d}\theta}=\frac{1}{\theta}\sum_{i=1}^{n}x_i-\frac{nf'(\theta)}{f(\theta)}=0,$$

可得 θ 的最大似然估计值是方程 $\overline{x}=\frac{\theta f'(\theta)}{f(\theta)}$ 的一个根, 从而 θ 的最大似然估计量是方程

$$\overline{X}=\frac{\theta f'(\theta)}{f(\theta)}\tag{1}$$

的一个根. 由 $\sum_{i=1}^{\infty}a_x\frac{\theta^x}{f(\theta)}=1$, 知 $\sum_{i=1}^{\infty}a_x\theta^x=f(\theta)$, 故

$$E(X)=\sum_{x=1}^{\infty}a_x\frac{x\theta^x}{f(\theta)}=\frac{\theta}{f(\theta)}\sum_{x=1}^{\infty}a_x(\theta^x)'_\theta$$
$$=\frac{\theta}{f(\theta)}\Big(\sum_{x=1}^{\infty}a_x\theta^x\Big)'=\frac{\theta f'(\theta)}{f(\theta)}.$$

所以(1)也是 θ 的矩法方程.

(2) 对于泊松分布(参数为 λ)，$a_x=\frac{1}{x!}$，$f(\lambda)=e^{\lambda}$，因此 $f'(\lambda)=f(\lambda)$，故 λ 的最大似然估计满足方程

$$\overline{X}=\lambda.$$

从而 λ 的最大似然估计为 $\hat{\lambda}=\overline{X}$.

对于二项分布 $B(m,p)$，令 $\frac{p}{1-p}=\theta$，则

$$P\{X=x\}=\binom{m}{x}p^x(1-p)^{m-x}=\binom{m}{x}\left(\frac{p}{1-p}\right)^x(1-p)^m$$
$$=\binom{m}{x}\frac{\theta^x}{(1+\theta)^m}.$$

因此，$f(\theta)=(1+\theta)^x$，故 θ 的最大似然估计满足的方程为

$$\overline{X}=\frac{m\theta}{1+\theta}.$$

由最大似然估计的性质可知，$p=\frac{\theta}{1+\theta}$ 的最大似然估计满足的方程为

$$\overline{X}=mp.$$

2. 设总体 X 服从区间 $(\theta,\theta+1)$ 上的均匀分布，$X_1,X_2,\cdots,X_n$ 是来自总体 X 的样本，其中 $-\infty<\theta<\infty$. 试证 θ 的最大似然估计量不止一个，如 $\hat{\theta}_1=X_{(1)}$，$\hat{\theta}_2=X_{(n)}-1$，$\hat{\theta}_3=\frac{1}{2}(X_{(1)}+X_{(n)})-\frac{1}{2}$ 都是 θ 的最大似然估计量.

解 X 的概率密度为

$$f(x,\theta)=\begin{cases}1, & \theta<x<\theta+1;\\ 0, & \text{其他}.\end{cases}$$

设 $x_1,x_2,\cdots,x_n$ 是相应的样本值，则似然函数为

$$L(\theta)=\prod_{i=1}^{n}f(x_i,\theta)=\begin{cases}1, & \theta<x_i<\theta+1,\ i=1,2,\cdots,n;\\ 0, & \text{其他}.\end{cases}$$

因此，当 $\theta<x_i<\theta+1$，$i=1,2,\cdots,n$ 时，$L(\theta)=1$ 为常数，因此对于满足

$$\theta<x_{(1)}\leqslant x_{(n)}<\theta+1$$

的一切 θ 均为最大似然估计，因此 θ 的最大似然估计量不止一个. 由于区间 $(\theta,\theta+1)$ 的总长度为1，因此由上述不等式知，如果 θ 尽可能地靠近 $x_{(1)}$，或者 $\theta+1$ 尽量靠近 $x_{(n)}$，则所得的估计显得更加合理，因此 $\hat{\theta}_1=X_{(1)}$，$\hat{\theta}_2=X_{(n)}-1$ 都可以取作 θ 的最大似然估计量. 由最大似然估计的性质，$\hat{\theta}_3=\frac{1}{2}(X_{(1)}+X_{(n)})-\frac{1}{2}$ 也可以作为 θ 的最大似然估计.

3. 设随机变量 X 服从参数为 λ 的指数分布，求未知参数 λ 的倒数 $\theta=\frac{1}{\lambda}$ 的最大似然估计量 $\hat{\theta}$，并问所得的估计量 $\hat{\theta}$ 是否为 θ 的有效估计?

解 此时 X 的概率密度为

$$f(x,\theta)=\begin{cases}\frac{1}{\theta}\mathrm{e}^{-\frac{x}{\theta}}, & x>0;\\ 0, & x\leqslant 0.\end{cases}$$

设 $X_1,X_2,\cdots,X_n$ 是来自总体 X 的一个样本，$x_1,x_2,\cdots,x_n$ 是相应的样本值，则似然函数为

$$L(\theta)=\prod_{i=1}^{n}f(x_i,\theta)=\begin{cases}\theta^{-n}\mathrm{e}^{-\frac{1}{\theta}\sum\limits_{i=1}^{n}x_i}, & x_i>0,\ i=1,2,\cdots,n;\\ 0, & \text{其他}.\end{cases}$$

所以当 $x_i>0$，$i=1,2,\cdots,n$ 时，$L(\theta)>0$，并且

$$\ln L(\theta)=-n\ln\theta-\frac{1}{\theta}\sum_{i=1}^{n}x_i.$$

令

$$\frac{\mathrm{d}\ln L}{\mathrm{d}\theta}=-\frac{n}{\theta}+\frac{1}{\theta^2}\sum_{i=1}^{n}x_i=0,$$

解得 θ 的最大似然估计值为 $\hat{\theta}=\overline{x}$. 故其最大似然估计量为

$$\hat{\theta}=\overline{X}.$$

由于 $E(\hat{\theta})=E(\overline{X})=E(X)=\theta$，故 $\hat{\theta}=\overline{X}$ 是 θ 的无偏估计. 又

$$\ln f(x,\theta)=-\ln\theta-\frac{x}{\theta},\quad \frac{\partial\ln f(x,\theta)}{\partial\theta}=-\frac{1}{\theta}+\frac{x}{\theta^2},$$

故信息量

$$I(\theta)=E\left(\frac{\partial}{\partial\theta}f(X,\theta)\right)^2=E\left(-\frac{1}{\theta}+\frac{X}{\theta^2}\right)^2=\frac{1}{\theta^4}E(X-\theta)^2$$

$$=\frac{D(X)}{\theta^4}=\frac{1}{\theta^2}.$$

由于

$$D(\hat{\theta})=D(\overline{X})=\frac{D(X)}{n}=\frac{\theta^2}{n}=\frac{1}{nI(\theta)},$$

所以估计量 $\hat{\theta}$ 是 θ 的有效估计.

4. 设总体 X 服从未知参数为 $\lambda>0$ 的泊松分布，抽取样本容量为 1 的样本 X_1.

（1） 求 e^{λ} 的无偏估计.

（2） 证明：$\theta=e^{-2\lambda}$ 的无偏估计量唯一，且为

$$\hat{\theta}=\begin{cases}1, & X_1 \text{ 为偶数；}\\ -1, & X_1 \text{ 为奇数.}\end{cases}$$

解 （1） 设 $\hat{e}^{\lambda}=f(X_1)$ 是 e^{λ} 的无偏估计量，即

$$E(f(X_1))=\sum_{k=0}^{\infty}f(k)\frac{\lambda^k}{k!}e^{-\lambda}=e^{\lambda},$$

即 $e^{2\lambda}=\sum\limits_{k=0}^{\infty}f(k)\frac{\lambda^k}{k!}$. 又因为 $e^{2\lambda}=\sum\limits_{k=0}^{\infty}\frac{(2\lambda)^k}{k!}=\sum\limits_{k=0}^{\infty}2^k\frac{\lambda^k}{k!}$，比较得 $f(k)=2^k$ $(k=0,1,2,\cdots)$，即 $\hat{e}^{\lambda}=2^{X_1}$ 是 e^{λ} 的无偏估计量.

（2） 设 $\hat{\theta}=\hat{e}^{-2\lambda}=g(X_1)$ 是 $\theta=e^{-2\lambda}$ 的无偏估计量，则

$$E(\hat{\theta})=\sum_{k=0}^{\infty}g(k)\frac{\lambda^k}{k!}e^{-\lambda}=e^{-2\lambda},$$

即 $e^{-\lambda}=\sum\limits_{k=0}^{\infty}g(k)\frac{\lambda^k}{k!}$. 又因

$$e^{-\lambda}=\sum_{k=0}^{\infty}\frac{(-\lambda)^k}{k!}=\sum_{k=0}^{\infty}(-1)^k\frac{\lambda^k}{k!},$$

所以 $g(k)=(-1)^k(k=0,1,2,\cdots)$. 故 $\theta=e^{-2\lambda}$ 的无偏估计量是唯一的(在样本容量 $n=1$ 的条件下)，且唯一的无偏估计量为

$$\hat{\theta}=(-1)^{X_1}=\begin{cases}-1, & X_1 \text{ 为奇数；}\\ 1, & X_1 \text{ 为偶数.}\end{cases}$$

故 $\hat{\theta}=(-1)^X$ 是 $\theta=e^{-2\lambda}$ 的无偏估计.

5. 设 0.50，1.25，0.80，2.00 是来自总体 X 的简单随机样本值. 已知 $Y=\ln X$ 服从正态分布 $N(\mu,1)$.

（1） 求 X 的数学期望 $E(X)$（记 $E(X)=b$）.

（2） 求 μ 的置信度为 0.95 的置信区间.

（3） 利用上述结果求 b 的置信度为 0.95 的置信区间.

解 (1) 由本章基本题5知

$$b=E(X)=e^{\mu+\frac{1}{2}}.$$

(2) 由于$Y\sim N(\mu,1)$,所以μ的置信度为$1-\alpha$的置信区间为

$$\left(\overline{Y}-\frac{1}{\sqrt{n}}z_{\alpha/2},\overline{Y}+\frac{1}{\sqrt{n}}z_{\alpha/2}\right),\quad 其中\ \overline{Y}=\frac{1}{n}\sum_{i=1}^{n}\ln X_i.$$

在本题中已知$n=4$,经计算得$\overline{y}=0$,查表得$z_{0.025}=1.96$,所以μ的置信度为0.95的置信区间为$(-0.98,0.98)$.

(3) 由上面的结果,b的置信度为$1-\alpha$的置信区间为

$$\left(\exp\left\{\overline{Y}-\frac{1}{\sqrt{n}}z_{\alpha/2}+\frac{1}{2}\right\},\exp\left\{\overline{Y}+\frac{1}{\sqrt{n}}z_{\alpha/2}+\frac{1}{2}\right\}\right).$$

将$n=4$,$\overline{y}=0$,$z_{0.025}=1.96$代入,得b的置信度为0.95的置信区间为$(e^{-0.48},e^{1.48})$.

6. 设$X_1,X_2,\cdots,X_n$是来自正态总体$N(\mu,\sigma^2)$的样本.

(1) 求σ^2的置信度为$1-\alpha$的置信上限.

(2) 说明如何构造$\ln\sigma^2$的具有固定长度L的置信度为$1-\alpha$的置信区间.

解 (1) 由于$\frac{(n-1)S^2}{\sigma^2}\sim\chi^2(n-1)$,所以有

$$P\left\{\frac{(n-1)S^2}{\sigma^2}>\chi^2_{1-\alpha}(n-1)\right\}=1-\alpha,$$

即

$$P\left\{\frac{(n-1)S^2}{\chi^2_{1-\alpha}(n-1)}>\sigma^2\right\}=1-\alpha.$$

所以σ^2的置信度为$1-\alpha$的置信上限为$\frac{(n-1)S^2}{\chi^2_{1-\alpha}(n-1)}$.

(2) 由于σ^2的置信度为$1-\alpha$的置信区间为

$$\left(\frac{(n-1)S^2}{\chi^2_{\alpha/2}(n-1)},\frac{(n-1)S^2}{\chi^2_{1-\alpha/2}(n-1)}\right),$$

所以$\ln\sigma^2$的置信度为$1-\alpha$的置信区间为

$$\left(\ln\frac{(n-1)S^2}{\chi^2_{\alpha/2}(n-1)},\ln\frac{(n-1)S^2}{\chi^2_{1-\alpha/2}(n-1)}\right),$$

其区间长度为$\ln\frac{\chi^2_{\alpha/2}(n-1)}{\chi^2_{1-\alpha/2}(n-1)}$. 因此要使其具有固定长度$L$,必须选择样本容量$n$使其满足

$$\ln\frac{\chi^2_{\alpha/2}(n-1)}{\chi^2_{1-\alpha/2}(n-1)}=L,$$

即$\dfrac{\chi^2_{\alpha/2}(n-1)}{\chi^2_{1-\alpha/2}(n-1)}=\mathrm{e}^L$.

7. 设 $X_i=\dfrac{\theta}{2}t_i^2+\varepsilon_i$，$i=1,2,\cdots,n$，这里 ε_i 是均值为 0、方差为 σ^2（设为已知）的独立正态随机变量.

（1）用 θ 的估计量 $\hat{\theta}=2\sum\limits_{i=1}^n t_i^2X_i\Big/\sum\limits_{i=1}^n t_i^4$，求 θ 的具有固定长度 L 的置信度为 $1-\alpha$ 的置信区间.

（2）若 $0\leqslant t_i\leqslant 1$，$i=1,2,\cdots,n$，此时使用 t_i 的什么值，能使区间对于给定的 α 尽可能地短？

解　（1）由题意知，$X_i\sim N\left(\dfrac{\theta}{2}t_i^2,\sigma^2\right)$ $(i=1,2,\cdots,n)$，且相互独立，由于 $\hat{\theta}$ 是 $X_i(i=1,2,\cdots,n)$ 的线性组合，故也服从正态分布. 又

$$E(\hat{\theta})=\frac{2\sum\limits_{i=1}^n t_i^2E(X_i)}{\sum\limits_{i=1}^n t_i^4}=\theta,$$

$$D(\hat{\theta})=\frac{4\sum\limits_{i=1}^n t_i^4D(X_i)}{\left(\sum\limits_{i=1}^n t_i^4\right)^2}=\frac{4\sigma^2}{\sum\limits_{i=1}^n t_i^4},$$

于是

$$U=\frac{\hat{\theta}-\theta}{\sqrt{4\sigma^2\Big/\sum\limits_{i=1}^n t_i^4}}\sim N(0,1).$$

由 $P\{z_{1-\alpha+\alpha_1}<U<z_{\alpha_1}\}=1-\alpha$，可解得 θ 的置信度为 $1-\alpha$ 的置信区间为

$$\left(\hat{\theta}-\frac{2\sigma}{\sqrt{\sum\limits_{i=1}^n t_i^4}}z_{\alpha_1},\hat{\theta}-\frac{2\sigma}{\sqrt{\sum\limits_{i=1}^n t_i^4}}z_{1-\alpha+\alpha_1}\right).$$

因此，要使上面的区间具有固定长度，必须选择合适的 α_1，使

$$\frac{2\sigma(z_{\alpha_1}-z_{1-\alpha+\alpha_1})}{\left(\sum\limits_{i=1}^n t_i^4\right)^{\frac{1}{2}}}=L.$$

(2) 由于有限制 $0\leqslant t_i\leqslant 1$, $i=1,2,\cdots,n$，因此要使区间长度尽可能地短，必须使上式的分母 $\sqrt{\sum\limits_{i=1}^{n} t_i^4}$ 尽可能地大，因此我们取 $t_i=1$, $i=1,2,\cdots,n$.

8. 设 $X_1,X_2,\cdots,X_n$ 是来自正态总体 $N(\mu,\sigma^2)$ 的样本，其中 σ^2 已知. 试证明：形如 $\left(\overline{X}-u_{\alpha_1}\dfrac{\sigma}{\sqrt{n}},\overline{X}+u_{\alpha_2}\dfrac{\sigma}{\sqrt{n}}\right)$ 的置信度为 $1-\alpha$ $(\alpha_1+\alpha_2=\alpha)$ 的置信区间中，当 $\alpha_1=\alpha_2=\dfrac{\alpha}{2}$ 时，区间长度最短.

证 设 α_1,α_2 不相等，且 $\alpha_1<\dfrac{\alpha}{2}<\alpha_2$，则 $u_{\alpha_2}<u_{\alpha/2}<u_{\alpha_1}$. 由于 $\alpha_1+\alpha_2=\alpha$，所以 $\alpha_2-\dfrac{\alpha}{2}=\dfrac{\alpha}{2}-\alpha_1$. 设标准正态分布的概率密度为 $\varphi(x)$，则

$$\int_{u_{\alpha_2}}^{u_{\alpha/2}}\varphi(x)\mathrm{d}x=\alpha_2-\frac{\alpha}{2}=\frac{\alpha}{2}-\alpha_1=\int_{u_{\alpha/2}}^{u_{\alpha_1}}\varphi(x)\mathrm{d}x.$$

由于 $\varphi(x)$ 当 $x>0$ 时是单调递减的，所以有 $u_{\alpha_1}-u_{\alpha/2}>u_{\alpha/2}-u_{\alpha_2}$，即

$$u_{\alpha_1}+u_{\alpha_2}>2u_{\alpha/2}.$$

因此，区间 $\left(\overline{X}-u_{\alpha_1}\dfrac{\sigma}{\sqrt{n}},\overline{X}+u_{\alpha_2}\dfrac{\sigma}{\sqrt{n}}\right)$ 的长度为 $\dfrac{\sigma}{\sqrt{n}}(u_{\alpha_1}+u_{\alpha_2})>\dfrac{2\sigma}{\sqrt{n}}u_{\alpha/2}$，而右边即为 $\alpha_1=\alpha_2=\dfrac{\alpha}{2}$，是置信区间的长度.

所以形如 $\left(\overline{X}-u_{\alpha_1}\dfrac{\sigma}{\sqrt{n}},\overline{X}+u_{\alpha_2}\dfrac{\sigma}{\sqrt{n}}\right)$ 的置信度为 $1-\alpha$ $(\alpha_1+\alpha_2=\alpha)$ 的置信区间中，当 $\alpha_1=\alpha_2=\dfrac{\alpha}{2}$ 时，区间长度最短.

9. 设 $(X_1,X_2,\cdots,X_{n_1})$ 和 $(Y_1,Y_2,\cdots,Y_{n_2})$ 是分别来自正态总体 $N(\mu_1,\sigma_1^2)$ 和 $N(\mu_2,\sigma_2^2)$ 的两个相互独立的样本.

(1) 若 σ_1^2,σ_2^2 已知，求 $\mu_1-\mu_2$ 的置信度为 $1-\alpha$ 的具有固定长度 L 的置信区间.

(2) 若 $\sigma_1^2=\sigma_2^2=\sigma^2$ 未知，为使置信度为 90% 的 $\mu_1-\mu_2$ 的置信区间长度为 $\dfrac{2}{5}\sigma$，样本容量 $n_1=n_2=n$ 应取多大？

解 (1) 设 $\overline{X}=\dfrac{1}{n_1}\sum\limits_{i=1}^{n1}X_i$，$\overline{Y}=\dfrac{1}{n_2}\sum\limits_{i=1}^{n2}Y_i$，则有

$$\frac{\overline{X}-\overline{Y}-(\mu_1-\mu_2)}{\sqrt{\frac{\sigma_1^2}{n_1}+\frac{\sigma_2^2}{n_2}}}.$$

因此 $\mu_1-\mu_2$ 的置信度为 $1-\alpha$ 的置信区间为

$$\left(\overline{X}-\overline{Y}-z_{\alpha-\alpha_1}\sqrt{\frac{\sigma_1^2}{n_1}+\frac{\sigma_2^2}{n_2}},\ \overline{X}-\overline{Y}+z_{\alpha_1}\sqrt{\frac{\sigma_1^2}{n_1}+\frac{\sigma_2^2}{n_2}}\right).$$

要使该区间具有固定长度 L，必须选择适当的 α_1 或样本容量 n_1, n_2，使得

$$z_{\alpha-\alpha_1}+z_{\alpha_1}=\frac{L}{\sqrt{\frac{\sigma_1^2}{n_1}+\frac{\sigma_2^2}{n_2}}}.$$

（2） 由于 $L=\frac{2}{5}\sigma$，$n_1=n_2=n$，取 $\alpha_1=\frac{\alpha}{2}$，则上式变为

$$2z_{\alpha/2}=\frac{\frac{2}{5}\sigma}{\sqrt{\frac{2}{n}}\sigma}.$$

解得 $n=\left(5\sqrt{2}z_{\alpha/2}\right)^2$. 又 $\alpha=0.1$，故 $z_{0.05}=1.645$，代入计算得 $n=135.3$. 由于容量为整数，故取 $n=136$.

10. 设总体 X 服从正态分布 $N(0,\sigma^2)$，未知参数 $\sigma^2>0$，$X_1, X_2, \cdots, X_n$ 为取自该总体的样本，试证明样本二阶矩 $A_2=\frac{1}{n}\sum_{i=1}^{n}X_i^2$ 是 σ^2 的有效估计，其 C-R 下界为 $\frac{2\sigma^4}{n}$. 运用(7.2.4) 证明总体标准差 σ 的 C-R 下界为 $\frac{\sigma^2}{2n}$.

证 由于

$$E\left(\frac{1}{n}\sum_{i=1}^{n}X_i^2\right)=\frac{1}{n}\sum_{i=1}^{n}E(X_i^2)=\frac{1}{n}\cdot n\sigma^2=\sigma^2,$$

即 $A_2=\frac{1}{n}\sum_{i=1}^{n}X_i^2$ 是 σ^2 的一个无偏估计量，以及

$$D\left(\frac{1}{n}\sum_{i=1}^{n}X_i^2\right)=\frac{1}{n^2}\cdot n[E(X_1^4)-(E(X_1^2))^2]$$

$$=\frac{1}{n}(3\sigma^4-\sigma^4)=\frac{2}{n}\sigma^4,$$

且

$$\ln L(\sigma^2)=\ln\sqrt{2\pi}-\frac{1}{2}\ln\sigma^2-\frac{1}{2\sigma^2}X^2,$$

$$\frac{\mathrm{d}}{\mathrm{d}\sigma^2}\ln L(\sigma^2)=-\frac{1}{2\sigma^2}+\frac{1}{2(\sigma^2)^2}X^2,$$

因此费希尔信息量为

$$I(\sigma^2)=E\left[\left(\frac{\mathrm{d}}{\mathrm{d}\sigma^2}\ln L(\sigma^2)\right)^2\right]=E\left[\left(-\frac{1}{2\sigma^2}+\frac{1}{2(\sigma^2)^2}X^2\right)^2\right]$$
$$=\frac{1}{2\sigma^4}.$$

显然 L-R 下界为

$$\frac{1}{nI(\sigma^2)}=\frac{2\sigma^4}{n}=D(\hat{\sigma}^2).$$

故 $\hat{\sigma}^2=A_2=\frac{1}{n}\sum_{i=1}^{n}X_i^2$ 是 σ^2 的有效估计量.

对未知参数 σ，因

$$L(\sigma)=\frac{1}{\sqrt{2\pi}\sigma}\mathrm{e}^{-\frac{X^2}{2\sigma^2}},$$

此时费希尔信息量

$$I(\sigma)=E\left[\left(\frac{\mathrm{d}\ln L(\sigma)}{\mathrm{d}\sigma}\right)^2\right]=E\left[\left(-\frac{1}{\sigma}+\frac{1}{\sigma^3}X^2\right)^2\right]$$
$$=\frac{2}{\sigma^2}.$$

又显然定理 7.2.1 条件是满足的，从而 σ 的 L-R 下界为

$$\frac{1}{nI(\sigma)}=\frac{\sigma^2}{2n}.$$

11. 设总体 X 的概率密度为

$$f(x,\theta)=\begin{cases}\frac{2x}{\theta^2}, & 0<x<\theta;\\ 0, & \text{其他}.\end{cases}$$

(1) 求 θ 的矩估计量 $\hat{\theta}$.

(2) 证明：$\hat{\theta}$ 是 θ 的无偏估计量.

(3) 证明：$D(\hat{\theta})$ 小于 C-R 不等式的下界.

解 (1) $E(X)=\int_{-\infty}^{\infty}xf(x,\theta)\mathrm{d}x=\int_0^{\theta}\frac{2x^2}{\theta^2}\mathrm{d}x=\frac{2}{3}\theta.$

令 $\frac{2}{3}\theta=\overline{X}$，解得 θ 的矩估计量为 $\hat{\theta}=\frac{3}{2}\overline{X}$.

(2) 由于 $E(\hat{\theta})=\frac{3}{2}E(\overline{X})=\frac{3}{2}E(X)=\theta$，故 $\hat{\theta}$ 是 θ 的无偏估计量.

(3) $\ln f(x,\theta)=\ln 2x-2\ln\theta$，$\dfrac{\partial \ln f}{\partial\theta}=-\dfrac{2}{\theta}$. 信息量

$$I(\theta)=E\left(\frac{\partial \ln f(X,\theta)}{\partial\theta}\right)^2=\frac{4}{\theta^2}.$$

又 $E(X^2)=\int_{-\infty}^{\infty}x^2f(x,\theta)\mathrm{d}x=\int_0^{\theta}\dfrac{2x^3}{\theta^2}\mathrm{d}x=\dfrac{1}{2}\theta^2$，故

$$D(X)=E(X^2)-(E(X))^2=\frac{1}{18}\theta^2.$$

由于

$$D(\hat{\theta})=\frac{9}{4}D(\overline{X})=\frac{9}{4n}D(X)=\frac{1}{8n}\theta^2<\frac{1}{4n}\theta^2=\frac{1}{nI(\theta)},$$

所以 $D(\hat{\theta})$ 小于 C-R 不等式的下界.

三、测试题及测试题解答

(一) 测试题

1. 设总体 X 的分布函数为

$$F(x,\theta_1,\theta_2)=\begin{cases}1-\left(\dfrac{\theta_1}{x}\right)^{\theta_2}, & x\geqslant\theta_1;\\ 0, & x<\theta_1\end{cases}$$

(θ_1,θ_2 均为参数，$\theta_1>0$ 已知，$\theta_2>0$ 未知，且 $\theta_2\neq 1$)，$X_1,X_2,\cdots,X_n$ 是取自总体 X 的样本，求未知参数 θ_2 的最大似然估计和矩估计.

2. 已知总体 X 的密度函数为

$$f(x,\theta)=\begin{cases}\dfrac{x}{\theta}\mathrm{e}^{-\frac{x^2}{2\theta}}, & x>0;\\ 0, & x\leqslant 0,\end{cases}$$

$X_1,X_2,\cdots,X_n$ 是取自总体 X 的样本，求未知参数 θ 的最大似然估计，并证明这个估计量是 θ 的无偏估计量.

3. 为了估计池塘中鱼的尾数，先捕到 r 尾鱼，做上记号后放入塘中，隔一段时间后，再从塘中捕到 s 尾鱼，经检查后发现其中有 t 条有记号，试用最

大似然估计法估计塘中有多少尾鱼.

4. 设总体 X 的概率密度为

$$f(x)=\begin{cases}2e^{-2(x-\theta)}, & x>\theta;\\ 0, & x\leqslant\theta,\end{cases}$$

其中 $\theta>0$ 是未知参数，从总体 X 抽取简单随机样本 $X_1,X_2,\cdots,X_n$，记 $\hat{\theta}=\min\{X_1,X_2,\cdots,X_n\}$.

(1) 求总体 X 的分布函数.

(2) 求统计量 $\hat{\theta}$ 的分布函数 $F_{\hat{\theta}}(x)$.

(3) 如果用 $\hat{\theta}$ 作为 θ 的估计量，讨论它是否具有无偏性.

5. 设有 k 台仪器. 已知用第 i 台仪器测量时，测定值总体的标准差为 σ_i $(i=1,2,\cdots,k)$，用这些仪器独立地对某一物理量 θ 各观察一次，分别得到 $X_1,X_2,\cdots,X_n$. 设这些仪器没有系统误差，即 $E(X_i)=\theta$ $(i=1,2,\cdots,k)$. 问 $a_1,a_2,\cdots,a_k$ 应取何值，方能使用 $\hat{\theta}=\sum\limits_{i=1}^{k}a_iX_i$ 估计 θ 时，$\hat{\theta}$ 是无偏的，并且 $D(\hat{\theta})$ 最小?

6. 设随机变量 X 服从伽玛分布，其密度函数为

$$f(x,\theta)=\begin{cases}\dfrac{\theta^p}{\Gamma(p)}e^{-\theta x}x^{p-1}, & x\geqslant 0;\\ 0, & x<0,\end{cases}$$

其中 p 为已知常数. 设 $X_1,X_2,\cdots,X_n$ 是来自此总体的一个样本，$\overline{X}$ 为样本平均值，$g(\theta)=\dfrac{1}{\theta}$，试证 $\dfrac{\overline{X}}{p}$ 是 $g(\theta)$ 的无偏有效估计.

7. 随机地从一批钉子中抽取 16 枚，测得长度为(单位 cm)：

2.14	2.10	2.13	2.15	2.13	2.12	2.13	2.10
2.15	2.12	2.14	2.10	2.13	2.11	2.14	2.11

设钉子长度 $X\sim N(\mu,\sigma^2)$，分别就下列两种情形求总体均值 μ 的 90% 的置信区间：(1) 若已知 $\sigma=0.01$；(2) 若 σ 为未知.

8. 设总体 $X\sim N(\mu,\sigma^2)$，$X_1,X_2,\cdots,X_n$ 为其样本，S^2 为样本方差，已知 $n=9$，$\alpha=0.05$，当 μ 已知时，σ^2 有两个置信区间：

$$\left(\frac{(n-1)S^2}{\chi^2_{\alpha/2}(n-1)},\frac{(n-1)S^2}{\chi^2_{1-\alpha/2}(n-1)}\right) \tag{A}$$

和

$$\left(\frac{\sum\limits_{i=1}^{n}(X_i-\mu)^2}{\chi^2_{\alpha/2}(n)},\frac{\sum\limits_{i=1}^{n}(X_i-\mu)^2}{\chi^2_{1-\alpha/2}(n)}\right). \tag{B}$$

试证明：由(B)给出的置信区间比由(A)给出的置信区间好.

9. 某地为研究农业家庭与非农业家庭的人口状况，独立、随机地调查了50户农业居民和60户非农业居民.经计算知农业居民家庭平均每户4.5人，非农业居民家庭平均每户3.75人.已知每户农业居民家庭人口分布为$N(\mu_1, 1.8^2)$，每户非农业居民家庭人口分布为$N(\mu_2, 2.1^2)$，试求$\mu_1-\mu_2$的置信度为99%的置信区间.

10. 两种灯泡，一种用A型灯丝，另一种用B型灯丝.随机抽取两种灯泡各10只，测得它们的寿命(单位：小时)为

A：1 293，1 380，1 614，1 497，1 340，1 643，1 466，1 627，1 387，1 711

B：1 061，1 065，1 092，1 017，1 021，1 138，1 143，1 094，1 270，1 028

设两种灯泡的寿命均服从正态分布，方差相等且两样本相互独立，求两种灯泡的平均寿命之差$\mu_A-\mu_B$的置信度为90%的置信区间.

11. 对某种产品质量指标进行抽样检验，每天抽取容量为5的样本(每天的样本相互独立)，某5天的样本方差数据为

$$S_1^2=237,\ S_2^2=320,\ S_3^2=453,\ S_4^2=296,\ S_5^2=141.$$

假设产品质量指标$X\sim N(\mu,\sigma^2)$，试求σ^2的置信度为95%的置信区间.

(二) 测试题解答

1.解 总体X的概率密度为

$$f(x,\theta_2)=\begin{cases}\theta_2\theta_1^{\theta_2}x^{-(\theta_2+1)}, & x\geqslant\theta_1;\\ 0, & x<\theta_1.\end{cases}$$

设$x_1,x_2,\cdots,x_n$是相应的样本值，则似然函数为

$$L(\theta_2)=\prod_{i=1}^{n}f(x_i,\theta_2)=\prod_{i=1}^{n}\theta_2\theta_1^{\theta_2}x_i^{-(\theta_2+1)}=\theta_2^n\theta_1^{n\theta_2}\prod_{i=1}^{n}x_i^{-(\theta_2+1)}.$$

取对数，得

$$\ln L(\theta_2)=n\ln\theta_2+n\theta_2\ln\theta_1-(1+\theta_2)\sum_{i=1}^{n}\ln x_i.$$

令

$$\frac{\mathrm{d}\ln L(\theta_2)}{\mathrm{d}\theta_2}=\frac{n}{\theta_2}+n\ln\theta_1-\sum_{i=1}^{n}\ln x_i=0,$$

解得θ_2的最大似然估计值为

$$\hat{\theta}_2=\frac{n}{\sum\limits_{i=1}^{n}(\ln x_i-\ln\theta_1)}.$$

由于

$$E(X)=\int_{\theta_1}^{\infty} x\theta_2\theta_1^{\theta_2}x^{-(\theta_2+1)}\mathrm{d}x=\int_{\theta_1}^{\infty}\theta_2\theta_1^{\theta_2}x^{-\theta_2}\mathrm{d}x=\frac{\theta_1\theta_2}{\theta_2-1},$$

令 $\frac{\theta_1\theta_2}{\theta_2-1}=\overline{X}$，解得 θ_2 的矩估计量为 $\hat{\theta}_2=\frac{\overline{X}}{\overline{X}-\theta_1}$.

2.解 设 $x_1,x_2,\cdots,x_n$ 是相应的样本值，则似然函数为

$$L(\theta)=\begin{cases}\prod\limits_{i=1}^{n}\frac{x_i}{\theta}\mathrm{e}^{-\frac{x_i^2}{2\theta}}, & x_i>0,\ i=1,2,\cdots,n;\\ 0, & \text{其他}.\end{cases}$$

所以当 $x_i>0,\ i=1,2,\cdots,n$ 时，$L(\theta)>0$. 取对数，得

$$\ln L(\theta)=\sum_{i=1}^{n}\ln x_i-n\ln\theta-\frac{1}{2\theta}\sum_{i=1}^{n}x_i^2.$$

令

$$\frac{\mathrm{d}\ln L(\theta)}{\mathrm{d}\theta}=-\frac{n}{\theta}+\frac{1}{2\theta^2}\sum_{i=1}^{n}x_i^2=0,$$

解得 θ 的最大似然估计值为 $\hat{\theta}=\frac{1}{2n}\sum\limits_{i=1}^{n}x_i^2$. 故 θ 的最大似然估计量为

$$\hat{\theta}=\frac{1}{2n}\sum_{i=1}^{n}X_i^2.$$

由于 $E(X^2)=\int_0^{\infty}\frac{x^3}{\theta}\mathrm{e}^{-\frac{x^2}{2\theta}}\mathrm{d}x=2\theta$，故

$$E(\hat{\theta})=\frac{1}{2n}\sum_{i=1}^{n}E(X_i^2)=\frac{1}{2n}\sum_{i=1}^{n}E(X^2)=\frac{1}{2n}\cdot n(2\theta)=\theta.$$

所以这个估计量为 θ 的无偏估计量.

3.解 设池塘中的鱼数为 θ，再设捕到的 s 尾鱼中有记号的鱼数为 X，则 X 服从超几何分布：

$$P\{X=x\}=\frac{\binom{r}{x}\binom{\theta-r}{s-x}}{\binom{\theta}{s}},\quad x=0,1,2,\cdots,r.$$

现在由于捕到的 s 尾鱼中有 t 条有记号，故似然函数为

$$L(\theta)=P\{X=t\}=\frac{\binom{r}{t}\binom{\theta-r}{s-t}}{\binom{\theta}{s}}.$$

由于比值

$$\frac{L(\theta)}{L(\theta-1)}=\frac{\theta^2-r\theta-s\theta+rs}{\theta^2-r\theta-s\theta+Nt},$$

当 $\theta<\frac{rs}{t}$ 时大于1，当 $\theta>\frac{rs}{t}$ 时小于1，从而当 $\theta=\left[\frac{rs}{t}\right]$ 时，$L(\theta)$ 可取最大值，故 $\hat{\theta}=\left[\frac{rs}{t}\right]$ 即为池塘中鱼数的最大似然估计值.

4.解　(1) $F(x)=\int_{-\infty}^{x}f(t)\mathrm{d}t=\begin{cases}1-\mathrm{e}^{-2(x-\theta)}, & x>\theta;\\0, & x\leqslant\theta.\end{cases}$

(2) $F_{\hat{\theta}}(x)=1-(1-F(x))^n=\begin{cases}1-\mathrm{e}^{-2n(x-\theta)}, & x>\theta;\\0, & x\leqslant\theta.\end{cases}$

(3) $\hat{\theta}$ 的概率密度为

$$f_{\hat{\theta}}(x)=F'_{\hat{\theta}}(x)=\begin{cases}2n\mathrm{e}^{-2n(x-\theta)}, & x>\theta;\\0, & x\leqslant\theta.\end{cases}$$

因为

$$E\hat{\theta}=\int_{-\infty}^{\infty}xf_{\hat{\theta}}(x)\mathrm{d}x=\int_{\theta}^{\infty}2nx\mathrm{e}^{-2n(x-\theta)}\mathrm{d}x=\theta+\frac{1}{2n}\neq\theta,$$

所以 $\hat{\theta}$ 作为 θ 的估计量不具有无偏性.

5.解　欲使 $\hat{\theta}$ 是无偏的，必须

$$E(\hat{\theta})=\sum_{i=1}^{k}a_iE(X_i)=\sum_{i=1}^{k}a_i\theta=\theta,$$

即 $\sum_{i=1}^{k}a_i=1$. 而

$$D(\hat{\theta})=\sum_{i=1}^{k}a_i^2D(X_i)=\sum_{i=1}^{k}a_i^2\sigma_i^2,$$

由题意知，须在条件 $\sum_{i=1}^{k}a_i=1$ 下求 $D(\hat{\theta})$ 的最小值，为此引入函数

$$F(a_1,\cdots,a_k;\lambda)=\sum_{i=1}^{k}a_i^2\sigma_i^2+\lambda\left(\sum_{i=1}^{n}a_i-1\right).$$

令

$$\begin{cases}\dfrac{\partial F}{\partial a_i}=2a_i\sigma_i^2+\lambda=0\quad(i=1,2,\cdots,k),\\ \sum\limits_{i=1}^{k}a_i=1,\end{cases}$$

由前 k 式可解得 $a_i=-\frac{\lambda}{2\sigma_i^2}$ $(i=1,2,\cdots,k)$. 将其代入最后一个式子中，得

$$\lambda=-\frac{2}{\sum_{j=1}^{k}\frac{1}{\sigma_j^2}}=-2\sigma^2,\quad 其中\frac{1}{\sigma^2}=\sum_{i=1}^{k}\frac{1}{\sigma_i^2}.$$

故 $a_i=\frac{\sigma^2}{\sigma_i^2}$ $(i=1,2,\cdots,k)$. 此即为所求.

6.解 总体 X 的数学期望为

$$\begin{aligned}E(X)&=\int_{-\infty}^{\infty}xf(x,\theta)\mathrm{d}x=\frac{\theta^p}{\Gamma(p)}\int_0^{\infty}\mathrm{e}^{-\theta x}x^p\mathrm{d}x\\&=\frac{1}{\theta\Gamma(p)}\int_0^{\infty}\theta^{p+1}\mathrm{e}^{-\theta x}x^p\mathrm{d}x=\frac{1}{\theta\Gamma(p)}\Gamma(p+1)=\frac{p}{\theta},\end{aligned}$$

$$\begin{aligned}E(X^2)&=\int_{-\infty}^{\infty}x^2f(x,\theta)\mathrm{d}x=\frac{\theta^p}{\Gamma(p)}\int_0^{\infty}\mathrm{e}^{-\theta x}x^{p+1}\mathrm{d}x\\&=\frac{1}{\theta^2\Gamma(p)}\int_0^{\infty}\theta^{p+2}\mathrm{e}^{-\theta x}x^{p+1}\mathrm{d}x=\frac{1}{\theta^2\Gamma(p)}\Gamma(p+2)\\&=\frac{p(p+1)}{\theta^2},\end{aligned}$$

而 $D(X)=E(X^2)-(E(X))^2=\frac{p}{\theta^2}$，故

$$E\left(\frac{\overline{X}}{p}\right)=\frac{1}{p}E(\overline{X})=\frac{1}{p}E(X)=\frac{1}{\theta}=g(\theta),$$

即 $\frac{\overline{X}}{p}$ 是 $g(\theta)$ 的无偏估计量. 令 $u=g(\theta)=\frac{1}{\theta}$，则当 $x>0$ 时，有

$$\begin{aligned}\ln f(x,\theta)&=p\ln\theta-\theta x+(p-1)\ln x-\ln\Gamma(p)\\&=-p\ln u-\frac{x}{u}+(p-1)\ln x-\ln\Gamma(p).\end{aligned}$$

所以

$$\frac{\partial\ln f(x,\theta)}{\partial u}=-\frac{p}{u}+\frac{x}{u^2}=x\theta^2-p\theta.$$

信息量

$$I(u)=E\left(\frac{\partial\ln f(X,\theta)}{\partial u}\right)^2=\theta^4\left(X-\frac{p}{\theta}\right)^2=\theta^4D(X)=\theta^2p,$$

$$D\left(\frac{\overline{X}}{p}\right)=\frac{1}{p^2}D(\overline{X})=\frac{1}{np^2}D(X)=\frac{1}{n\theta^2p}=\frac{1}{nI(u)}.$$

$\dfrac{\overline{X}}{p}$ 是 $g(\theta)$ 的无偏有效估计.

7.解　(1) 若已知 $\sigma=0.01$，则 μ 的置信度为 $1-\alpha$ 的置信区间为

$$\left(\overline{X}-\frac{\sigma}{\sqrt{n}}z_{\alpha/2},\overline{X}+\frac{\sigma}{\sqrt{n}}z_{\alpha/2}\right).$$

已知 $\alpha=0.1$，$n=16$，经计算可得 $\overline{x}=2.215$，$s=0.017\,13$，查表得 $z_{0.05}=1.645$，代入上式得总体均值 μ 的 90% 的置信区间为(2.121,2.129).

(2) 若 σ 为未知，则 μ 的置信度为 $1-\alpha$ 的置信区间为

$$\left(\overline{X}\pm\frac{S}{\sqrt{n}}t_{\alpha/2}(n-1)\right).$$

查表得 $t_{0.05}(15)=1.7531$，将已知的数据代入得总体均值 μ 的 90% 的置信区间为(2.117,2.133).

8.解　由 $E(S^2)=\sigma^2$ 及 $n=9$，$\alpha=0.05$ 可知，(A),(B) 的置信区间的平均长度分别为

$$\begin{aligned}E(L_A)&=(n-1)\left(\frac{1}{\chi^2_{1-\alpha/2}(n-1)}-\frac{1}{\chi^2_{\alpha/2}(n-1)}\right)E(S^2)\\&=8\cdot\left(\frac{1}{\chi^2_{0.975}(8)}-\frac{1}{\chi^2_{0.025}(8)}\right)\sigma^2\\&=8\cdot\left(\frac{1}{2.18}-\frac{1}{17.535}\right)\sigma^2=3.21\sigma^2,\\E(L_B)&=n\cdot\left(\frac{1}{\chi^2_{1-\alpha/2}(n)}-\frac{1}{\chi^2_{\alpha/2}(n)}\right)\cdot\sum_{i=1}^{n}E(X_i-\mu)^2\\&=9\cdot\left(\frac{1}{\chi^2_{0.975}(9)}-\frac{1}{\chi^2_{0.025}(9)}\right)\sigma^2\\&=9\cdot\left(\frac{1}{2.7}-\frac{1}{19.023}\right)\sigma^2=2.82\sigma^2.\end{aligned}$$

可见 $E(L_B)<E(L_A)$，故(B) 的置信区间比(A) 的好.

9.解　由于 $\sigma_1=1.8$，$\sigma_2=2.1$ 已知，于是 $\mu_1-\mu_2$ 的置信度为 $1-\alpha$ 的置信区间为

$$\left(\overline{X}-\overline{Y}-z_{\alpha/2}\sqrt{\frac{\sigma_1^2}{n_1}+\frac{\sigma_2^2}{n_2}},\overline{X}-\overline{Y}+z_{\alpha/2}\sqrt{\frac{\sigma_1^2}{n_1}+\frac{\sigma_2^2}{n_2}}\right).$$

由题意知，$\overline{x}=4.5$，$\overline{y}=3.75$，$\alpha=0.01$，$n_1=50$，$n_2=60$，查表得 $z_{0.005}=2.57$，故 $\mu_1-\mu_2$ 的置信区间为$(-0.205\,7,1.705\,7)$.

10.解　设两种灯泡的寿命分别服从正态分布 $N(\mu_A,\sigma^2)$ 和 $N(\mu_B,\sigma^2)$，

则 $\mu_A-\mu_B$ 的置信度为 $1-\alpha$ 的置信区间为

$$\left(\overline{X}-\overline{Y}-S_w\sqrt{\frac{1}{n_1}+\frac{1}{n_2}}t_{\alpha/2}(n_1+n_2-2),\right.$$

$$\left.\overline{X}-\overline{Y}+S_w\sqrt{\frac{1}{n_1}+\frac{1}{n_2}}t_{\alpha/2}(n_1+n_2-2)\right),$$

其中

$$S_w^2=\frac{(n_1-1)S_1^2+(n_2-1)S_2^2}{n_1+n_2-2}.$$

已知 $n_1=n_2=10$，$\alpha=0.1$，经计算得 $\overline{x}=1\,495.8$，$s_1=145.56$，$\overline{y}=1\,092.9$，$s_2=76.63$，$s_w^2=13\,529.906\,8$，查表得 $t_{0.05}(18)=1.734\,1$，故 $\mu_A-\mu_B$ 的置信度为 90% 的置信区间为(312.69,493.11).

11.解 由题意知，有

$$\frac{(n_i-1)S_i^2}{\sigma^2}\sim\chi^2(n_i-1)\quad(i=1,2,3,4,5).$$

由于 $n_i=5$ $(i=1,2,3,4,5)$，$S_i^2(i=1,2,3,4,5)$ 相互独立，故有

$$\chi^2=\frac{4(S_1^2+S_2^2+S_3^2+S_4^2+S_5^2)}{\sigma^2}\sim\chi^2(20).$$

对于给定的置信度 $1-\alpha$，有

$$P\{\chi^2_{1-\alpha/2}(20)<\chi^2<\chi^2_{\alpha/2}(20)\}=1-\alpha.$$

由上式可解得 σ^2 的置信度为 95% 的置信区间为

$$\left(\frac{4(S_1^2+\cdots+S_5^2)}{\chi^2_{0.025}},\frac{4(S_1^2+\cdots+S_5^2)}{\chi^2_{0.097\,5}}\right),$$

即为(169.4,603.5).

第八章 假设检验

一、大纲要求及疑难点解析

(一) 大纲要求

1. 理解显著性检验的基本思想，掌握假设检验的基本步骤，了解假设检验可能产生的两类错误.

2. 了解单个及两个正态总体的均值和方差的假设检验.

(二) 内容提要

显著性检验的基本思想和步骤，假设检验的两类错误，单个及两个正态总体的均值和方差的假设检验.

(三) 疑难点解析

1. 假设检验与区间估计有何异同?

答 假设检验与参数估计是两种最重要的统计推断形式. 假设检验判断结论是否成立，而区间估计确定包含真值范围大小；前者解决的是定性问题，后者解决的是定量的问题. 假设检验与区间估计两者的提法虽然不同，对结果的解释方面亦存在着差异，但解决问题的途径是相通的. 现以下例说明：设 $X \sim N(\mu, \sigma_0^2)$，$\sigma_0^2$ 已知. 假设检验 $H_0: \mu = \mu_0$，若 H_0 为真，则

$$U = \frac{\sqrt{n}(\overline{X} - \mu_0)}{\sigma_0} \sim N(0,1).$$

对给定的显著性水平 α，由 $P\{|U| > z_{\alpha/2}\} = \alpha$，可得 H_0 的接受域为

$$\left(\overline{X} - \frac{\sigma_0 z_{\alpha/2}}{\sqrt{n}}, \overline{X} + \frac{\sigma_0 z_{\alpha/2}}{\sqrt{n}}\right),$$

这是以 $1-\alpha$ 的概率接受 H_0. 若把上述 μ_0 换为 μ，那么这个 H_0 的接受域正是 μ 的置信度为 $1-\alpha$ 的置信区间. 这充分说明两者解决问题的途径是相同的.

2. 在统计假设检验中，如何确定原假设 H_0 和备择假设 H_1?

答 在假设检验中，首先要针对具体问题提出原假设 H_0 和备择假设 H_1. 在实际问题中，选用哪个假设作为原假设 H_0，要依具体问题的目的与要求而定. 它取决于犯两类错误将会带来的后果. 因显著性检验控制的是犯第一类错误的概率，从而人们通常将那些需要考虑的或被拒绝时导致后果更严重的假设视为原假设；在作单侧假设检验时，而把希望得到的结论的反面作为原假设. 一般可按以下原则选择两假设：

(1) 若目的是希望从样本观测值提供的信息，对某个陈述取得强有力的支持，那么应将这一陈述的否定作为原假设，而把这一陈述的本身作为备择假设.

(2) 将过去资料所提供的论断作为原假设 H_0. 因为这样一旦检验拒绝了 H_0，则由于犯第一类错误的可能性大小被控制，而显得有说服力或危害性较小.

(3) 在实际问题中，若要求新提出的新方法(新材料、新工艺、新配方等)是否比原方法好，往往将“原方法不比新方法差”取为原假设，而将“新方法优于原方法”取为备择假设(一般都将待考查的新事物的结论作为备择假设).

(4) 只提出一个假设，且统计检验的目的仅仅是为了判别这个假设是否成立，而并不同时研究其他假设，此时直接取该假设为原假设 H_0 即可.

(5) 把后果严重的错误定为第一类错误，它的大小由 α 控制住.

3. 如何理解假设检验中接受或拒绝原假设 H_0 的含义?

答 参数的假设检验法则在理论上依据的是所谓“实际推断原理”与反证法思想. 而由带有概率性质的反证法所推证得到的结论，必然带有一定程度的不确定性，从而不能视为一种完全肯定或否定的论断. 如接受原假设 H_0 并不等于证明 H_0 的真实性，拒绝 H_0 也不等于证明 H_0 的不真实性. 事实上，在假设 $H_0: \mu=\mu_0$ 中，μ 的真值是什么也许永远无法知道，接受或拒绝仅仅是一种倾向性意见. 接受其一假设只是在一定概率意义下比接受其他假设更好，严格地讲，接受 H_0 的意思是认为 μ 与 μ_0 没有显著差异，而拒绝 H_0 的意思是认为 μ 与 μ_0 有显著的差异. 这显著的程度由 α 的大小表示，这亦正是为何称 α 为显著性水平的缘由.

4. 如何理解假设检验中的两类错误及其概率？

答 参数的假设检验是利用一个样本来推断总体，由于样本的随机性，不论对统计假设作出何种判断，都不可避免地会发生错误——“弃真错误”（第一类错误）或“取伪错误”（第二类错误）. 在假设检验中，由于“弃真错误”的概率 α 比较直观，又考虑到与其“接纳一个假的”不如“推辞一个真的”这一习惯思想，我们便事先给 α 一个定值. 由于 α 反映了对原假设的保护程度，且 α 越小，原假设 H_0 被拒绝的可能性亦越小，所以一般控制 α 的值不宜过大. 然而，实际情况表明：当样本容量 n 不变时，若 α 的值减小，“取伪错误”的概率 β 往往会增大(尽管 α 与 β 之间一般没有一个明确的解析表达式)，就好像置信区间中的可信度与精确度之间存在着此消彼长的关系一样. 然而，一个优良的假设检验准则，应该是使犯两类错误的概率尽可能地小. 于是，为了使犯两类错误的概率保持在一定的合理水平上，人们往往通过增加样本容量的手段来实现.

二、习 题 解 答

(一) 基本题解答

1. 设某产品的指标服从正态分布，它的标准差 $\sigma=150$. 今抽取了一个容量为 26 的样本,计算得平均值为 1 637. 问在显著性水平 5% 下能否认为这批产品的指标的期望值 μ 为 1 600?

解 此题是在显著性水平 $\alpha=0.05$ 下检验假设：

$$H_0: \mu=\mu_0, \quad H_1: \mu \neq \mu_0,$$

其中 $\mu_0=1\,600$. 检验统计量为 $u=\dfrac{\overline{x}-\mu_0}{\sigma/\sqrt{n}}$，拒绝域为 $|u| \geqslant z_{\alpha/2}$，已知 $\sigma=150$，$n=26$，$\overline{x}=1\,637$，查表得 $z_{\alpha/2}=z_{0.025}=1.96$，计算得 $|u|=1.258<1.96$，所以接受原假设 H_0，即可以认为这批产品的指标的期望值 μ 为1 600.

2. 设某次考试的考生成绩服从正态分布，从中随机地抽取 36 位考生的成绩，算得平均成绩为 66 分，标准差为 15 分. 问在显著性水平 0.05 下，是否可以认为这次考试全体考生的平均成绩为 70 分?

解 设该次考试的考生成绩为 X，则 $X \sim N(\mu,\sigma^2)$，把从 X 中抽取的容量为 n 的样本均值记为 $\overline{x}$，样本标准差为 s，本题是在显著性水平 $\alpha=0.05$ 下检验假设：

$$H_0: \mu=\mu_0, \quad H_1: \mu \neq \mu_0,$$

其中 $\mu_0=70$. 检验统计量为 $t=\dfrac{\overline{x}-\mu_0}{s/\sqrt{n}}$，拒绝域为 $|t| \geqslant t_{\alpha/2}(n-1)$，由 $n=36$，$\overline{x}=66.5$，$s=15$，$t_{0.025}(36-1)=2.030\,1$，算得

$$|t|=\frac{|66.5-70|\sqrt{36}}{15}=1.4<2.030\,1.$$

所以接受原假设，即可以认为这次考试全体考生的平均成绩为 70 分.

3. 设计规定由自动机床生产的产品尺寸为 35 mm. 现随机抽取 20 个产品，测量结果为

产品尺寸 x_i：	34.8	34.9	35.0	35.1	35.3
频数 n_i：	2	3	4	6	5

试分别在显著性水平 $\alpha=0.1$ 和 $\alpha=0.05$ 下，检验产品有无系统误差.

解 假设测量结果 $X \sim N(\mu,\sigma^2)$，此题需检验如下假设：

$$H_0: \mu=35, \quad H_1: \mu \neq 35.$$

在 σ^2 未知时，选取检验统计量 $t=\dfrac{\overline{x}-\mu_0}{s/\sqrt{n}}$ $(\mu_0=35)$ 时拒绝域为

$$W=\left\{\left|\frac{\overline{x}-\mu_0}{s/\sqrt{n}}\right|>t_{\alpha/2}(n-1)\right\},$$

这里 $n=20$，$\mu_0=35$. 查表得 $t_{0.025}(19)=2.09$，经计算得 $\overline{x}=35.07$，$s=0.166$，故

$$\left|\frac{\overline{x}-\mu_0}{s/\sqrt{n}}\right|=\left|\frac{35.07-35}{0.166/\sqrt{20}}\right|=1.89<t_{0.025}(19)=2.09.$$

故接受 H_0，认为产品无系统偏差.

4. 测定某种溶液中的水分，它的 10 个测定值给出样本均值为 0.452%，样本标准差为 0.037%. 设测定值总体服从正态分布 $N(\mu,\sigma^2)$. 试在显著性水平 $\alpha=0.05$ 下，分别检验假设：

(1) $H_0: \mu=0.5\%$，$H_1: \mu \neq 0.5\%$；

(2) $H_0: \sigma=0.04\%$，$H_1: \sigma \neq 0.04\%$.

解 (1) 检验统计量为 $t=\dfrac{\overline{x}-\mu_0}{s/\sqrt{n}}$，拒绝域为 $|t| \geqslant t_{\alpha/2}(n-1)$，由 $n=$

10，$\mu_0=0.5\%$，$\overline{x}=0.452\%$，$s=0.037\%$，$\alpha=0.05$，$t_{0.025}(9)=2.2622$，算得

$$|t|=3.8919>2.2622.$$

所以拒绝原假设 H_0.

(2) 检验统计量为 $\chi^2=\dfrac{(n-1)s^2}{\sigma_0^2}$（其中 $\sigma_0=0.04\%$），拒绝域为

$$\{\chi^2\leqslant\chi^2_{1-\alpha/2}(n-1)\}\cup\{\chi^2\geqslant\chi^2_{\alpha/2}(n-1)\}.$$

查表得 $\chi^2_{0.025}(9)=19.023$，$\chi^2_{0.975}(9)=2.7$，算得 $\chi^2=7.701$，它没有落在拒绝域中，故接受原假设 H_0.

5. 随机抽查某班10位学生的概率统计课程考试分为

74　82　96　68　84　90　71　86　79　88

能否认为该班学生数理统计课程考试成绩的方差不超过70？（$\alpha=0.05$）

解　假设考试成绩 $X\sim N(\mu,\sigma^2)$，此题需检验如下假设：

$$H_0: \sigma^2\leqslant 70,\quad H_1: \sigma^2>70.$$

在 μ 未知时，选取检验统计量 $\chi^2=\dfrac{(n-1)s^2}{\sigma_0^2}$（$\sigma_0^2=70$）时拒绝域为

$$W=\left\{\frac{(n-1)s^2}{\sigma_0^2}>\chi^2_\alpha(n-1)\right\},$$

这里 $n=10$，$\sigma_0^2=70$. 经计算得 $s^2=78.4$. 查表得 $\chi^2_{0.05}(9)=16.919$，故

$$\frac{(n-1)s^2}{\sigma_0^2}=\frac{9\times 78.4}{70}=10.08<\chi^2_{0.05}(9)=16.919.$$

所以接受原假设 H_0，认为该班学生数理统计课程考试成绩的方差不超过70.

6. 为了比较两种枪弹的速度(单位：m/s)，在相同的条件下进行速度测试. 算得样本均值和样本标准差如下：

枪弹甲：$n_1=110$，$\overline{x}=2805$，$s_1=120.41$；

枪弹乙：$n_2=110$，$\overline{y}=2680$，$s_2=105.00$.

在显著性水平 $\alpha=0.05$ 下，这两种枪弹在速度方面及均匀性方面有无显著差异？

解　设枪弹甲、乙的速度分别为 x,y，并设 $x\sim N(\mu_1,\sigma_1^2)$，$y\sim N(\mu_2,\sigma_2^2)$.

首先需在显著性水平 $\alpha=0.05$ 下检验两种枪弹在均匀性方面有无显著差异，即需检验：

$$H_0: \sigma_1^2=\sigma_2^2,\quad H_1: \sigma_1^2\neq\sigma_2^2.$$

检验统计量为 $F=\dfrac{s_1^2}{s_2^2}$，拒绝域为

$$C=\{F\leqslant F_{1-\frac{\alpha}{2}}(n_1-1,n_2-1)\text{ 或 }F\geqslant F_{\frac{\alpha}{2}}(n_1-1,n_2-1)\}.$$

由 $n_1=n_2=110$，$s_1=120.41$，$s_2=105.00$，

$$F_{0.025}(109,109)>F_{0.025}(120,120)=1.43,$$

$$F_{0.975}(109,109)<0.6993,$$

可以算得 $F=1.315$，显然 $0.6993<F=1.315<1.43$，故检验没有落在拒绝域内，故可以认为两个总体的方差相等，即两种枪弹在均匀性方面没有差异.

其次我们需在显著性水平 $\alpha=0.05$ 下检验两种枪弹在速度方面有无显著差异，即需检验：

$$H_0:\mu_1-\mu_2=0,\quad H_1:\mu_1-\mu_2\neq 0.$$

由于可以认为两者的方差相等，故可取检验统计量为

$$t=\frac{\overline{x}-\overline{y}}{s_w\sqrt{\dfrac{1}{n_1}+\dfrac{1}{n_2}}},$$

其中 $s_w^2=\dfrac{(n_1-1)s_1^2+(n_2-1)s_2^2}{n_1+n_2-2}$. 拒绝域为 $C=\{|t|\geqslant t_{\alpha/2}(n_1+n_2-2)\}$.

由于 n_1,n_2 很大，故有 $t_{0.025}(218)\approx z_{0.025}=1.96$. 将 $\overline{x}=2805$，$\overline{y}=2680$ 及以上数据代入上式计算可得 $|t|=8.206>1.96$，故拒绝原假设 H_0，可以认为两个总体的平均值有显著差异，即两种枪弹在速度方面有显著差异.

综上所述，两种枪弹在速度方面有显著差异，但在均匀性方面没有显著差异.

7. 下表分别给出文学家马克·吐温的 8 篇小品文和思诺特格拉斯的 10 篇小品文中由 3 个字母组成的词的比例：

马克·吐温	0.225	0.262	0.217	0.240	0.230	0.229	0.235	0.217		
思诺特格拉斯	0.209	0.205	0.196	0.210	0.202	0.207	0.224	0.223	0.220	0.201

设两组数据分别来自两个方差相等且相互独立的正态总体. 问两个作家所写的小品文中包含由 3 个字母组成的词的比例是否有显著差异？（取 $\alpha=0.05$）

解 设马克·吐温与思诺特格拉斯的小品文中由 3 个字母组成的词的比例分别为 x,y，并且由题意可设 $x\sim N(\mu_1,\sigma^2)$，$y\sim N(\mu_2,\sigma^2)$，本题是在

显著性水平 $\alpha=0.05$ 下检验假设：

$$H_0: \mu_1-\mu_2=0, \quad H_1: \mu_1-\mu_2 \neq 0.$$

由于两个总体的方差相等，故可取检验统计量为

$$t=\frac{\bar{x}-\bar{y}}{s_w\sqrt{\frac{1}{n_1}+\frac{1}{n_2}}},$$

其中 $s_w^2=\frac{(n_1-1)s_1^2+(n_2-1)s_2^2}{n_1+n_2-2}$. 拒绝域为 $C=\{|t| \geqslant t_{\alpha/2}(n_1+n_2-2)\}$.

已知 $n_1=8$，$n_2=10$，查表得 $t_{0.025}(16)=2.1199$，经计算得，$\bar{x}=0.2319$，$s_1=0.01456$，$\bar{y}=0.2097$，$s_2=0.00966$，代入检验统计量得

$$|t|=3.5336>2.1199.$$

故拒绝原假设，即可以认为两个作家所写的小品文中包含由 3 个字母组成的词的比例有显著差异.

8. 某机床厂某日从两台机器所加工的同一种零件中，分别抽出若干个样品测量零件尺寸，得

第一台机器：15.0 14.5 15.2 15.5 14.8 15.1 15.2 14.8

第二台机器：15.2 15.0 14.8 15.2 15.0 15.0 14.8 15.1 14.8

设零件尺寸服从正态分布，问第二台机器的加工精度是否比第一台机器的高？（取 $\alpha=0.05$）

解 设两台机器所加工的零件的尺寸分别为 x，y，并且由题意可设 $x \sim N(\mu_1,\sigma_1^2)$，$y \sim N(\mu_2,\sigma_2^2)$，本题是要在显著性水平 $\alpha=0.05$ 下检验：

$$H_0: \sigma_1^2=\sigma_2^2, \quad H_1: \sigma_1^2>\sigma_2^2.$$

检验统计量为 $F=\frac{s_1^2}{s_2^2}$，拒绝域为 $C=\{F \geqslant F_\alpha(n_1-1,n_2-1)\}$. 已知 $n_1=8$，$n_2=9$，计算得 $s_1=0.3092$，$s_2=0.16159$，$F_{0.05}(7,8)=3.5$，因此

$$F=\frac{s_1^2}{s_2^2}=3.6615>3.5.$$

故拒绝原假设，即可以认为第二台机器的加工精度比第一台机器的高.

9. 为了考察感觉剥夺对人的脑电波的影响，加拿大某监狱随机地将囚犯分成两组，每组 10 人，其中一组中每人被单独地关禁闭，另一组的人没关禁闭，几天后测得这两组人脑电波中的 α 波的频率如下：

没关禁闭	10.7	10.7	10.4	10.9	10.5	10.3	9.6	11.1	11.2	10.4
关禁闭	9.6	10.4	9.7	10.3	9.2	9.3	9.9	9.5	9.0	10.9

设这两组数据分别来自两个相互独立的正态总体，问在显著性水平 $\alpha=0.05$ 下，能否认为这两个总体的均值与方差有显著的差别?

解 设没关禁闭和关禁闭的人的脑电波分别为 x,y，且设

$$x \sim N(\mu_1,\sigma_1^2), \quad y \sim N(\mu_2,\sigma_2^2).$$

(1) 先在显著性水平 $\alpha=0.05$ 下检验：

$$H_0: \sigma_1^2=\sigma_2^2, \quad H_1: \sigma_1^2 \neq \sigma_2^2.$$

检验统计量为 $F=\dfrac{s_1^2}{s_2^2}$，拒绝域为

$$C=\{F \leqslant F_{1-\frac{\alpha}{2}}(n_1-1,n_2-1) \text{ 或 } F \geqslant F_{\frac{\alpha}{2}}(n_1-1,n_2-1)\}.$$

已知 $n_1=n_2=10$，经计算得

$$\overline{x}=10.58,\ \overline{y}=9.78,\ s_1^2=0.21,\ s_2^2=0.36,\ F=\frac{s_1^2}{s_2^2}=0.583\,3.$$

查表得

$$F_{0.025}(9,9)=4.03, \quad F_{0.975}(9,9)=\frac{1}{F_{0.025}(9,9)}=0.248.$$

由于检验统计量的观察值 0.583 3 没有落在拒绝域中，故接受原假设 H_0，即可以认为两个总体的方差无显著差异.

(2) 再在显著性水平 $\alpha=0.05$ 下检验假设：

$$H_0: \mu_1-\mu_2=0, \quad H_1: \mu_1-\mu_2 \neq 0.$$

由于两个总体的方差相等，故可取检验统计量为

$$t=\frac{\overline{x}-\overline{y}}{s_w\sqrt{\dfrac{1}{n_1}+\dfrac{1}{n_2}}},$$

其中 $s_w^2=\dfrac{(n_1-1)s_1^2+(n_2-1)s_2^2}{n_1+n_2-2}$. 拒绝域为 $C=\{|t| \geqslant t_{\alpha/2}(n_1+n_2-2)\}$.

查表得 $t_{0.025}(18)=2.093$，经计算得 $s_w=0.533\,8$，

$$|t|=3.35>2.093=t_{0.025}(18).$$

故拒绝 H_0，即认为两个总体的均值有显著差异，即可以认为关禁闭对脑电波的影响显著.

10. 有两台机器生产金属部件，分别在两台机器所生产的部件中各取一容量

$n_1=60$，$n_2=40$ 的样本，测得部件重量的样本方差分别为 $s_1^2=15.46$，$s_2^2=9.66$. 设两样本相互独立. 问在显著性水平 $\alpha=0.05$ 下能否认为第一台机器生产的部件重量的方差显著地大于第二台机器生产的部件重量的方差？

解　设两台机器生产的部件的重量分别为 x,y，且设 $x\sim N(\mu_1,\sigma_1^2)$，$y\sim N(\mu_2,\sigma_2^2)$. 由题意知，需在显著性水平 $\alpha=0.05$ 下检验：

$$H_0:\sigma_1^2=\sigma_2^2,\quad H_1:\sigma_1^2>\sigma_2^2.$$

检验统计量为 $F=\dfrac{s_1^2}{s_2^2}$，拒绝域为 $C=\{F\geqslant F_\alpha(n_1-1,n_2-1)\}$. 已知 $n_1=60$，$n_2=40$，$F_{0.05}(59,39)=1.65$，计算得

$$F=\frac{15.46}{9.66}=1.6<1.65.$$

故接受原假设 H_0，即不能认为第一台机器生产的部件重量的方差显著地大于第二台机器生产的部件重量的方差.

11. 使用 A（电学法）和 B（混合法）两种方法来研究水的潜热. 样本均为 -0.72 ℃ 的冰，下列数据均为每克冰从 -0.72 ℃ 变为 0 ℃ 水的过程中的热量变化(卡)：

方法 A：	79.97	80.04	80.02	80.04	80.03	80.00
	80.03	80.04	79.98	80.05	80.02	80.01
方法 B：	80.00	79.96	79.98	79.99	80.01	79.95
	80.02	79.96				

设每种方法所得的数据均服从正态分布，且方差相等. 试讨论两种方法所得数据的总体均值是否相等. $(\alpha=0.05)$

解　假设方法 A 所得数据 $X\sim N(\mu_1,\sigma^2)$，方法 B 所得数据 $Y\sim N(\mu_2,\sigma^2)$，此题需检验如下假设：

$$H_0:\mu_1=\mu_2,\quad H_1:\mu_1\neq\mu_2;$$

在两个总体的方差相等且未知时，选取检验统计量 $t=\dfrac{\overline{x}-\overline{y}}{s_W\sqrt{\dfrac{1}{n_1}+\dfrac{1}{n_2}}}$ 时拒绝域为

$$W=\left\{\left|\frac{\overline{x}-\overline{y}}{s_W\sqrt{\dfrac{1}{n_1}+\dfrac{1}{n_2}}}\right|>t_{\alpha/2}(n_1+n_2-2)\right\},$$

其中 $s_W^2 = \dfrac{(n_1-1)s_1^2+(n_2-1)s_2^2}{n_1+n_2-2}$，这里 $n_1=12$，$n_2=8$. 查表得 $t_{0.025}(18)=2.1009$，计算得 $\overline{x}=80.02$，$\overline{y}=79.98$，$s_1^2=0.00063$，$s_2^2=0.00066$，故

$$\left|\frac{\overline{x}-\overline{y}}{s_W\sqrt{\dfrac{1}{n_1}+\dfrac{1}{n_2}}}\right|=3.46>t_{0.025}(18)=2.1009.$$

故拒绝 H_0，认为这两种方法的总体均值不相等.

12. 9个运动员初进学校时，要接受体育训练的检查，接着训练一星期，再检查. 其对应结果分数如下(第一行表示进校时的分数，第二行为一星期后的复试分数)：

x_i:	76	71	57	49	70	69	26	65	59
y_i:	81	85	52	52	70	63	33	83	62

设分数差 y_i-x_i 服从正态分布，试判断运动员的分数是否有显著的提高. $(\alpha=0.05)$

解 设运动员训练前后的分数分别为 X,Y. 令 $Z=Y-X$，由于 Z 仅由随机因素影响，$Z\sim N(\mu,\sigma^2)$. 再令 $z_i=y_i-x_i(i=1,2,\cdots,9)$，则 $z_i(i=1,2,\cdots,9)$ 可认为是来自总体 $Z=X-Y\sim N(\mu,\sigma^2)$ 的样本，此题需检验如下假设：

$$H_0:\mu=0,\quad H_1:\mu\neq 0.$$

在 σ^2 未知时，选取检验统计量 $t=\dfrac{\overline{z}}{s/\sqrt{n}}$ 时拒绝域为

$$W=\left\{\frac{\overline{z}-\mu_0}{s/\sqrt{n}}>t_\alpha(n-1)\right\},$$

这里 $n=9$，$\mu_0=0$. 查表得 $t_{0.05}(8)=1.89$，计算得 $\overline{z}=4.33$，$s=7.94$，故

$$\frac{\overline{z}-\mu_0}{s/\sqrt{n}}=\frac{4.33-0}{7.94/\sqrt{9}}=1.636<t_{0.05}(8)=1.89.$$

故接受原假设 H_0，认为运动员的分数没有显著提高.

13. 在正态总体 $N(\mu,1)$ 中取100个样本，计算得 $\overline{x}=5.32$.

(1) 试在显著性水平 $\alpha=0.01$ 下检验假设 $H_0:\mu=5$，$H_1:\mu\neq 5$.

(2) 如果在显著性水平 $\alpha=0.01$ 下检验假设 $H_0:\mu=5$，$H_1:\mu=4.8$，试计算此时犯第二类错误的概率.

解 (1) 在 $\sigma^2=1$ 已知时，检验如下假设：

$$H_0:\mu=5,\quad H_1:\mu\neq 5.$$

拒绝域为

$$W=\left\{\left|\frac{\overline{x}-\mu_0}{\sigma/\sqrt{n}}\right|>Z_{\alpha/2}\right\},$$

这里 $\sigma=1$，$n=100$，$\mu_0=5$. 查表得 $Z_{0.005}=2.575$，计算得 $\overline{x}=5.32$，故

$$\left|\frac{\overline{x}-\mu_0}{\sigma/\sqrt{n}}\right|=\left|\frac{5.32-5}{1/\sqrt{100}}\right|=0.032<Z_{0.005}=2.575.$$

因此接受 H_0，认为 $\mu=5$.

(2) 在 $\sigma^2=1$ 已知时，检验如下假设：

$$H_0: \mu=5, \quad H_1: \mu=4.8.$$

拒绝域为 $W=\left\{\frac{\overline{x}-\mu_0}{\sigma/\sqrt{n}}<-Z_\alpha\right\}$. 于是犯第二类错误的概率

$$\beta=P\left|\frac{\overline{x}-\mu_0}{\sigma/\sqrt{n}}<-Z_\alpha\right|\mu=4.8\Bigg\}.$$

在 H_1 为真即 $\mu=4.8$ 时，$\frac{\overline{x}-4.8}{\sigma/\sqrt{n}}\sim N(0,1)$，这里 $\sigma=1$，$n=100$，而 $Z_{0.01}$ $=2.325$，因此

$$\begin{aligned}\beta&=P\left\{\frac{\overline{x}-5}{1/\sqrt{160}}<-2.325\,\middle|\,\mu=4.8\right\}\\&=P\{\overline{x}<4.7675\mid\mu=4.8\}\\&=P\left\{\frac{\overline{x}-4.8}{\sigma/\sqrt{10}}<-0.325\,\middle|\,\mu=4.8\right\}\\&=\Phi(-0.325)=1-\Phi(0.325)\\&=1-0.627\,4=0.372\,6.\end{aligned}$$

14. 下表是上海 1875 年到 1955 年的 81 年间，根据其中 63 年观察到的一年中（5 月到 9 月）下暴雨次数的整理资料：

一年中暴雨次数	0	1	2	3	4	5	6	7	8	⩾9
实际年数 n_i	4	8	14	19	10	4	2	1	1	0

试检验一年中暴雨次数是否服从泊松分布.($\alpha=0.05$)

解　设一年内的暴雨次数为 X，现在的问题是在显著性水平 $\alpha=0.05$ 下检验假设：

$$H_0: X \text{ 服从参数为}\lambda\text{ 泊松分布}.$$

首先来估计泊松分布中的参数 λ. λ 的最大似然估计值为

$$\hat{\lambda}=\overline{x}=\frac{1}{63}(0\times 4+1\times 8+\cdots+9\times 0)=2.857\,1.$$

为利用 χ^2 拟合检验法则，将相关的计算结果列表表示如下：

<table>
<tr><th>i</th><th>v_i</th><th>$\hat{p}_i$</th><th>$n\hat{p}_i$</th><th>$v_i-n\hat{p}_i$</th><th>$(v_i-n\hat{p}_i)^2/n\hat{p}_i$</th></tr>
<tr><td>0</td><td>4</td><td>0.057 4</td><td>3.62</td><td rowspan="2">-1.96</td><td rowspan="2">0.275 2</td></tr>
<tr><td>1</td><td>8</td><td>0.164 1</td><td>10.34</td></tr>
<tr><td>2</td><td>14</td><td>0.234 4</td><td>14.77</td><td>-0.77</td><td>0.040 1</td></tr>
<tr><td>3</td><td>19</td><td>0.223 3</td><td>14.07</td><td>4.93</td><td>1.727 4</td></tr>
<tr><td>4</td><td>10</td><td>0.159 5</td><td>10.05</td><td>-0.05</td><td>0.000 2</td></tr>
<tr><td>5</td><td>4</td><td>0.091 1</td><td>5.74</td><td rowspan="3">-2.16</td><td rowspan="3">0.459 2</td></tr>
<tr><td>6</td><td>2</td><td>0.043 4</td><td>2.73</td></tr>
<tr><td>7</td><td>1</td><td>0.017 7</td><td>1.12</td></tr>
<tr><td>8</td><td>1</td><td>0.008 3</td><td>0.52</td><td rowspan="2"></td><td rowspan="2"></td></tr>
<tr><td>$\geqslant 9$</td><td>0</td><td>0.000 8</td><td>0.05</td></tr>
<tr><td>$\sum$</td><td></td><td></td><td></td><td></td><td>$\chi^2=2.502\,1$</td></tr>
</table>

其中 $\hat{p}_i$ 为 $p_i=P\{X=i\}$ 的估计值：

$$\hat{p}_i=\frac{(2.857\,1)^i}{i\,!}\mathrm{e}^{-2.857\,1},\quad i=0,1,2,\cdots.$$

表中我们对于不满足 $np_i>5$ 的组作了适当的合并，并组后，$k=10-5=5$，而 $\alpha=0.05$，$r=1$，$\chi^2_{0.05}(5-1-1)=7.815$，因此有

$$\chi^2=\sum_{i=1}^{5}\frac{(v_i-n\hat{p}_i)^2}{n\hat{p}_i}=2.502\,1<\chi^2_{0.95}(3),$$

所以接受 H_0，即可以认为一年的暴雨次数服从泊松分布.

15. 某工厂近 5 年来发生了 63 次事故，按星期几分类如下：

星 期	一	二	三	四	五	六
次 数	9	10	11	8	13	12

(注：该厂的休息日是星期天，星期一至星期六是工作日.)

问：事故的发生是否与星期几有关？（$\alpha=0.05$）

解　设事故发生在星期 X，则本题是要在显著性水平 $\alpha=0.05$ 下检验：

$$H_0: P\{X=i\}=\frac{1}{6},\quad i=1,2,3,4,5,6.$$

计算结果列表如下：

i	v_i	p_i	np_i	$v_i-n\hat{p}_i$	$(v_i-n\hat{p}_i)^2/n\hat{p}_i$
1	9	1/6	10.5	−1.5	0.214 3
2	10	1/6	10.5	−0.5	0.023 81
3	11	1/6	10.5	0.5	0.023 81
4	8	1/6	10.5	−2.5	0.595 2
5	13	1/6	10.5	2.5	0.595 2
6	12	1/6	10.5	1.5	0.214 3
$\sum$					1.666 7

查表得 $\chi^2_{0.05}(6-1)=11.071$，所以

$$\chi^2=\sum_{i=1}^{6}\frac{(v_i-n\hat{p}_i)^2}{n\hat{p}_i}=1.666\,7<\chi^2_{0.05}(5),$$

所以接受 H_0，所以可以认为事故的发生与星期几无关.

16. 1996 年某高校工科研究生有 60 名以数理统计作为学位课，考试成绩如下：

93	75	83	93	91	85	84	82	77	76
77	95	94	89	91	88	86	83	96	81
79	97	78	75	67	69	68	84	83	81
75	66	85	70	94	84	83	82	80	78
74	73	76	70	86	76	89	90	71	66
86	73	80	94	79	78	77	63	53	55

试用 χ^2 检验法检验考试成绩是否服从正态分布.（$\alpha=0.05$）

解　设考试成绩为 X，则由题意知需在显著性水平 $\alpha=0.05$ 下检验假设：

$$H_0: X\sim N(\mu,\sigma^2).$$

对正态分布中的参数 μ,σ^2 用最大似然估计法估计可得 μ,σ^2 的估计值为

$$\hat{\mu}=\overline{x}=80.1,\quad \hat{\sigma}^2=\frac{n-1}{n}s^2=92.72.$$

为利用 χ^2 拟合检验法则，将相关的计算结果列表表示如下：

区间	v_i	$\hat{p}_i$	$n\hat{p}_i$	$v_i - n\hat{p}_i$	$(v_i - n\hat{p}_i)^2/n\hat{p}_i$
$(-\infty,70)$	8	0.146 9	8.14	−0.14	0.002
$[70,75)$	6	0.151 2	9.072	−3.072	1.040
$[75,80)$	14	0.197 9	11.874	2.126	0.381
$[80,85)$	13	0.199 0	11.94	1.06	0.094
$[85,90)$	8	0.153 5	9.21	−1.21	0.159
$[90,100]$	11	0.151 5	9.09	1.91	0.401
$\sum$					2.077

表中区间的划分是按照每个区间$[a_{i-1},a_i)$至少要包含5个样本值的原则确立的，其中

$$\hat{p}_i = \Phi\left(\frac{a_i - \hat{\mu}}{\hat{\sigma}}\right) - \Phi\left(\frac{a_{i-1} - \hat{\mu}}{\hat{\sigma}}\right), \quad i = 1,2,3,4,5,6.$$

而$k=6$，估计的参数为$r=2$，故$k-r-1=3$，$\chi^2_{0.05}(3)=7.815$，而检验统计量的值

$$\chi^2 = \sum_{i=1}^{m} \frac{(v_i - n\hat{p}_i)^2}{n\hat{p}_i} = 2.077 < 7.815.$$

故接受原假设，即可以认为考试成绩服从正态分布.

(二) 补充题解答

1. 有甲、乙两个试验员，对同样的试样进行分析，各人试验分析结果如下(分析结果服从正态分布)：

试验号数	1	2	3	4	5	6	7	8
甲	4.3	3.2	3.8	3.5	3.5	4.8	3.3	3.9
乙	3.7	4.1	3.8	3.8	4.6	3.9	2.8	4.4

试问：甲、乙两试验员试验分析结果之间有无显著差异？($\alpha=0.05$)

解 设甲、乙两试验员对同样试样的分析结果分别为x,y，令$d=x-y$，则$d_i=x_i-y_i$为取自总体d的样本，设d服从正态分布$N(\mu,\sigma^2)$，于是本题是要在显著性水平$\alpha=0.05$下检验假设：

$$H_0: \mu=0, \quad H_1: \mu \neq 0.$$

检验统计量为

$$t=\frac{\overline{d}}{s_d/\sqrt{n}},$$

其中 $\overline{d}, s_d$ 分别是取自总体 d 的样本的样本均值和样本方差，拒绝域为

$$C=\{|t|\geqslant t_{\alpha/2}(7)\}.$$

已知 $n=8$，经计算得 $\overline{d}=-0.1$，$s_d=0.727$，并且

$$|t|=0.389<2.366=t_{0.025}(7).$$

故接受原假设 H_0，即认为甲、乙两试验员试验分析结果之间无显著差异.

2. 有一种新安眠药，据说在一定剂量下，能比某种旧安眠药平均增加睡眠时间 3 h. 根据资料，用某种旧安眠药时，平均睡眠时间为 20.8 h，标准差为 1.6 h，为了检验这个说法是否正确，收集到一组使用新安眠药的睡眠时间为

26.7　22.0　24.1　21.0　27.2　25.0　23.4

试问：从这组数据能否说明新安眠药已达到新的疗效？（假定睡眠时间服从正态分布，$\alpha=0.05$）

解　设睡眠时间为 X，且设 $X\sim N(\mu,\sigma^2)$，由题意知需在显著性水平 $\alpha=0.05$ 下检验假设 $H_0: \mu\leqslant\mu_0+3$，$H_1: \mu>\mu_0+3$，这等价于

$$H_0: \mu=\mu_0+3,\quad H_1: \mu>\mu_0+3,$$

其中 $\mu_0=20.8$. 检验统计量为

$$u=\frac{\overline{x}-(\mu_0+3)}{\sigma/\sqrt{n}}.$$

拒绝域为 $|u|\geqslant z_{\alpha/2}$. 已知 $n=7$，$\sigma=1.6$，计算得

$$|u|=1.058<1.96=z_{0.025}.$$

故接受原假设，即可以认为新的安眠药已达到新的疗效.

3. 设总体 X 的概率密度为

$$f(x,\theta)=\begin{cases}\theta x^{\theta-1}, & 0<x<1;\\ 0, & \text{其他}\end{cases}\quad(\theta=1,2).$$

考虑假设检验问题 $H_0: \theta=1$，$H_1: \theta=2$. 现从总体 X 中抽出容量为 2 的样本 (x_1,x_2)，拒绝域为

$$W=\left\{(x_1,x_2)\,\Big|\,\frac{3}{4x_1}\leqslant x_2\right\},$$

试求犯第一类错误的概率 α 和犯第二类错误的概率 β.

解　犯第一类错误的概率为

$$\alpha=P\{(x_1,x_2)\in W\,|\,H_0\text{ 为真}\}=P\left\{\frac{3}{4x_1}\leqslant x_2\,\Big|\,\theta=1\right\}.$$

当 $\theta=1$ 时，x_1,x_2 的联合概率密度为

$$f_{H_0}(x_1,x_2)=\begin{cases}1, & 0<x_1,x_2<1;\\ 0, & \text{其他}.\end{cases}$$

令 $D=\left\{(x_1,x_2)\,\middle|\,0<x_1,x_2<1,\ \dfrac{3}{4x_1}\leqslant x_2\right\}$，所以

$$\alpha=\int_{-\infty}^{\infty}\int_{-\infty}^{\infty}f_{H_0}(x_1,x_2)\mathrm{d}x_1\mathrm{d}x_2=\iint_D \mathrm{d}x_1\mathrm{d}x_2$$
$$=\int_{\frac{3}{4}}^{1}\mathrm{d}x_1\int_{\frac{3}{4x_1}}^{1}\mathrm{d}x_2=\frac{1}{4}+\frac{3}{4}\ln\frac{3}{4}.$$

犯第二类错误的概率为

$$\beta=P\{(x_1,x_2)\notin W\,|\,H_0\text{ 为假}\}=P\left\{\frac{3}{4x_1}>x_2\,\middle|\,\theta=2\right\}.$$

当 $\theta=2$ 时，x_1,x_2 的联合概率密度为

$$f_{H_1}(x_1,x_2)=\begin{cases}4x_1x_2, & 0<x_1,x_2<1;\\ 0, & \text{其他}.\end{cases}$$

令 $D_1=\left\{(x_1,x_2)\,\middle|\,0<x_1,x_2<1,\ \dfrac{3}{4x_1}>x_2\right\}$，则

$$\beta=\iint_{D_1}f_{H_1}(x_1,x_2)\mathrm{d}x_1\mathrm{d}x_2$$
$$=\int_0^1\mathrm{d}x_1\int_0^1 4x_1x_2\mathrm{d}x_2-\int_{\frac{3}{4}}^{1}\mathrm{d}x_1\int_{\frac{3}{4x_1}}^{1}4x_1x_2\mathrm{d}x_2$$
$$=\frac{9}{16}-\frac{9}{8}\ln\frac{3}{4}.$$

4. 一药厂生产一种新的止痛片，厂方希望验证服用新药片后至开始起作用的时间间隔较原有止痛片至少缩短一半以上，因此需检验假设

$$H_0:\mu_1\leqslant 2\mu_2,\quad H_1:\mu_1>2\mu_2,$$

此处 μ_1,μ_2 分别是服用原有止痛片和服用新止痛片后至起作用的时间间隔的总体均值. 设两总体均服从正态分布且方差分别为已知值 σ_1^2,σ_2^2. 现分别在两总体中取一样本 $x_1,x_2,\cdots,x_{n_1}$ 和 $y_1,y_2,\cdots,y_{n_2}$，设两样本独立. 试给出上述假设 H_0 的拒绝域，取显著性水平为 α.

解 由题意知 $\overline{x}-2\overline{y}\sim N\left(\mu_1-2\mu_2,\dfrac{\sigma_1^2}{n_1}+\dfrac{4\sigma_2^2}{n_2}\right)$，取检验统计量为

$$u=\frac{\overline{x}-2\overline{y}}{\sqrt{\dfrac{\sigma_1^2}{n_1}+\dfrac{4\sigma_2^2}{n_2}}}.$$

当 H_0 为真时，$u \sim N(0,1)$，而当 H_1 为真时，u 又偏大的倾向，故拒绝域的形式可取为$\{u \geqslant k\}$，由

$$\alpha = P\{u \geqslant k \mid \mu_1 - 2\mu_2 = 0\}.$$

可解得拒绝域为 $C = \{u \geqslant z_\alpha\}$.

5. 将种植某种作物的一块土地等分为 15 小块，其中 5 块施有某种肥料，而其他的 10 块没有施肥，收获时分别测得亩产量如下(单位：kg)：

施肥的：　250 241 270 245 260

不施肥的：200 208 210 213 230 224 205 220 216 214

假设施肥与不施肥的作物亩产量均服从正态分布且方差相同. 问施肥的作物平均亩产量比不施肥的作物平均亩产量是否提高一成以上？($\alpha = 0.05$)

解　设施肥的土地亩产量 $X \sim N(\mu_1, \sigma^2)$，不施肥的土地亩产量 $Y \sim N(\mu_2, \sigma^2)$，由题意知，需在显著性水平 $\alpha = 0.05$ 下检验假设：

$$H_0: \mu_1 = 1.1\mu_2, \quad H_1: \mu_1 > 1.1\mu_2.$$

由于

$$\overline{x} - 1.1\overline{y} \sim N\left(\mu_1 - 1.1\mu_2, \frac{\sigma^2}{n_1} + \frac{1.1^2\sigma^2}{n_2}\right),$$

所以当 H_0 为真时，

$$\frac{\overline{x} - 1.1\overline{y}}{\sqrt{\dfrac{\sigma^2}{n_1} + \dfrac{1.21\sigma^2}{n_2}}} \sim N(0,1).$$

另外，由于

$$\frac{(n_1-1)s_1^2}{\sigma^2} + \frac{(n_2-1)s_2^2}{\sigma^2} \sim \chi^2(n_1+n_2-2),$$

所以当 H_0 为真时，

$$t = \frac{\overline{x} - 1.1\overline{y}}{s_w\sqrt{\dfrac{1}{n_1} + \dfrac{1.21}{n_2}}} \sim t(n_1+n_2-2),$$

其中

$$s_w^2 = \frac{(n_1-1)s_1^2 + (n_2-1)s_2^2}{n_1+n_2-2}.$$

将统计量取为 t，则拒绝域为$\{t \geqslant t_\alpha(n_1+n_2-2)\}$. 已知 $n_1 = 5$，$n_2 = 10$，计算得 $s_1^2 = 138.7$，$s_2^2 = 80.667$，

$$s_w^2 = \frac{4 \times 138.7 + 9 \times 80.667}{13} = 98.5233.$$

查表得 $t_{0.05}(13)=1.7709$. 故

$$t=\frac{253.2-214}{\sqrt{98.5233}\times\sqrt{\frac{1}{5}+\frac{1.21}{10}}}=6.97>1.7709.$$

所以拒绝 H_0，即认为施肥的作物亩产量比不施肥的作物亩产量提高了一成以上.

6. 设有 A 种药随机地给 8 个病人服用，经过一个固定时间后，检测病人身体细胞内药的浓度，其结果为

1.40 1.42 1.41 1.62 1.55 1.81 1.60 1.52

又有 B 种药给 6 个病人服用，并在同样固定时间后，检测病人身体细胞内药的浓度，得数据如下：

1.76 1.41 1.81 1.49 1.67 1.81

并设两种药在病人身体细胞内的浓度都服从正态分布. 试问：A 种药在病人身体细胞内浓度的方差是否为 B 种药在病人身体细胞内浓度方差的 $\frac{2}{3}$？($\alpha=0.10$)

解 设病人在服用 A,B 两种药后身体细胞内药的浓度分别为 x,y，并且设 $x\sim N(\mu_1,\sigma_1^2)$，$y\sim N(\mu_2,\sigma_2^2)$. 由题意知，需在显著性水平 $\alpha=0.05$ 下检验：

$$H_0:\sigma_1^2=\frac{2}{3}\sigma_2^2,\quad H_1:\sigma_1^2\neq\frac{2}{3}\sigma_2^2$$

或

$$H_0:\frac{\sigma_1^2}{\sigma_2^2}=\frac{2}{3},\quad H_1:\frac{\sigma_1^2}{\sigma_2^2}\neq\frac{2}{3}.$$

由于 $\frac{(n_1-1)s_1^2}{\sigma_1^2}\sim\chi^2(n_1-1)$，$\frac{(n_2-1)s_2^2}{\sigma_2^2}\sim\chi^2(n_2-1)$，所以

$$\frac{s_1^2}{s_2^2}\frac{\sigma_2^2}{\sigma_1^2}\sim F(n_1-1,n_2-1).$$

于是取检验统计量为 $F=\frac{3s_1^2}{2s_2^2}$，当原假设 H_0 为真时，$F\sim F(n_1-1,n_2-1)$，拒绝域为

$$C=\{F\leqslant F_{1-\frac{\alpha}{2}}(n_1-1,n_2-1)\text{ 或 }F\geqslant F_{\frac{\alpha}{2}}(n_1-1,n_2-1)\}.$$

已知 $n_1=8$，$n_2=6$，$F_{0.025}(7,5)=5.29$，$F_{0.975}(7,5)=0.189$，计算得 $s_1^2=0.01918$，$s_2^2=0.0293$，并且 $F=0.98202$. 由于检验统计量的值不在拒绝域中，

故接受原假设，即认为 A 种药在病人身体细胞内的浓度的方差是 B 种药在病人身体细胞内浓度方差的 $\frac{2}{3}$.

三、测试题及测试题解答

(一) 测试题

1. 设正态总体的方差 σ^2 为已知，均值只可能取 μ_0 或 $\mu_1(>\mu_0)$ 二值之一，$\overline{x}$ 为总体的容量为 n 的样本均值，在给定的显著性水平 α 下，检验假设：

$$H_0: \mu=\mu_0, \quad H_1: \mu=\mu_1>\mu_0.$$

(1) 试求犯第二类错误的概率 β.

(2) 给定犯两类错误的概率 α, β，求样本容量 n 满足的关系式.

2. 已知某种合成橡胶的拉伸强度 $X \sim N(221, 5^2)$（单位：0.1 Pa)，现在改变了工艺条件后，抽取了 10 个样品，测得其样本均值 $\overline{x}=219$.

(1) 问在显著性水平 $\alpha=0.05$ 下能否认为改变工艺后其拉伸强度有显著变化?

(2) 如果改变工艺后的真实拉伸强度的均值为 217，试在 $\alpha=0.05$ 下计算犯第二类错误的概率.

3. 甲地某小学四年级学生进行体检，随机抽取 16 名女生，测得其身高分别为(单位：cm)：

124　118　121　141　139　128　133　130
140　136　129　135　132　140　137　136

在乙地某小学随机测得 15 名四年级女生身高分别为(单位：cm)：

137　128　134　143　126　130　129　131
125　135　140　123　135　136　129

假定这些女生身高均服从正态分布，试问两地女生身高的分散程度有无显著差异？($\alpha=0.01$)

4. 从随机数表中取 150 个二位数，抽样结果如下：

组限	0～9	10～19	20～29	30～39	40～49	50～59	60～69	70～79	80～89	90～99
频数	16	15	19	13	14	19	14	11	13	16

试检验随机数 X 服从均匀分布的假设.($\alpha=0.05$)

(二) 测试题解答

1.解 (1) 取检验统计量为 $u=\dfrac{\overline{x}-\mu_0}{\sigma/\sqrt{n}}$，则拒绝域为$\{u\geqslant z_\alpha\}$，因此

$$\beta=P\{u<z_\alpha\mid\mu=\mu_1\}=P\left\{\frac{\overline{x}-\mu_1}{\sigma/\sqrt{n}}<z_\alpha-\frac{\mu_1-\mu_0}{\sigma/\sqrt{n}}\middle|\mu=\mu_1\right\}$$
$$=\Phi\left(z_\alpha-\frac{\mu_1-\mu_0}{\sigma/\sqrt{n}}\right).$$

(2) 由分位点的性质及上式，有 $z_{1-\beta}=-z_\beta=z_\alpha-\dfrac{\mu_1-\mu_0}{\sigma/\sqrt{n}}$. 解得

$$n=(z_\alpha+z_\beta)\frac{\sigma^2}{(\mu_1-\mu_0)^2}.$$

2.解 (1) 需在显著性水平 $\alpha=0.05$ 下检验假设

$$H_0:\mu=\mu_0,\quad H_1:\mu\neq\mu_0\quad(\mu_0=221).$$

检验统计量为 $u=\dfrac{\overline{x}-\mu_0}{\sigma/\sqrt{n}}$，则拒绝域为$\{|u|\geqslant z_{\alpha/2}\}$，经计算得

$$|u|=1.2649<1.96=z_{0.025}.$$

所以接受 H_0，即在显著性水平 $\alpha=0.05$ 下可以认为改变工艺后其拉伸强度没有显著变化.

(2) 如果改变工艺后的真实拉伸强度的均值为 $\mu_1=217$，则在 $\alpha=0.05$ 下计算犯第二类错误的概率为

$$\beta=P\{|u|<z_{\alpha/2}\mid\mu=\mu_1\}$$
$$=P\left\{-z_{\alpha/2}<\frac{\overline{x}-\mu_0}{\sigma/\sqrt{n}}<z_{\alpha/2}\middle|\mu=\mu_1\right\}$$
$$=P\left\{\frac{\mu_0-\mu_1}{\sigma/\sqrt{n}}-z_{\alpha/2}<\frac{\overline{x}-\mu_1}{\sigma/\sqrt{n}}<\frac{\mu_0-\mu_1}{\sigma/\sqrt{n}}+z_{\alpha/2}\middle|\mu=\mu_1\right\}$$
$$=\Phi\left(\frac{\mu_0-\mu_1}{\sigma/\sqrt{n}}+z_{\alpha/2}\right)-\Phi\left(\frac{\mu_0-\mu_1}{\sigma/\sqrt{n}}-z_{\alpha/2}\right)$$

$$=\Phi\left(\frac{221-217}{5/\sqrt{10}}+1.96\right)-\Phi\left(\frac{221-217}{5/\sqrt{10}}-1.96\right)$$

$$=\Phi(4.49)-\Phi(0.57)=0.2843.$$

3.解　设甲乙两地女生的身高分别为 x，y，并设 $x\sim N(\mu_1,\sigma_1^2)$，$y\sim N(\mu_2,\sigma_2^2)$，由题意知需在显著性水平 $\alpha=0.01$ 下检验假设：

$$H_0: \sigma_1^2=\sigma_2^2,\quad H_1: \sigma_1^2\neq\sigma_2^2.$$

为此取检验统计量为 $F=\frac{s_1^2}{s_2^2}$，拒绝域为

$$C=\{F\leqslant F_{1-\frac{\alpha}{2}}(n_1-1,n_2-1)\text{ 或 }F\geqslant F_{\frac{\alpha}{2}}(n_1-1,n_2-1)\}.$$

已知 $n_1=16$，$n_2=15$，查表得 $F_{0.05}(15,14)=4.25$，计算得 $s_1^2=48.80$，$s_2^2=32.35$，$F_{0.95}(15,14)=\frac{1}{F_{0.05}(15,14)}=0.235$，故 $F=1.51$，它没有落在拒绝域中，故接受原假设，即认为两地女生身高的分散程度无显著差异.

4.解　由题意知需在显著性水平 $\alpha=0.05$ 下检验假设：

H_0：X 服从均匀分布，即 $P\{X\in A_i\}=\frac{1}{10}$，$A_i$ 为组限($i=1,2,\cdots,10$).

为利用 χ^2 拟合检验法则，将相关的计算结果列表表示(见下表).

组　限	实际频数 n_i	理论概率 p_i	理论频数 np_i	n_i-np_i	$\frac{(n_i-np_i)^2}{np_i}$
0～9	16	1/10	15	1	0.0667
10～19	15	1/10	15	0	0
20～29	19	1/10	15	4	1.0667
30～39	13	1/10	15	−2	0.2667
40～49	14	1/10	15	−1	0.0667
50～59	19	1/10	15	4	1.0667
60～69	14	1/10	15	−1	0.0667
70～79	11	1/10	15	−4	1.0667
80～89	13	1/10	15	−2	0.2667
90～99	16	1/10	15	1	0.0667

检验统计量为 $\chi^2=\sum\limits_{i=1}^{10}\frac{(n_i-np)^2}{np_i}$，拒绝域为 $\chi^2\geqslant\chi_\alpha^2(n-1)$，已知 $\alpha=0.05$，$k=10$，查表得 $\chi_{0.05}^2(9)=16.919$. 经计算得 $\chi^2=4<16.919$，故接受原假设 H_0，即认为分布服从均匀分布.

附录1 客观题解答

说明：由于在全国硕士研究生入学统一考试试题中，有一部分题目是客观题(包括填空题和选择题)，为使读者熟悉这种题型，特设此附录.

(一) 填空题

1. 设在一次试验中，事件 A 发生的概率为 $p\ (0<p<1)$，现将此试验进行 n 次重复独立试验，则 A 至少发生一次的概率为________.

解 设 $X=\{$在 n 次独立试验中事件发生的次数$\}$，则 $X\sim B(n,p)$. 于是 $P\{A$ 至少发生一次$\}=P\{X\geqslant 1\}=1-P\{X=0\}=1-(1-p)^n$.

2. 设 $P(A)=\dfrac{1}{2}$，$P(B)=\dfrac{1}{3}$，$P(B\mid A)=\dfrac{1}{6}$，则 $P(A\mid B)=$________.

解 因为 $P(B\mid A)=\dfrac{P(AB)}{P(A)}=\dfrac{1}{6}$，所以

$$P(A\mid B)=\frac{P(AB)}{P(B)}=\frac{1}{6}\,\frac{P(A)}{P(B)}=\frac{1}{6}\times\frac{3}{2}=\frac{1}{4}.$$

3. 在三次独立试验中，事件 A 出现的概率相等. 若已知 A 至少出现一次的概率等于 $\dfrac{19}{27}$，则事件 A 在一次试验中出现的概率为________.

解 设事件 A 在一次试验中出现的概率为 $p\ (0<p<1)$，则有

$$1-(1-p)^3=\frac{19}{27},$$

即 $(1-p)^3=\dfrac{8}{27}$. 由此解得 $p=\dfrac{1}{3}$.

4. 甲、乙两人独立地对同一目标射击一次，其命中率分别为 0.6 和 0.5，现已知目标被命中，则它是甲射中的概率为________.

解 令 $A=\{$目标被击中$\}$，$B=\{$甲命中目标$\}$，$C=\{$乙命中目标$\}$，则

$$\begin{aligned}P(B\mid A)&=\frac{P(AB)}{P(A)}=\frac{P(B)}{P(B\cup C)}=\frac{P(B)}{P(B)+P(C)-P(BC)}\\&=\frac{P(B)}{P(B)+P(C)-P(B)P(C)}=\frac{0.6}{0.6+0.5-0.3}\\&=0.75.\end{aligned}$$

注　亦可用贝叶斯公式计算：

$$P(B \mid A)=\frac{P(B)P(A \mid B)}{P(B)P(A \mid B)+P(C)P(A \mid C)}=\frac{3}{4}.$$

5. 设随机事件 A,B 及其和事件 $A \cup B$ 的概率分别为 0.4,0.3 和 0.6，$\overline{B}$ 表示 B 的对立事件，则 $P(A\overline{B})=$________.

解　$P(A\overline{B})=0.3$（解法同第一章习题中基本题第 4 题）.

6. 已知 $P(A)=P(B)=P(C)=\frac{1}{4}$，$P(AB)=0$，$P(AC)=P(BC)=\frac{1}{8}$，则事件 A,B,C 全不发生的概率为________.

解　注意到 $ABC \subset AB$，有 $P(ABC) \leqslant P(AB)=0$. 于是，根据加法公式，可得

$$\begin{aligned}P(\overline{A}\,\overline{B}\,\overline{C})&=P(\overline{A \cup B \cup C})=1-P(A \cup B \cup C)\\&=1-\big(P(A)+P(B)+P(C)-P(AB)\\&\quad-P(BC)-P(AC)+P(ABC)\big)\\&=1-\frac{3}{4}+\frac{2}{8}=\frac{1}{2}.\end{aligned}$$

7. 已知 A,B 两个事件满足 $P(AB)=P(\overline{A}\,\overline{B})$，且 $P(A)=p$，则 $P(B)$ =________.

解　根据摩根定律和加法公式，有

$$\begin{aligned}P(AB)&=P(\overline{A}\,\overline{B})=P(\overline{A \cup B})=1-P(A \cup B)\\&=1-(P(A)+P(B)-P(AB))\\&=1-P(A)-P(B)+P(AB),\end{aligned}$$

故得 $P(B)=1-P(A)=1-p$.

8. 在区间(0,1)内任意地取两个数，则事件“两数之和小于$\frac{6}{5}$”的概率为________.

解　这是一个几何概型问题，以 x,y 表示在(0,1)中随机地取得的两个数，则(x,y)点的全体是如图所示的正方形. 而事件{两数之和小于$\frac{6}{5}$}发生的充要条件为$x+y<\frac{6}{5}$，即落在图中阴影部分的点(x,y)的全体.

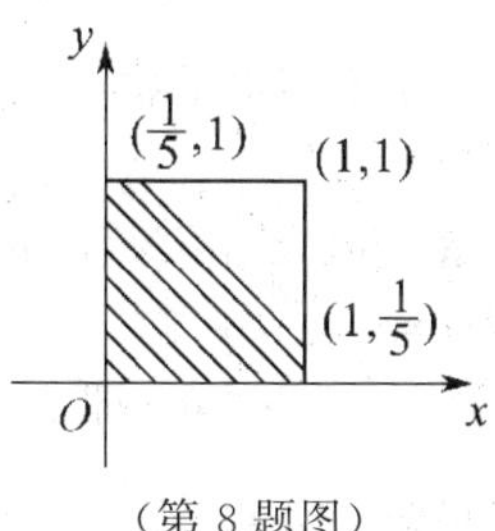

（第 8 题图）

根据几何概率的定义，所求概率即为图中

阴影部分面积与边长为1的正方形面积之比，即

$$P\left\{x+y<\frac{6}{5}\right\}=1-\frac{1}{2}\times\left(\frac{4}{5}\right)^2=\frac{17}{25}.$$

9. 设A,B为随机事件，$P(A)=0.7$，$P(A-B)=0.3$，则$P(\overline{AB})=$________.

解 因为$P(A-B)=P(A)-P(AB)=0.3$，所以

$$P(AB)=P(A)-0.3=0.7-0.3=0.4.$$

从而$P(\overline{AB})=1-P(AB)=1-0.4=0.6$.

10. 设连续型随机变量X的概率密度为$f(x)$，若$\lim\limits_{x\to\infty}f(x)$存在，则$\lim\limits_{x\to\infty}f(x)=$________.

解 填0. 应用反证法. 假设$\lim\limits_{x\to\infty}f(x)>0$，则可证$\int_{-\infty}^{\infty}f(x)\mathrm{d}x=\infty$，矛盾.

11. 设随机变量X在(1,6)上服从均匀分布，则方程$y^2+Xy+1=0$有实根的概率为________.

解 方程$y^2+Xy+1=0$有实根的充分必要条件是$\Delta=X^2-4\times1\times1\geqslant0$，其概率为

$$P\{X^2-4\geqslant0\}=P\{|X|\geqslant2\}=P\{X\leqslant-2\}+P\{X\geqslant2\}.$$

由于X在区间(1,6)上服从均匀分布，概率密度为

$$f(x)=\begin{cases}1/5, & 1<x<6;\\ 0, & \text{其他},\end{cases}$$

因此所求概率是

$$\begin{aligned}P\{X^2-4\geqslant0\}&=P\{X\leqslant-2\}+P\{X\geqslant2\}\\&=0+\int_2^6\frac{1}{5}\mathrm{d}x=\frac{4}{5}.\end{aligned}$$

12. 设随机变量X服从正态分布$N(\mu,\sigma^2)$ $(\sigma>0)$，且二次方程$y^2+4y+X=0$无实根的概率为$\frac{1}{2}$，则$\mu=$________.

解 因$X\sim N(\mu,\sigma^2)$，故$P\{X>\mu\}=\frac{1}{2}$. 二次方程无实根的判别式$\Delta=16-4X<0$，即$X>4$. 由题设$P\{X>4\}=\frac{1}{2}$，与$P\{X>\mu\}=\frac{1}{2}$比较，即知$\mu=4$.

13. 设随机变量 X 服从参数为 1 的泊松分布，则二次方程 $y^2-2y+X=0$ 有两个不相等实根的概率为________.

解 方程 $y^2-2y+X=0$ 有两个不等实根的充要条件是判别式 $2^2-4X>0$，即 $X<1$. 因 $X\sim P(1)$，故 $P\{X<1\}=P\{X=0\}=e^{-1}$.

14. 设随机变量 X 服从$(0,2)$上的均匀分布，则随机变量 $Y=X^2$ 在$(0,4)$内的概率密度 $f_Y(y)=$________.

解法 1（直接法） X 的密度函数

$$f_X(x)=\begin{cases}1/2, & 0<x<2,\\ 0, & \text{其他}.\end{cases}$$

当 $0<y<4$ 时，Y 的分布函数为

$$F_Y(y)=P\{Y\leqslant y\}=P\{X^2\leqslant y\}=P\{X\leqslant \sqrt{y}\}$$
$$=\int_0^{\sqrt{y}}\frac{1}{2}dx=\frac{\sqrt{y}}{2}.$$

因此 $f_Y(y)=\dfrac{d}{dy}F_Y(y)=\dfrac{1}{4\sqrt{y}}$.

解法 2（公式法） 设 $y=g(x)=x^2$，则当 $x\in(0,2)$ 时，其反函数为 $x=\sqrt{y}$，$y\in(0,4)$.于是

$$f_Y(y)=f_X(\sqrt{y})\cdot\left|(\sqrt{y})'\right|=\frac{1}{2\sqrt{y}}f_X(\sqrt{y})=\frac{1}{4\sqrt{y}}.$$

15. 设随机变量 X 表示 10 次独立重复射击时命中目标的次数，若每次命中目标的概率为 0.4，则 X^2 的数学期望 $E(X^2)=$________.

解 由于 X 服从 $n=10$，$p=0.4$ 的二项分布，根据二项分布中的性质，知 $E(X)=np=4$，$D(X)=np(1-p)=2.4$，故

$$E(X^2)=D(X)+(E(X))^2=2.4+4^2=18.4.$$

16. 若随机变量 X 服从均值为 2、方差为 σ^2 的正态分布，且 $P\{2<X<4\}=0.3$，则 $P\{X<0\}=$________.

解 由于 $N(2,\sigma^2)$ 关于 $x=2$ 对称，故知

$$P\{0<X<2\}=P\{2<X<4\}=0.3.$$

从而，有

$$P\{X<0\}=P\{X<2\}-P\{0\leqslant X<2\}=0.5-0.3=0.2$$

（同例 2.3.8）.

17. 设随机变量 X 的概率密度为

$$f(x)=\begin{cases}2x, & 0<x<1;\\ 0, & \text{其他},\end{cases}$$

以 Y 表示对 X 的三次独立重复观察中事件$\left\{X\leqslant\frac{1}{2}\right\}$出现的次数，则 $E(Y)=$ ________.

解 设 $A=\{X\leqslant 1/2\}$，则 $Y\sim B(3,P(A))$，其中

$$P(A)=P\left\{X\leqslant\frac{1}{2}\right\}=\int_0^{\frac{1}{2}}2x\ \mathrm{d}x=\frac{1}{4}.$$

故 $E(Y)=\frac{3}{4}$.

18. 设随机变量 X 的概率密度为

$$f(x)=\begin{cases}1/3, & 0\leqslant x\leqslant 1;\\ 2/9, & 3\leqslant x\leqslant 6;\\ 0, & \text{其他}.\end{cases}$$

若 k 使得 $P\{X\geqslant k\}=\frac{2}{3}$，则 k 的取值范围是________.

解 当 $k<0$ 时，

$$P\{X\geqslant k\}=\int_0^1\frac{1}{3}\mathrm{d}x+\int_3^6\frac{2}{9}\mathrm{d}x=1.$$

由此知 $k\geqslant 0$. 当 $0\leqslant k<1$ 时，

$$P\{X\geqslant k\}=\int_k^1\frac{1}{3}\mathrm{d}x+\int_3^6\frac{2}{9}\mathrm{d}x=\frac{1}{3}(1-k)+\frac{2}{3}>\frac{2}{3}.$$

即知 $k\geqslant 1$. 当 $1\leqslant k\leqslant 3$ 时，

$$P\{X\geqslant k\}=\int_3^6\frac{2}{9}\mathrm{d}x=\frac{2}{3}.$$

当 $k>3$ 时，容易验证 $P\{X\geqslant k\}<\frac{2}{3}$. 故 k 的取值范围为$[1,3]$.

19. 设 X 和 Y 为两个随机变量，且

$$P\{X\geqslant 0,Y\geqslant 0\}=\frac{3}{7},\quad P\{X\geqslant 0\}=P\{Y\geqslant 0\}=\frac{4}{7}.$$

则 $P\{\max\{X,Y\}\geqslant 0\}=$________.

解 显然，$\max\{X,Y\}\geqslant 0$ 表示 X 和 Y 中至少有一个不小于 0. 若设 $A=\{X\geqslant 0\}$，$B=\{Y\geqslant 0\}$，则$\{\max\{X,Y\}\geqslant 0\}=A\cup B$，$\{X\geqslant 0,Y\geqslant 0\}=AB$. 故

$$P\{\max(X,Y)\geqslant 0\}=P(A\cup B)=P(A)+P(B)-P(AB)$$
$$=P\{X\geqslant 0\}+P\{Y\geqslant 0\}-P\{X\geqslant 0,Y\geqslant 0\}$$
$$=\frac{4}{7}+\frac{4}{7}-\frac{3}{7}=\frac{5}{7}.$$

20. 设 X,Y 是两个相互独立且均服从正态分布 $N\left(1,\frac{1}{2}\right)$ 的随机变量，则随机变量 $|X-Y|$ 的数学期望 $E(|X-Y|)=$ ________.

解 由于 X,Y 是两个相互独立且均服从正态分布 $N\left(1,\frac{1}{2}\right)$，故 $Z=X-Y$ 也服从正态分布，且

$$E(Z)=E(X)-E(Y)=0,$$
$$D(Z)=D(X-Y)=D(X)+D(Y)=\frac{1}{2}+\frac{1}{2}=1,$$

即 $Z\sim N(0,1)$. 根据数学期望的定义，知

$$E(|X-Y|)=E(|Z|)=\int_{-\infty}^{+\infty}|z|\cdot\frac{1}{\sqrt{2\pi}}\exp\left\{-\frac{1}{2}z^2\right\}\mathrm{d}z$$
$$=\frac{2}{\sqrt{2\pi}}\int_{0}^{+\infty}\exp\left\{-\frac{1}{2}z^2\right\}\mathrm{d}\left(\frac{1}{2}z^2\right)=\sqrt{\frac{2}{\pi}}.$$

21. 设平面区域 D 由曲线 $y=\frac{1}{x}$ 及直线 $y=0$，$x=1$，$x=\mathrm{e}^2$ 所围成，二维随机变量 (X,Y) 在区域 D 上服从均匀分布，则 (X,Y) 关于 X 的边缘概率密度在 $x=2$ 处的值为________.

解 $f_X(x)=\frac{1}{4}$ (解法同第三章习题中基本题第 9 题).

22. 设 X 和 Y 是两个相互独立且服从同一分布的连续型随机变量，则 $P\{X>Y\}=$ ________.

解 已知 X 与 Y 为独立且同分布的连续型随机变量，故有 $f(x,y)=f_X(x)f_Y(y)$ $((x,y)\in\mathbf{R}^2)$. 由二维连续型联合概率密度的性质,知

$$\int_{-\infty}^{+\infty}\int_{-\infty}^{+\infty}f(x,y)\mathrm{d}x\,\mathrm{d}y=1,$$

而由轮换对称性，知

$$2\iint_{x>y}f(x,y)\mathrm{d}x\,\mathrm{d}y=\int_{-\infty}^{+\infty}\int_{-\infty}^{+\infty}f(x,y)\mathrm{d}x\,\mathrm{d}y,$$

因此 $P\{X>Y\}=\iint_{x>y}f(x,y)\mathrm{d}x\,\mathrm{d}y=\frac{1}{2}.$

23. 设二维随机变量(X,Y)的联合概率密度

$$f(x,y)=\frac{1}{\sqrt{3}\pi}\exp\left\{-\frac{2}{3}(x^2-xy+y^2)\right\},$$

$$-\infty<x<\infty,\ -\infty<y<\infty.$$

则 $\mathrm{Cov}(X,Y)=$ ________.

解法 1 由数学期望的定义，知

$$\begin{aligned}E(X)&=\int_{-\infty}^{+\infty}\int_{-\infty}^{+\infty}xf(x,y)\mathrm{d}x\mathrm{d}y\\&=\int_{-\infty}^{+\infty}\int_{-\infty}^{+\infty}x\cdot\frac{1}{\sqrt{3}\pi}\exp\left\{-\frac{2}{3}(x^2-xy+y^2)\right\}\mathrm{d}x\mathrm{d}y\\&=\frac{1}{\sqrt{3}\pi}\int_{-\infty}^{+\infty}\int_{-\infty}^{+\infty}x\exp\left\{-\frac{2}{3}\left[\left(x-\frac{y}{2}\right)^2+\frac{3}{4}y^2\right]\right\}\mathrm{d}x\mathrm{d}y\\&\xlongequal{\text{令 }u=x-\frac{y}{2}}\frac{1}{\sqrt{3}\pi}\int_{-\infty}^{+\infty}\exp\left(-\frac{1}{2}y^2\right)\mathrm{d}y\int_{-\infty}^{+\infty}\left(u+\frac{y}{2}\right)\exp\left(\frac{2}{3}u^2\right)\mathrm{d}u\\&=\frac{1}{\sqrt{3}\pi}\left\{\frac{1}{2}\int_{-\infty}^{+\infty}\exp\left(-\frac{2}{3}u^2\right)\mathrm{d}u\int_{-\infty}^{+\infty}y\exp\left(-\frac{1}{2}y^2\right)\mathrm{d}y\right.\\&\qquad\left.+\int_{-\infty}^{+\infty}\exp\left(-\frac{1}{2}y^2\right)\mathrm{d}y\int_{-\infty}^{+\infty}u\exp\left(-\frac{2}{3}u^2\right)\mathrm{d}u\right\}\\&=\frac{1}{\sqrt{3}\pi}(0+0)=0;\end{aligned}$$

同理，$E(Y)=0$. 而

$$\begin{aligned}E(XY)&=\int_{-\infty}^{+\infty}\int_{-\infty}^{+\infty}xyf(x,y)\mathrm{d}x\mathrm{d}y\\&=\frac{1}{2\sqrt{3}\pi}\int_{-\infty}^{+\infty}\exp\left(-\frac{2}{3}u^2\right)\mathrm{d}u\int_{-\infty}^{+\infty}y^2\exp\left(-\frac{1}{2}y^2\right)\mathrm{d}y\\&=-\frac{1}{2\sqrt{3}\pi}\int_{-\infty}^{+\infty}\exp\left(-\frac{3}{2}u^2\right)\mathrm{d}u\int_{-\infty}^{+\infty}y\mathrm{d}\exp\left(-\frac{1}{2}y^2\right)\\&=-\frac{1}{2\sqrt{3}\pi}\left\{\left[y\exp\left(-\frac{1}{2}y^2\right)\right]\right\}\Bigg|_{-\infty}^{+\infty}\int_{-\infty}^{+\infty}\exp\left(-\frac{2}{3}u^2\right)\mathrm{d}u\\&=0+\frac{1}{2\sqrt{3}\pi}\int_{-\infty}^{+\infty}\exp\left(-\frac{1}{2}y^2\right)\mathrm{d}y\int_{-\infty}^{+\infty}\exp\left(-\frac{3}{2}u^2\right)\mathrm{d}u\\&=\frac{1}{2\sqrt{3}\pi}\cdot\sqrt{2\pi}\cdot\sqrt{\frac{3}{2}\pi}=\frac{1}{2},\end{aligned}$$

故 $\mathrm{Cov}(X,Y)=E(XY)-E(X)\cdot E(Y)=\frac{1}{2}-0=\frac{1}{2}$.

解法 2　易知 $f(x,y)$ 为二元正态分布 $N\left(0,0,1,1,\frac{1}{2}\right)$ 的联合密度函数，所以 $\mathrm{Cov}(X,Y)=\rho\sigma_1\sigma_2=\frac{1}{2}$.

24. 设随机变量 X 和 Y 服从同一分布，且 X 的分布律为

X	0	1
P	$\frac{1}{2}$	$\frac{1}{2}$

若已知 $P\{XY=0\}=1$，则 $P\{X=Y\}=$ ________.

解　因 X 与 Y 分别可取 0,1 两个值，从而由 $P\{XY=0\}=1$，知 $P\{X=1,Y=1\}=0$. 再利用公式 $p_{i\cdot}=\sum\limits_{j=0}^{1}p_{ij}$ 及 $p_{\cdot j}=\sum\limits_{i=0}^{1}p_{ij}$，可得知 $P\{X=0,Y=0\}=0$. 于是，知

$$P\{X=Y\}=P\{X=0,Y=0\}+P\{X=1,Y=1\}=0+0=0.$$

25. 设随机变量 X 服从参数为 $4,\frac{1}{3}$ 的二项分布，Y 服从参数为 2 的泊松分布，则 $E(3X-2Y)=$ ________.

解　已知 $X\sim N(4,1/3)$，$Y\sim P(2)$，故由相应数学期望的公式，有 $E(X)=\frac{4}{3}$，$E(Y)=2$，于是，可得

$$E(3X-2Y)=3E(X)-2E(Y)=4-2\times2=0.$$

26. 设随机变量 $X_{ij}(i,j=1,2,\cdots,n;\ n\geqslant2)$ 独立同分布，且 $E(X_{11})$ 存在，则行列式

$$Y=\begin{vmatrix} X_{11} & X_{12} & \cdots & X_{1n} \\ X_{21} & X_{22} & \cdots & X_{2n} \\ \vdots & \vdots & & \vdots \\ X_{n1} & X_{n2} & \cdots & X_{nn} \end{vmatrix}$$

的数学期望 $E(Y)=$ ________.

解　根据数学期望的线性性质、X_{ij} 的相互独立性以及行列式的性质，有(记 $a=E(X_{ij})$)

$$E(Y)=\begin{vmatrix} E(X_{11}) & E(X_{12}) & \cdots & E(X_{1n}) \\ E(X_{21}) & E(X_{22}) & \cdots & E(X_{2n}) \\ \vdots & \vdots & & \vdots \\ E(X_{n1}) & E(X_{n2}) & \cdots & E(X_{nn}) \end{vmatrix}=\begin{vmatrix} a & a & \cdots & a \\ a & a & \cdots & a \\ \vdots & \vdots & & \vdots \\ a & a & \cdots & a \end{vmatrix}=0.$$

27. 设随机变量 X 在区间$[-1,2]$上服从均匀分布，随机变量

$$Y=\begin{cases}1, & 若 X>0;\\ 0, & 若 X=0;\\ -1, & 若 X<0,\end{cases}$$

则方差 $D(Y)=$________.

解 由于

$$\begin{aligned}E(Y)&=1\cdot P\{X>0\}+0\cdot P\{X=0\}+(-1)\cdot P\{X<0\}\\&=1\times\frac{2}{3}+(-1)\times\frac{1}{3}=\frac{1}{3},\end{aligned}$$

$$\begin{aligned}E(Y^2)&=1^2\cdot P\{X>0\}+0^2\cdot P\{X=0\}+(-1)^2\cdot P\{X<0\}\\&=1\times\frac{2}{3}+1\times\frac{1}{3}=1,\end{aligned}$$

因此 $D(Y)=E(Y^2)-(E(Y))^2=1-\left(\frac{1}{3}\right)^2=\frac{8}{9}$.

28. 设随机变量 X 服从参数为 λ 的泊松分布，且已知 $E((X-1)(X-2))=1$，则 $\lambda=$________.

解 由于 $X\sim P(\lambda)$，所以 $E(X)=\lambda$，$D(X)=\lambda$. 从而

$$E(X^2)=D(X)+(E(X))^2=\lambda+\lambda^2.$$

由题设知，

$$1=E((X-1)(X-2))=E(X^2)-3E(X)+2=\lambda+\lambda^2-3\lambda+2.$$

由此得$(\lambda-1)^2=0$. 于是 $\lambda=1$.

29. 设随机变量 X 的方差为 2，则根据切比雪夫不等式，有估计 $P\{|X-E(X)|\geqslant 2\}\leqslant$________.

解 切比雪夫不等式：$P\{|X-E(X)|\geqslant\varepsilon^2\}\leqslant\frac{D(X)}{\varepsilon^2}$，故知

$$P\{|X-E(X)|\geqslant 2\}\leqslant\frac{2}{4}=\frac{1}{2}.$$

30. 将一枚硬币重复掷 n 次，以 X 和 Y 分别表示正面朝上和反面朝上的次数，则 X 和 Y 的相关系数等于________.

解法 1 由于 $X\sim B(n,1/2)$，故 $E(X)=\frac{n}{2}$，$D(X)=\frac{n}{4}$. 因为 $X+Y=n$，即 $Y=n-X$，所以

$$E(Y)=E(n-X)=n-E(X)=\frac{n}{2},$$

$$D(Y)=D(n-X)=D(X)=\frac{n}{4}.$$

从而，有

$$\begin{aligned}\mathrm{Cov}(X,Y)&=\mathrm{Cov}(X,n-X)=\mathrm{Cov}(X,n)-\mathrm{Cov}(X,X)\\&=-D(X)=-\frac{n}{4},\end{aligned}$$

$$\rho_{XY}=\frac{\mathrm{Cov}(X,Y)}{\sqrt{D(X)}\sqrt{D(Y)}}=\frac{-n/4}{\sqrt{n/4}\sqrt{n/4}}=-1.$$

解法 2　当 Y 与 X 的线性关系 $Y=aX+b\ (a\neq 0)$ 成立时，X 和 Y 的相关系数 $\rho_{XY}=\frac{a}{|a|}$. 现知 $X+Y=n$，移项得 $Y=(-1)X+n$，即 $a=-1$，故 $\rho_{XY}=-1$.

31. 设随机变量 $X_1,X_2,\cdots,X_n$ 独立同分布，且 $E(X_1)=\mu$ 及 $D(X_1)=\sigma^2\ (\sigma>0)$ 都存在，则当 n 充分大时，用中心极限定理得 $P\left\{\sum\limits_{i=1}^{n}X_i\geqslant a\right\}$（$a$ 为常数）的近似值为________.

解　因为 $E(X_i)=\mu$，$D(X_i)=\sigma^2$，所以

$$E\Big(\sum_{i=1}^{n}X_i\Big)=\sum_{i=1}^{n}E(X_i)=n\mu,\quad D\Big(\sum_{i=1}^{n}X_i\Big)=\sum_{i=1}^{n}D(X_i)=n\sigma^2.$$

于是，由中心极限定理，知

$$P\Big\{\sum_{i=1}^{n}X_i\geqslant a\Big\}=1-P\Big\{\sum_{i=1}^{n}X_i<a\Big\}\approx 1-\Phi\left(\frac{a-n\mu}{\sqrt{n}\sigma}\right).$$

32. 设 $X_1,X_2,\cdots,X_n,X_{n+1}$ 是来自正态总体 $N(\mu,\sigma^2)$ 的样本. 若 $Y=k\sum\limits_{i=1}^{n}(X_{i+1}-X_i)^2$ 是 σ^2 的无偏估计量，则 $k=$________.

解　因为 $X_i\sim N(\mu,\sigma^2)\ (i=1,2,\cdots)$，所以 $E(X_{i+1}-X_i)=0$，$D(X_{i+1}-X_i)=2\sigma^2$. 从而

$$\begin{aligned}E(Y)&=k\sum_{i=1}^{n}E((X_{i+1}-X_i)^2)\\&=k\sum_{i=1}^{n}(D(X_{i+1}-X_i)+E^2(X_{i+1}-X_i))\\&=k\sum_{i=1}^{n}(2\sigma^2+0)=2nk\sigma^2.\end{aligned}$$

若 Y 为 σ^2 的无偏估计量，则应有 $2nk=1$，即 $k=\frac{1}{2n}$.

33. 设总体 X 的概率密度为

$$f(x;\theta)=\begin{cases}e^{-(x-\theta)}, & x\geqslant\theta;\\0, & x<\theta,\end{cases}$$

而 $X_1,X_2,\cdots,X_n$ 是来自总体 X 的简单随机样本,则未知参数 θ 的矩估计量为________,θ 的最大似然估计量为________.

解 先求矩估计量:

$$E(X)=\int_{-\infty}^{+\infty}xf(x,\theta)\mathrm{d}x=\int_{\theta}^{+\infty}x\mathrm{e}^{-(x-\theta)}\mathrm{d}x=\mathrm{e}^{\theta}\int_{\theta}^{+\infty}x\mathrm{e}^{-x}\mathrm{d}x$$
$$=\mathrm{e}^{\theta}\left(-x\mathrm{e}^{-x}\Big|_{\theta}^{+\infty}+\int_{\theta}^{+\infty}\mathrm{e}^{-x}\mathrm{d}x\right)$$
$$=\mathrm{e}^{\theta}\left(\theta\mathrm{e}^{-\theta}-\mathrm{e}^{-x}\Big|_{\theta}^{+\infty}\right)=\theta+1,$$

所以 $\overline{X}=\hat{\theta}_{矩}+1$. 故

$$\hat{\theta}_{矩}=\overline{X}-1=\frac{1}{n}\sum_{i=1}^{n}X_i-1.$$

再求最大似然估计量. 似然函数有

$$L(\theta)=\prod_{i=1}^{n}f(x_i,\theta)=\begin{cases}\exp\left\{-\sum_{i=1}^{n}x_i+n\theta\right\}, & x_i>\theta\ (i=1,2,\cdots,n);\\0, & 其他.\end{cases}$$

当 $x_i>\theta\ (i=1,2,\cdots)$ 时,$\ln L(\theta)=-\sum_{i=1}^{n}x_i+n\theta$;从而有

$$\frac{\mathrm{d}\ln L(\theta)}{\mathrm{d}\theta}=2n>0.$$

可见 $\ln L(\theta)$ (或 $L(\theta)$) 关于 θ 单调递增. 因此,欲使似然函数达到最大,就必须使 θ 达到最大,但 θ 不能大于或等于最小顺序统计量的观察值 $x_{(1)}=\min\{x_1,x_2,\cdots,x_n\}$. 否则,样本 $x_1,x_2,\cdots,x_n$ 就不可能来自该总体. 于是,知 θ 的最大似然估计量为 $\hat{\theta}_L=\min\limits_{1\leqslant i\leqslant n}\{X_i\}$.

34. 设正态总体 X 的方差为 1,根据来自 X 的容量为 100 的简单随机样本,测得样本均值为 5,则 X 的数学期望的置信度为 0.95 的置信区间为________.

解 因为 $Z=\dfrac{\overline{X}-\mu}{1/\sqrt{100}}\sim N(0,1)$,$P\{-1.96<Z<1.96\}=0.95$,故 μ 的置信度为 0.95 的置信区间为$(\overline{X}-1.96/10,\overline{X}+1.96/10)$. 将 $\overline{X}=5$ 代入上式,得置信区间为$(4.804,5.196)$.

35. 设来自正态总体 $X\sim N(\mu,0.9^2)$、容量为 9 的简单随机样本的样本

均值 $\overline{x}=5$，则未知参数 μ 的置信度为 0.95 的置信区间是________.

解　由于 $\alpha=1-0.95=0.05$，$z_{\alpha/2}=z_{0.025}=1.96$，因此 μ 的置信水平为 0.95 的置信区间是

$$\left(\overline{x}-z_{\alpha/2}\frac{\sigma}{\sqrt{n}},\overline{x}+z_{\alpha/2}\frac{\sigma}{\sqrt{n}}\right)=\left(5-1.96\times\frac{0.9}{\sqrt{9}},5+1.96\times\frac{0.9}{\sqrt{9}}\right)$$
$$=(4.412,5.588).$$

36. 设随机变量 X 和 Y 的联合概率分布为

X \ Y	-1	0	1
0	0.07	0.18	0.15
1	0.08	0.32	0.20

则 X^2 和 Y^2 的协方差 $\mathrm{Cov}(X^2,Y^2)=$________.

解　$E(X^2Y^2)=0^2\times(-1)^2\times0.07+0^2\times0^2\times0.18+0^2\times1^2\times0.15+1^2\times(-1)^2\times0.08+1^2\times0^2\times0.32+1^2\times1^2\times0.20=0.28$. 而关于 X 的边缘分布律为

X	0	1
p	0.4	0.6

关于 Y 的边缘分布律为

X	-1	0	1
p	0.15	0.5	0.35

故

$$E(X^2)=0^2\times0.4+1^2\times0.6=0.6,$$
$$E(Y^2)=(-1)^2\times0.15+0^2\times0.5+1^2\times0.35=0.5.$$

从而，知

$$\mathrm{Cov}(X^2,Y^2)=E(X^2Y^2)-E(X^2)E(Y^2)$$
$$=0.28-0.6\times0.5=-0.02.$$

(二) 单项选择题

1. 设 A,B,C 为三事件，则 $\overline{(A\cup C)B}=($　　$)$.

A. ABC　　B. $(\overline{A}\,\overline{C})\cup\overline{B}$　　C. $(\overline{A}\cup\overline{B})\cup C$　　D. $(\overline{A}\cup\overline{C})\cup\overline{B}$

解　由摩根律，有

$$\overline{(A\cup C)B}=\overline{(A\cup C)}\cup\overline{B}=(\overline{A}\,\overline{C})\cup\overline{B},$$

故选 B.

2. 已知 $P(A)=P(B)=\dfrac{1}{3}$，$P(A\mid B)=\dfrac{1}{6}$，则 $P(\overline{A}\,\overline{B})=(\quad)$.

A. $\dfrac{11}{18}$　　B. $\dfrac{7}{18}$　　C. $\dfrac{1}{3}$　　D. $\dfrac{1}{4}$

解 由于 $P(A\mid B)=\dfrac{P(AB)}{P(B)}=\dfrac{1}{6}$，因此 $P(AB)=\dfrac{1}{6}P(B)$. 从而

$$P(\overline{A}\,\overline{B})=P(\overline{A\cup B})=1-P(A\cup B)=1-(P(A)+P(B)-P(AB))$$
$$=1-\left(P(A)+\frac{5}{6}P(B)\right)=1-\frac{1}{3}\times\frac{11}{6}=\frac{7}{18}.$$

因此选 B.

3. 设二维随机变量 (X,Y) 的联合分布函数为 $F(x,y)$，其联合分布律为

X \ Y	0	1	2
−1	0.2	0	0.1
0	0	0.4	0
1	0.1	0	0.2

则 $F(0,1)=(\quad)$.

A. 0.2　　B. 0.4　　C. 0.6　　D. 0.8

解 由分布函数的定义，知 $F(0,1)=0.2+0+0+0.4=0.6$，于是选 C.

4. 设随机变量 X 服从正态分布 $N(2,4)$，Y 服从参数为 $\dfrac{1}{2}$ 的指数分布，且 X 与 Y 相互独立，则 $D(2X+Y)=(\quad)$.

A. 8　　B. 16　　C. 20　　D. 24

解 由于 X 与 Y 相互独立，因此 $D(2X+Y)=4D(X)+D(Y)$. 易知 $D(X)=4$，$D(Y)=4$，从而 $D(2X+Y)=4^2+4=20$. 故选 C.

5. 设二维随机变量 (X,Y) 服从 $\mu_1=0$，$\sigma_1^2=1$，$\mu_2=0$，$\sigma_2^2=1$，$\rho=0$ 的二维正态分布，则下列结论中错误的是(　　).

A. X 与 Y 都服从 $N(0,1)$　　B. X 与 Y 相互独立

C. $\mathrm{Cov}(X,Y)=0$　　D. $\mathrm{Cov}(X,Y)=1$

解 服从二维正态分布 $N(\mu_1,\mu_2,\sigma_1^2,\sigma_2^2,\rho)$ 的随机变量 X,Y 相互独立的充要条件是 $\rho=0$，而 $\rho=\dfrac{\mathrm{Cov}(X,Y)}{\sqrt{D(X)}\ \sqrt{D(Y)}}$，故知 $\mathrm{Cov}(X,Y)=0$（而不等于 1），因此选 D.

6. 设 X 与 Y 是任意两个连续型随机变量，它们的概率密度分别为 $f_1(x)$ 和 $f_2(x)$，则（　　）.

A. $f_1(x)+f_2(x)$ 必为某一随机变量的概率密度

B. $\frac{1}{2}(f_1(x)+f_2(x))$ 必为某一随机变量的概率密度

C. $f_1(x)-f_2(x)$ 必为某一随机变量的概率密度

D. $f_1(x)f_2(x)$ 必为某一随机变量的概率密度

解　由概率密度函数的性质，有 $\int_{-\infty}^{+\infty} f_i(x)\mathrm{d}x=1\ (i=1,2)$. 因

$$\int_{-\infty}^{+\infty}(f_1(x)+f_2(x))\mathrm{d}x=\int_{-\infty}^{+\infty} f_1(x)\mathrm{d}x+\int_{-\infty}^{+\infty} f_2(x)\mathrm{d}x=2\neq 1,$$

故排除 A. 类似地，亦可知 C 不正确 $\left(\int_{-\infty}^{+\infty}(f_1(x)-f_2(x))\mathrm{d}x=0\right)$. 而

$$\int_{-\infty}^{+\infty}\frac{1}{2}(f_1(x)+f_2(x))\mathrm{d}x=1,$$

所以应选 B. 对于 D，可用“特殊取定法”排除：设 X 与 Y 皆在 $[0,2]$ 上服从均匀分布，易知当 $0\leqslant x\leqslant 2$ 时，$f_1(x)f_2(x)=\frac{1}{4}$；而当 $x<0$ 或 $x>2$ 时，$f_1(x)f_2(x)=0$. 从而，有

$$\int_{-\infty}^{+\infty} f_1(x)f_2(x)\mathrm{d}x=\int_0^2\frac{1}{4}\mathrm{d}x=\frac{1}{2}\neq 1,$$

因此，$f_1(x)f_2(x)$ 不为随机变量的概率密度.

7. 设 X 与 Y 是任意两个随机变量，它们的分布函数分别为 $F_1(x)$ 和 $F_2(x)$，则（　　）.

A. $F_1(x)+F_2(x)$ 必为某一随机变量的分布函数

B. $F_1(x)-F_2(x)$ 必为某一随机变量的分布函数

C. $\frac{1}{2}(F_1(x)+2F_2(x))$ 必为某一随机变量的分布函数

D. $F_1(x)F_2(x)$ 必为某一随机变量的分布函数

解　因为 $\lim\limits_{x\to-\infty}F_i(x)=0$，$\lim\limits_{x\to+\infty}F_i(x)=1$，$F_i(x_1)\leqslant F_i(x_2)\ (x_1<x_2)$；$F_i(x+0)=F_i(x)\ (i=1,2)$，故若设 $F(x)=F_1(x)F_2(x)$，则有

$$\lim_{x\to-\infty}F(x)=\lim_{x\to-\infty}F_1(x)F_2(x)=0,$$

$$\lim_{x\to+\infty}F(x)=\lim_{x\to+\infty}F_1(x)F_2(x)=1;$$

当 $x_1<x_2$ 时，$F(x_1)=F_1(x_1)F_2(x_1)\leqslant F_1(x_2)F_2(x_2)=F(x_2)$，而

$$F(x+0)=F_1(x+0)F_2(x+0)=F_1(x)F_2(x)=F(x),$$

因此，应选 D.

可验证 A,B 及 C 不能同时满足分布函数的有界性、单调性与右连续性.

8. 设 D 是平面上关于直线 $y=x$ 对称的一个有界闭区域，二维随机变量 (X,Y) 服从 D 上的均匀分布，$E(X)$ 和 $E(Y)$ 分别表示 X 与 Y 的数学期望，则(　　).

A. $E(X)=E(Y)$　　　　B. $E(X)>E(Y)$

C. $E(X)<E(Y)$　　　　D. 其他

解　因为(X,Y)在有界闭区域 D 上服从均匀分布，所以(X,Y)的联合密度函数为

$$f(x,y)=\begin{cases}\dfrac{1}{S_D}, & (x,y)\in D,\\ 0, & (x,y)\overline{\in} D.\end{cases}$$

其中 S_D 为 D 的面积. 根据数学期望的定义，知

$$E(X)=\iint\limits_{(x,y)\in\mathbf{R}^2} xf(x,y)\mathrm{d}x\,\mathrm{d}y=\frac{1}{S_D}\iint\limits_D x\,\mathrm{d}x\,\mathrm{d}y$$

$$\xlongequal{\text{由轮换对称性}}\frac{1}{S_D}\iint\limits_D y\,\mathrm{d}x\,\mathrm{d}y=E(Y).$$

故应选 A.

9. 设随机变量 X 与 Y 都服从标准正态分布，则(　　).

A. $X+Y$ 服从正态分布　　　　B. X^2+Y^2 服从 χ^2 分布

C. X^2 和 Y^2 都服从 χ^2 分布　　D. X^2/Y^2 服从 F 分布

解　因为 X 与 Y 都服从标准正态分布，所以 X^2 与 Y^2 都服从 χ^2 分布，因此应选 C. 而 A,B 及 D 选项成立均需 X 与 Y 相互独立为前提.

10. 设随机变量 X 服从正态分布 $N(\mu,\sigma^2)$，则随着 σ 的增大，概率 $P\{|X-\mu|<\sigma\}$ (　　).

A. 单调增大　　B. 单调减小　　C. 保持不变　　D. 非单调变化

解　由于

$$\begin{aligned}P\{|X-\mu|<\sigma\}&=P\{\mu-\sigma<X<\mu+\sigma\}\\&=\Phi\left(\frac{\mu+\sigma-\mu}{\sigma}\right)-\Phi\left(\frac{\mu-\sigma-\mu}{\sigma}\right)\\&=\Phi(1)-\Phi(-1),\end{aligned}$$

因此概率 $P\{|X-\mu|<\sigma\}$ 是常数. 故选 C.

11. 设 X 是一随机变量，$E(X)=\mu$，$D(X)=\sigma^2$（μ 及 $\sigma>0$ 为常数），则

对任意常数 C，必有(　　).

A. $E(X-C)^2=E(X^2)-C^2$　　B. $E(X-C)^2=E(X-\mu)^2$

C. $E(X-C)^2<E(X-\mu)^2$　　D. $E(X-C)^2\geqslant E(X-\mu)^2$

解　应选 D. 根据熟知的性质：当 $c=\mu=E(X)$ 时，$E(X-c)^2$ 达到最小值，故应选 D. 证明如下：

$$\begin{aligned}E(X-c)^2&=E((X-\mu)+(\mu-c))^2\\&=E(X-\mu)^2+(\mu-c)^2+2(\mu-c)E(X-\mu)\\&=E(X-\mu)^2+(\mu-c)^2\geqslant E(X-\mu)^2.\end{aligned}$$

最后一个不等式变为等式，当且仅当 $c=\mu=E(X)$.

12. 设两个相互独立的随机变量 X 与 Y 分别服从正态分布 $N(0,1)$ 和 $N(1,1)$，则(　　).

A. $P\{X+Y\leqslant 0\}=\dfrac{1}{2}$　　B. $P\{X+Y\leqslant 1\}=\dfrac{1}{2}$

C. $P\{X-Y\leqslant 0\}=\dfrac{1}{2}$　　D. $P\{X-Y\leqslant 1\}=\dfrac{1}{2}$

解　应选 B. 由 $X+Y\sim N(1,2)$，可见

$$P\{X+Y\leqslant 1\}=\frac{1}{2\sqrt{\pi}}\int_{-\infty}^{1}e^{-\frac{(x-1)^2}{4}}dx=\frac{1}{\sqrt{2\pi}}\int_{-\infty}^{0}e^{-\frac{t^2}{2}}dt=\frac{1}{2}.$$

其实，本题并不需要计算. 因 $X+Y\sim N(1,2)$. 故

$$P\{X+Y\leqslant 1\}=P\{X+Y>1\}=\frac{1}{2}.$$

13. 设随机变量 X 服从任意 $N(\mu,\sigma^2)$ $(\sigma>0)$，则下列各选择项中错误的是(　　).

A. $P\{X<\mu\}=\dfrac{1}{2}$　　B. $P\{X>\mu\}=\dfrac{1}{2}$

C. $\left(\dfrac{X-\mu}{\sigma}\right)^2$ 服从 χ^2 分布　　D. $(X-\mu)^2$ 服从 χ^2 分布

解　应选 D. 由于 $X\sim N(\mu,\sigma^2)$，故其密度函数 $f(x)$ 关于 $x=\mu$ 对称，从而 A 与 B 正确. 又因为 $\dfrac{X-\mu}{\sigma}\sim N(0,1)$，因此 $\left(\dfrac{X-\mu}{\sigma}\right)^2\sim\chi^2$. 从而，选项中错误的是 D.

14. 设随机变量 $X_i\,(i=1,2)$ 的分布律为

X_i	-1	0	1
p_k	$\frac{1}{4}$	$\frac{1}{2}$	$\frac{1}{4}$

且 $P\{X_1X_2=0\}=1$，则 $P\{X_1=1, X_2=1\}$ 等于(　　).

A. 0　　B. $\frac{1}{2}$　　C. $\frac{1}{4}$　　D. 1

解　记 $P\{X_1=i, X_2=j\}=p_{ij}$，$P\{X_1=i\}=p_{i\cdot}$，$P\{X_2=j\}=p_{\cdot j}(i, j=0,1,2)$. 由于 $P\{X_1X_2=0\}=1$，因此 $P\{X_1X_2\neq 0\}=0$. 因为

$$\begin{aligned}P\{X_1X_2\neq 0\}&=P\{X_1=1,X_2=1\}+P\{X_1=1,X_2=2\}\\&\quad+P\{X_1=2,X_2=1\}+P\{X_1=2,X_2=2\}\\&=p_{11}+p_{12}+p_{21}+p_{22},\end{aligned}$$

所以 $p_{11}=p_{12}=p_{21}=p_{22}=0$.

由 $p_{1\cdot}=p_{10}+p_{11}+p_{12}$，可得

$$p_{10}=p_{1\cdot}-p_{11}-p_{12}=\frac{1}{4}-0-0=\frac{1}{4}.$$

由 $p_{2\cdot}=p_{20}+p_{21}+p_{22}$，可得

$$p_{20}=p_{2\cdot}-p_{21}-p_{22}=\frac{1}{4}-0-0=\frac{1}{4}.$$

由 $p_{\cdot 0}=p_{00}+p_{10}+p_{20}$，可得

$$p_{00}=p_{\cdot 0}-p_{10}-p_{20}=\frac{1}{2}-\frac{1}{4}-\frac{1}{4}=0.$$

由此可得 $P\{X_1=X_2\}=p_{00}+p_{11}+p_{22}=0$. 故选 A.

15. 设随机变量 X_1,X_2,X_3,X_4 相互独立，且服从同一分布，$E(X_1)$ 存在，$Y=\begin{vmatrix}X_1 & X_2\\X_3 & X_4\end{vmatrix}$，则 $E(Y)$ 等于(　　).

A. 1　　B. -1　　C. 0　　D. 1

解　设 $Y_1=X_1X_4$，$Y_2=X_2X_3$，则 $Y=Y_1-Y_2$. 易见，Y_1 和 Y_2 独立同分布：

$$P\{Y_1=1\}=P\{Y_2=1\}=P\{X_2=1, X_3=1\}=0.4^2=0.16,$$

$$P\{Y_1=0\}=P(Y_2=0)=1-0.16=0.84.$$

随机变量 $Y=Y_1-Y_2$ 有 -1,0 和 1 等三个可能值；

$$P\{Y=-1\}=P\{Y_1=0,Y_2=1\}=0.84\times 0.16=0.134\ 4;$$

$$P\{Y=1\}=P\{Y_1=1,Y_2=0\}=0.16\times 0.84=0.134\ 4;$$

$$P\{Y=0\}=1-2\times 0.134\ 4=0.731\ 2.$$

从而，得行列式 Y 的概率分布：

$$Y \sim \begin{pmatrix} -1 & 0 & 1 \\ 0.134\,4 & 0.731\,2 & 0.134\,4 \end{pmatrix}.$$

于是 $E(Y) = -1 \times 0.134\,4 + 0 \times 0.731\,2 + 1 \times 0.134\,4 = 0$，因此选 C.

16. 设随机变量 $X_i (i = 1,2)$ 的分布律为

X_i	-1	0	1
p_k	$\frac{1}{4}$	$\frac{1}{2}$	$\frac{1}{4}$

且 $P\{X_1X_2 = 0\} = 1$，则 $E(X_1X_2)$ 等于(　　).

A. 0　　B. -1　　C. 1　　D. $\frac{1}{2}$

解　应选 A. 因为 $P\{X_1X_2 = 0\} = 1$，所以

$$P\{X_1X_2 \neq 0\} = 1 - P\{X_1X_2 = 0\} = 0,$$

故 $E(X_1X_2) = 0$（该结果亦可按填空题中第 24 题计算方法，先求出 (X_1, X_2) 的联合分布律，再依数学期望的定义算出）.

17. 设随机变量 X 服从参数为 λ 的泊松分布，且 $E(X) + D(X) = 2$，则 λ 等于(　　).

A. $\frac{1}{2}$　　B. 1　　C. $\frac{3}{2}$　　D. 2

解　由于 $X \sim P(\lambda)$，所以 $E(X) = D(X) = \lambda$. 从而

$$E(X) + D(X) = 2\lambda = 2,$$

即 $\lambda = 1$. 故选 B.

18. 设 X 服从参数为 n, p $(0 < p < 1)$ 的任意二项分布，则 X 的方差 $D(X)$ 满足(　　).

A. $D(X) \leqslant \frac{n}{4}$　　B. $D(X) < \frac{n}{4}$

C. $D(X) > \frac{n}{4}$　　D. $D(X) > n$

解　应选 A. 因为 $X \sim B(n, p)$，所以

$$D(X) = np(1-p) = n\left[\frac{1}{4} - \left(\frac{1}{2} - p\right)^2\right].$$

显然，当 $p = \frac{1}{2}$ 时，$D(X)$ 取得最大值，故 $D(X) \leqslant \frac{n}{4}$.

19. 设随机变量 X 和 Y 都服从参数为 $\lambda = 2$ 的指数分布，则 $E(\max\{X, Y\}$

$+\min\{X,Y\})$ 等于(　　).

A. 1　　B. 2　　C. 3　　D. 4

解　因 $X\sim E(2)$, $Y\sim E(2)$, 故 $E(X)=E(Y)=\frac{1}{2}$. 又因为

$$\max\{X,Y\}=\frac{1}{2}(X+Y+|X-Y|),$$

$$\min\{X,Y\}=\frac{1}{2}(X+Y-|X-Y|),$$

所以

$$E(\max\{X,Y\}+\min\{X,Y\})=E(X+Y)=E(X)+E(Y)=\frac{1}{2}+\frac{1}{2}=1.$$

因此选 A.

20. 设随机变量 X 和 Y 的方差存在且不等于 0, 则 $D(X+Y)=D(X)+D(Y)$ 是 X 和 Y(　　).

A. 不相关的充分条件, 但不是必要条件

B. 独立的充分条件, 但不是必要条件

C. 不相关的充分必要条件

D. 独立的充分必要条件

解　因为 $\mathrm{Cov}(X,Y)=\frac{1}{2}(D(X+Y)-D(X)-D(Y))$, 又

$$\rho_{XY}=\frac{\mathrm{Cov}(X,Y)}{\sqrt{D(X)}\cdot\sqrt{D(Y)}},$$

所以 X 和 Y 不相关的充分必要条件是 $D(X+Y)=D(X)+D(Y)$. 故选 C.

21. 设随机变量 X 服从指数分布, 则随机变量 $Y=\min\{X,2\}$ 的分布函数(　　).

A. 是连续函数　　B. 至少有两个间断点

C. 是阶梯函数　　D. 恰好有一个间断点

解　因 $X\sim E(\lambda)$, 所以随机变量 X 的分布函数为

$$F_X(x)=\begin{cases}1-\mathrm{e}^{-\lambda x}, & x\geqslant 0;\\ 0, & x<0.\end{cases}$$

从而, 随机变量 $Y=\min\{X,2\}$ 的分布函数为

$$F_Y(y)=P\{Y\leqslant y\}=P\{\min\{X,2\}\leqslant y\}.$$

当 $y\geqslant 2$ 时, $\{\min\{X,2\}\leqslant y\}$ 是必然事件, $F_Y(y)=1$; 当 $y<2$ 时, 事件

$\{\min\{X,2\}\leqslant y\}=\{X\leqslant y\}$. 因此，有

$$F_Y(y)=P\{\min\{X,2\}\leqslant y\}=P\{X\leqslant y\}$$
$$=\begin{cases}1-e^{-\lambda y}, & 0\leqslant y<2;\\ 0, & y<0.\end{cases}$$

综合上述讨论，知 $Y=\min\{X,2\}$ 的分布函数为

$$F_Y(y)=\begin{cases}0, & y<0;\\ 1-e^{-\lambda y}, & 0\leqslant y<2;\\ 1, & y\geqslant 2.\end{cases}$$

由此可知 $F_Y(y)$ 有一个间断点 $y=2$. 故选 D.

22. 设随机变量 (X,Y) 服从二维正态分布，则随机变量 $U=X+Y$ 与 $V=X-Y$ 不相关的充分必要条件为(　　).

A. $E(X)=E(Y)$

B. $E(X^2)-(E(X))^2=E(Y^2)-(E(Y))^2$

C. $E(X^2)=E(Y^2)$

D. $E(X^2)+(E(X))^2=E(Y^2)+(E(Y))^2$

解　因"U 和 V 不相关等价于 $\mathrm{Cov}(U,V)=0$"，故有

$$0=\mathrm{Cov}(U,V)=\mathrm{Cov}(X+Y,X-Y)=\mathrm{Cov}(X,X)-\mathrm{Cov}(Y,Y)$$
$$=D(X)-D(Y).$$

从而 $D(X)=D(Y)$，即 $E(X^2)-(E(X))^2=E(Y^2)-(E(Y))^2$. 所以选 B.

23. 设随机变量 (X,Y) 服从二维正态分布，则 $D(X)=D(Y)$ 是随机变量 $U=X+Y$ 与 $V=X-Y$ 独立的(　　).

A. 充分条件，但不是必要条件

B. 充分必要条件

C. 必要条件，但不是充分条件

D. 既不是充分条件，也不是必要条件

解　服从二维正态分布的随机变量 U 与 V 独立的充要条件是 U 与 V 不相关(即 $\rho_{UV}=0$). 因为

$$\mathrm{Cov}(U,V)=\mathrm{Cov}(X+Y,X-Y)$$
$$=\mathrm{Cov}(X,X)+\mathrm{Cov}(Y,X)+\mathrm{Cov}(X,-Y)+\mathrm{Cov}(Y,-Y)$$
$$=D(X)-D(Y),$$

所以 $D(X)=D(Y)$ 是 U 与 V 独立的充要条件，因此选 B.

24. 设 A,B,C 三个事件两两独立，则 A,B,C 相互独立的充要条件是(　　).

A. A 与 BC 独立　　　　B. AB 与 $A\cup C$ 独立

C. AB 与 AC 独立　　　　D. $A\cup B$ 与 $A\cup C$ 独立

解　应选 A. 因在 A,B,C 三个事件两两独立的前提下，A,B,C 相互独立的充要条件是 $P(ABC)=P(A)P(B)P(C)$，故由 $P(BC)=P(B)P(C)$，得知：$P(ABC)=P(A)P(B)P(C)$ 等价于 $P(ABC)=P(A)P(BC)$.

25. 设 X_1,X_2,X_3,X_4 分别表示 4 个灯泡的寿命，当灯泡寿命不小于 t_0 时认为是合格品，以 $X_{(1)},X_{(2)},X_{(3)},X_{(4)}$ 分别表示将 X_1,X_2,X_3,X_4 从小至大排列的顺序统计量，则这 4 个灯泡都是合格品可表示成(　　).

A. $\{X_{(1)}\geqslant t_0\}$　　　　B. $\{X_{(2)}\geqslant t_0\}$

C. $\{X_{(3)}\geqslant t_0\}$　　　　D. $\{X_{(4)}\geqslant t_0\}$

解　因为$\{X_{(i)}\geqslant t_0\}=\{$至少 $4-i+1$ 个灯泡的寿命不小于 $t_0\}=\{$至少 $4-i+1$ 个灯泡合格$\}$ $(i=1,2,3,4)$，所以事件{4 个灯泡都是合格品}等价于事件$\{X_{(1)}\geqslant t_0\}$. 故选 A.

26. 设 X_1,X_2,X_3,X_4 分别表示 4 个灯泡的寿命，当灯泡寿命不小于 t_0 时认为是合格品，以 $X_{(1)},X_{(2)},X_{(3)},X_{(4)}$ 分别表示将 X_1,X_2,X_3,X_4 从小至大排列的顺序统计量，则这 4 个灯泡中只有一个是合格品可表示成(　　).

A. $\{X_{(1)}\geqslant t_0\}$　　　　B. $\{X_{(2)}\geqslant t_0\}$

C. $\{X_{(3)}\geqslant t_0\}$　　　　D. $\{X_{(4)}\geqslant t_0\}$

解　因事件{4 个灯泡中只有一个是合格品}等价于事件$\{X_{(4)}\geqslant t_0\}$，所以选 D.

27. 设两事件 A 和 B 同时出现的概率 $P(AB)=0$，则(　　).

A. A 和 B 不相容(互斥)　　　　B. AB 是不可能事件

C. AB 不一定是不可能事件　　　　D. $P(A)=0$ 或 $P(B)=0$

解　若 AB 恰是某连续型随机变量 X 在某一点 x_0 处的取值，例如记 $A=\{X\leqslant x_0\}$，$B=\{X\geqslant x_0\}$，则 $P(AB)=P\{X=x_0\}=0$，但 $AB=\{X=x_0\}$ 不是不可能事件. 故应选 C.

实际上，选项 A,B,D 都是 $P(AB)=0$ 的充分条件，而不是必要条件.

28. 对于任意两事件 A 和 B，有 $P(A-B)$ 等于(　　).

A. $P(A)-P(B)$　　　　B. $P(A)-P(B)+P(AB)$

C. $P(A)-P(AB)$　　　　D. $P(A)+P(\overline{B})+P(A\overline{B})$

解　因为 $A=A(B+\overline{B})=AB+A\overline{B}$，又

$$(AB)(A\overline{B})=AAB\overline{B}=A\varnothing=\varnothing,$$

所以 $P(A)=P(AB)+P(A\overline{B})$. 由于 $A\overline{B}=A-B$，因此知$P(A-B)=$

$P(A)-P(AB)$. 故选 C.

注　本题事件用文氏图表示，立即可得知选项 C 正确.

29. 设 A,B 为两随机事件，且 $B\subset A$，则下列式子中正确的是(　　).

A. $P(A\cup B)=P(A)$　　B. $P(AB)=P(A)$

C. $P(B\mid A)=P(B)$　　D. $P(B-A)=P(B)-P(A)$

解　由于 $B\subset A$，因此 $B=AB$，

$$A\cup B=A\cup AB=A(\Omega\cup B)=A\Omega=A.$$

从而，有 $P(A+B)=P(A)$. 于是选 A. 事实上，使用图解法，立即可得 $A\cup B=A$.

30. 设 X 和 Y 是方差存在的随机变量，若 $E(XY)=E(X)E(Y)$，则(　　).

A. $D(XY)=D(X)D(Y)$　　B. $D(X+Y)=D(X)+D(Y)$

C. X 和 Y 独立　　D. X 和 Y 不独立

解　由于 $E(XY)=E(X)E(Y)$，从而

$$\begin{aligned}D(X+Y)&=E(X+Y-EX-EY)^2=E((X-EX)+(Y-EY))^2\\&=D(X)+D(Y)+2(E(XY)-EX\cdot EY)\\&=D(X)+D(Y),\end{aligned}$$

因此应选 B.

31. 设当事件 A 与 B 同时发生时，事件 C 必发生，则(　　).

A. $P(C)\leqslant P(A)+P(B)-1$　　B. $P(C)\geqslant P(A)+P(B)-1$

C. $P(C)=P(AB)$　　D. $P(C)=P(A\cup B)$

解　由于 $AB\subseteq C$，因此

$$P(C)\geqslant P(AB)=P(A)+P(B)-P(A\cup B)\geqslant P(A)+P(B)-1.$$

从而选 B.

32. 设 $0<P(A)<1$，$0<P(B)<1$，$P(A\mid B)+P(\overline{A}\mid\overline{B})=1$，则(　　).

A. 事件 A 与 B 互斥　　B. 事件 A 与 B 互为对立事件

C. 事件 A 与 B 不独立　　D. 事件 A 与 B 独立

解法 1（直接计算）　因为 $P(A\mid B)+P(\overline{A}\mid\overline{B})=1$，即 $P(A\mid B)=1-P(\overline{A}\mid\overline{B})=P(A\mid\overline{B})$，所以

$$\begin{aligned}\frac{P(AB)}{P(B)}&=\frac{P(A\overline{B})}{P(\overline{B})}=\frac{P(\overline{B}\mid A)P(A)}{1-P(B)}\\&=\frac{(1-P(B\mid A))P(A)}{1-P(B)}=\frac{P(A)-P(AB)}{1-P(B)}.\end{aligned}$$

由此解得 $P(AB)=P(A)P(B)$. 于是选 D.

解法 2(特殊值法) 设随机变量 X 在$[0,1]$上服从均匀分布，取

$$A=\left\{\frac{1}{4}\leqslant X\leqslant\frac{3}{4}\right\},\quad B=\left\{0\leqslant X\leqslant\frac{1}{2}\right\}.$$

容易验证，此时题设等式成立，即$P(A\mid B)=P(\overline{A}\mid\overline{B})=\frac{1}{2}$(读者画图即可看出). 选项 A 和选项 B 显然错误. 又因为

$$P(AB)=P\left\{\frac{1}{4}\leqslant X\leqslant\frac{1}{2}\right\}=\frac{1}{4},\quad P(A)P(B)=\frac{1}{2}\times\frac{1}{2}=\frac{1}{4},$$

所以 $P(AB)=P(A)P(B)$，表明只有选项 D 正确.

33. 设 A,B 为任意两个事件，且 $A\subset B$，则下列选项中必然成立的有(　　).

A. $P(A)<P(A\mid B)$　　B. $P(A)\leqslant P(A\mid B)$

C. $P(A)>P(A\mid B)$　　D. $P(A)\geqslant P(A\mid B)$

解 因为 $A\subset B$，所以 $P(AB)=P(A)$. 从而

$$P(A\mid B)=\frac{P(AB)}{P(B)}=\frac{P(A)}{P(B)}.$$

又由于 $0<P(B)\leqslant 1$，因此 $P(A)\leqslant P(A\mid B)$. 故选 B.

34. 设 A,B 是两个随机事件，且 $0<P(A)<1$，$P(B)>0$，$P(B\mid A)=P(B\mid\overline{A})$，则必有(　　).

A. $P(A\mid B)=P(\overline{A}\mid B)$　　B. $P(A\mid B)\neq P(\overline{A}\mid B)$

C. $P(AB)=P(A)P(B)$　　D. $P(AB)\neq P(A)P(B)$

解 由于 $B=(A\cup\overline{A})B=(AB)\cup(\overline{A}B)$，$(AB)\cap(\overline{A}B)=\varnothing$，$P(B\mid A)=P(B\mid\overline{A})$，因此

$$\begin{aligned}P(B)&=P(AB)+P(\overline{A}B)=P(A)P(B\mid A)+P(\overline{A})P(B\mid\overline{A})\\&=(P(A)+P(\overline{A}))P(B\mid A)=P(B\mid A),\end{aligned}$$

从而可得 $P(AB)=P(A)P(B\mid A)=P(A)P(B)$. 所以选 C.

35. 设随机变量 X 的密度函数为 $f(x)$，且 $f(-x)=f(x)$，$F(x)$ 是 X 的分布函数，则对任意实数 a，有(　　).

A. $F(-a)=1-\int_0^a f(x)\mathrm{d}x$　　B. $F(-a)=\frac{1}{2}-\int_0^a f(x)\mathrm{d}x$

C. $F(-a)=F(a)$　　D. $F(-a)=2F(a)-1$

解 由 $f(-x)=f(x)$，知 $f(x)$ 为偶函数，故有

$$\int_{-\infty}^0 f(x)\mathrm{d}x=\int_0^{+\infty}f(x)\mathrm{d}x=\frac{1}{2},$$

$$\int_0^{-a} f(x)\mathrm{d}x \xlongequal{x=-t} -\int_0^a f(-t)\mathrm{d}t = -\int_0^a f(t)\mathrm{d}t = -\int_0^a f(x)\mathrm{d}x.$$

从而

$$F(-a)=\int_{-\infty}^{-a} f(x)\mathrm{d}x=\int_{-\infty}^{0} f(x)\mathrm{d}x+\int_0^{-a} f(x)\mathrm{d}x=\frac{1}{2}-\int_0^a f(x)\mathrm{d}x,$$

因此选 B.

36. 设随机变量 X 服从 $N(\mu,\sigma_1^2)$，Y 服从 $N(\mu,\sigma_2^2)$，$\sigma_1>0$，$\sigma_2>0$，记

$$p_1=P\{X\leqslant\mu-\sigma_1\},\quad p_2=P\{X\geqslant\mu+\sigma_2\},$$

则下列式子中正确的有(　　).

A. $p_1=p_2$　　B. $p_1>p_2$　　C. $p_1<p_2$　　D. $p_1\neq p_2$

解　因

$$\begin{aligned}p_1&=P\{X\leqslant\mu-\sigma_1\}=P\left\{\frac{X-\mu}{\sigma_1}\leqslant\frac{\mu-\sigma_1-\mu}{\sigma_1}\right\}\\&=\Phi(-1)=1-\Phi(1),\\p_2&=P\{Y\geqslant\mu+\sigma_2\}=1-P\{Y<\mu+\sigma_2\}\\&=1-P\left\{\frac{Y-\mu}{\sigma_2}\leqslant\frac{\mu+\sigma_2-\mu}{\sigma_2}\right\}=1-\Phi(1),\end{aligned}$$

故 $p_1=p_2$. 于是应选 A.

37. 设 $F_1(x)$ 与 $F_2(x)$ 分别为随机变量 X_1 与 X_2 的分布函数，为使 $F(x)=aF_1(x)-bF_2(x)$ 是某一随机变量的分布函数，则在下列各给定的数值中正确的是(　　).

A. $a=\frac{3}{5}$，$b=-\frac{2}{5}$　　B. $a=\frac{2}{3}$，$b=\frac{2}{3}$

C. $a=-\frac{1}{2}$，$b=\frac{2}{3}$　　D. $a=\frac{1}{2}$，$b=-\frac{2}{3}$

解　应选 A. 由分布函数性质：

$$\lim_{x\to+\infty}F(x)=\lim_{x\to+\infty}(aF_1(x)-bF_2(x))=a-b=1,$$

可验知只有 A 满足此式.

38. 设随机变量 $X_i\,(i=1,2)$ 的分布律为

X_i	0	1
p_i	$\frac{1}{2}$	$\frac{1}{2}$

且 X_1 与 X_2 相互独立，则 $P\{X_1=X_2\}$ 等于(　　).

A. 0　　B. $\frac{1}{4}$　　C. $\frac{1}{2}$　　D. 1

解　因 X_1 与 X_2 皆取可能值 0 与 1，所以

$$P\{X_1=X_2\}=P\{X_1=0, X_2=0\}+P\{X_1=1, X_2=1\}.$$

又由于 X_1 与 X_2 独立，因此

$$P\{X_1=X_2\}=P\{X_1=0\}P\{X_2=0\}+P\{X_1=1\}P(X_2=1)$$
$$=\frac{1}{2}\times\frac{1}{2}+\frac{1}{2}\times\frac{1}{2}=\frac{1}{2}.$$

所以选 C.

39. 设 $D(X)=4$，$D(Y)=2$，且 X 与 Y 不相关，则随机变量 $3X-2Y$ 的方差等于(　　).

A. 6　　B. 16　　C. 28　　D. 44

解　因为 X 与 Y 不相关，所以

$$D(3X-2Y)=9D(X)+4D(Y)=9\times 4+4\times 2=44,$$

故选 D.

40. 设 X 和 Y 的方差都存在且大于零，则 X 和 Y 相互独立是 X 和 Y 不相关成立的(　　).

A. 充分必要条件　　B. 充分条件，但非必要条件

C. 必要条件，但非充分条件　　D. 既非充分条件，也非必要条件

解　设 X 与 Y 相互独立，那么 $\mathrm{Cov}(X,Y)=E(XY)-E(X)E(Y)=0$；又因 $D(X)$ 及 $D(Y)$ 存在且大于零，所以

$$\rho_{XY}=\frac{\mathrm{Cov}(X,Y)}{\sqrt{D(X)}\sqrt{D(Y)}}=0,$$

即 X 和 Y 不相关. 反之，如果 X 与 Y 不相关，则仅表明 X 与 Y 之间不存在线性关系，但它们之间仍可能存在着别的函数关系，从而是不独立的，综上所述，知 X 和 Y 独立是 X 和 Y 不相关的充分条件，而非必要条件，故应选 B.

41. 设 $X_1,X_2,\cdots,X_n$ 是总体 X 的简单随机样本，$D(X)=\sigma^2$，记

$$\overline{X}=\frac{1}{n}\sum_{i=1}^{n}X_i,\quad S^2=\frac{1}{n-1}\sum_{i=1}^{n}(X_i-\overline{X})^2,$$

则下列选项中正确的是(　　).

A. S 是 σ 的无偏估计量　　B. S 是 σ 的最大似然估计量

C. S^2 是 σ^2 的无偏估计量　　D. S 与 $\overline{X}$ 独立

解　因为

$$E(S^2)=E\left(\frac{1}{n-1}\sum_{i=1}^{n}(X_i-\overline{X})^2\right)=\frac{1}{n-1}E\left(\sum_{i=1}^{n}[X_i-\mu-(\overline{X}-\mu)]^2\right)$$

$$=\frac{1}{n-1}E\left(\sum_{i=1}^{n}(X_i-\mu)^2-n(\overline{X}-\mu)^2\right)$$

$$=\frac{1}{n-1}\sum_{i=1}^{n}E(X_i-\mu)^2-\frac{n}{n-1}E(\overline{X}-\mu)^2$$

$$=\frac{1}{n-1}n\sigma^2-\frac{n}{n-1}\cdot\frac{\sigma^2}{n}=\sigma^2,$$

所以 S^2 是 σ^2 的无偏估计量，故应选 C.

因 $\sqrt{\frac{n}{n-1}}S$ 为 σ 的最大似然估计量，而当 $X_1,X_2,\cdots,X_n$ 相互独立，且皆服从正态分布 $N(\mu,\sigma^2)$ 时，$\overline{X}$ 与 S^2 相互独立，故排除 B,D.

42. 设 $X_1,X_2,\cdots,X_n$ 是来自正态总体 $N(\mu,\sigma^2)$ 的简单随机样本，记 $\overline{X}=\frac{1}{n}\sum_{i=1}^{n}X_i$ 及

$$S_1^2=\frac{1}{n-1}\sum_{i=1}^{n}(X_i-\overline{X})^2,\quad S_2^2=\frac{1}{n}\sum_{i=1}^{n}(X_i-\overline{X})^2,$$

$$S_3^2=\frac{1}{n-1}\sum_{i=1}^{n}(X_i-\mu)^2,\quad S_4^2=\frac{1}{n}\sum_{i=1}^{n}(X_i-\mu)^2,$$

则服从自由度为 $n-1$ 的 t 分布的随机变量是(　　).

A. $t=\dfrac{\overline{X}-\mu}{S_1/\sqrt{n-1}}$　　　B. $t=\dfrac{\overline{X}-\mu}{S_2/\sqrt{n-1}}$

C. $t=\dfrac{\overline{X}-\mu}{S_3/\sqrt{n-1}}$　　　D. $t=\dfrac{\overline{X}-\mu}{S_4/\sqrt{n-1}}$

解　设 $U=\dfrac{\overline{X}-\mu}{\sigma/\sqrt{n}}\sim N(0,1)$，$V=\dfrac{1}{\sigma^2}\sum_{i=1}^{n}(X_i-\overline{X})^2\sim\chi^2(n-1)$，则 U 与 V 相互独立，所以

$$\frac{U}{\sqrt{\frac{V}{n-1}}}=\frac{\sqrt{n}(\overline{X}-\mu)/\sigma}{\sqrt{\frac{1}{\sigma^2}\sum_{i=1}^{n}(X_i-\overline{X})^2\Big/(n-1)}}=\frac{\overline{X}-\mu}{\sqrt{\frac{1}{n}\sum_{i=1}^{n}(X_i-\overline{X})^2}\Big/\sqrt{n-1}}$$

$$=\frac{\overline{X}-\mu}{S_2/\sqrt{n-1}}\sim t(n-1).$$

故选 B.

附录2　补充客观题及其解答

一、补充客观题

(一) 填空题

1. 假设 $P(A)=0.4$，$P(A\cup B)=0.7$. (1) 若 A 与 B 互不相容，则 $P(B)$ $=$ ________. (2) 若 A 与 B 相互独立，则 $P(B)=$ ________.

2. 袋中装有 $1,2,\cdots,N$ 号球各一个，现每次摸出一球，那么第 k 次摸球时首次摸到1号球，(1) 在有放回方式摸取时的概率为 ________；(2) 在无放回方式摸取时的概率为 ________.

3. 设 $H_1,H_2,\cdots,H_{10}$ 构成完全等可能事件组，且 $P(A\mid H_i)=\dfrac{i}{10}$；已知试验中出现了事件 A，则事件 H_5 出现的条件概率 $P(H_5\mid A)=$ ________.

4. 掷三颗均匀骰子，已知所得的三个点数成等差数列，则其中含有2点的概率为 ________.

5. 在 n 阶行列式的展开式中任取一项，此项不含第一行、第一列元素 a_{11} 的概率为 $\dfrac{8}{9}$，则此行列式的阶数 $n=$ ________.

6. 已知随机变量 $X\sim\begin{pmatrix}0 & 1\\ 1/4 & 3/4\end{pmatrix}$，$P\left\{Y=-\dfrac{1}{2}\right\}=1$，又 n 维向量 α_1，α_2，α_3 线性无关，则向量 $\alpha_1+\alpha_2$，$\alpha_2+\alpha_3$，$X\alpha_3+Y\alpha_1$ 线性相关的概率为 ________.

7. 一正方体的三个侧面标有“0”，两个侧面标有“1”，另一侧面标有“2”. 将其随意投掷在桌面上，设 X 是朝上的侧面上的数字，则 X 的概率分布为 ______.

8. 填下面 $F(x)$ 表达式中的空格，使它成为某个随机变量的分布函数：

$$F(x)=\begin{cases}\dfrac{1}{x^2+1}, & \text{当}\ \underline{\quad①\quad};\\ \underline{\quad②\quad}, & \text{当}\ \underline{\quad③\quad}.\end{cases}$$

9. 设随机变量 X 与 Y 相互独立，且分别服从参数为 3 与参数为 2 的泊松分布，则 $P\{X+Y=0\}$ 是 ________.

10. 设矩阵

$$X=\begin{pmatrix}X_1 & X_2\\ X_3 & X_4\end{pmatrix},\quad Y=\begin{pmatrix}Y_1 & Y_2\\ Y_3 & Y_4\end{pmatrix},$$

其中 X_i 和 Y_i 为随机变量$(i=1,2,3,4)$. 已知 $P\{|X|\geqslant 0,|Y|\geqslant 0\}=0.4$，$P\{|X|\geqslant 0\}=P\{|Y|\geqslant 0\}=0.6$，其中 $|X|$，$|Y|$ 分别表示矩阵 X 与 Y 的行列式. 记 $p=P\{\max\{|X|,|Y|\}<0\}$，则 p 的值是 ________.

11. 设随机变量

$$X\sim\begin{pmatrix}0 & 1\\ 1/4 & 3/4\end{pmatrix},\quad Y\sim\begin{pmatrix}0 & 1\\ 1/2 & 1/2\end{pmatrix},$$

且协方差 $\mathrm{Cov}(X,Y)=\dfrac{1}{8}$，则 X 与 Y 的联合分布为 ________.

12. 袋中装有 n 个球，每次从中随意取出一球，并放入一个白球，如此交换共进行 n 次，已知袋中白球数的数学期望为 a，那么第 $n+1$ 次从袋中任取一球为白球的概率是 ________.

13. 已知随机变量 X 服从二项分布，且 $E(X)=2.4$，$D(X)=1.44$，则二项分布的参数 n 的值为 ________；p 的值为 ________.

14. 已知连续型随机变量 X 的概率密度函数为

$$f(x)=\frac{1}{\sqrt{\pi}}\exp\{-x^2+2x-1\},$$

则 X 的数学期望为 ________；X 的方差为 ________.

15. 设随机变量 X 在区间$[-1,2]$上服从均匀分布，随机变量

$$Y=\begin{cases}1, & 若\ X>0;\\ 0, & 若\ X=0;\\ -1, & 若\ X<0,\end{cases}$$

则方差 $D(Y)=$ ________.

16. 设随机变量 X 和 Y 的相关系数为 0.9，若 $Z=X-0.4$，则 Y 与 Z 的相关系数为 ________.

17. 设随机变量 X_1,X_2,X_3 相互独立，其中 X_1 在$[0,6]$上服从均匀分布，X_2 服从正态分布 $N(0,2^2)$，X_3 服从参数为 $\lambda=3$ 的泊松分布. 记 $Y=X_1-2X_2+3X_3$，则 $D(Y)=$ ________.

18. 设随机变量 X 和 Y 的数学期望分别为 -2 和 2，方差分别为 1 和 4. 若相关系数为 -0.5，则根据切比雪夫不等式 $P\{|X+Y|\geqslant 6\}\leqslant$ ________.

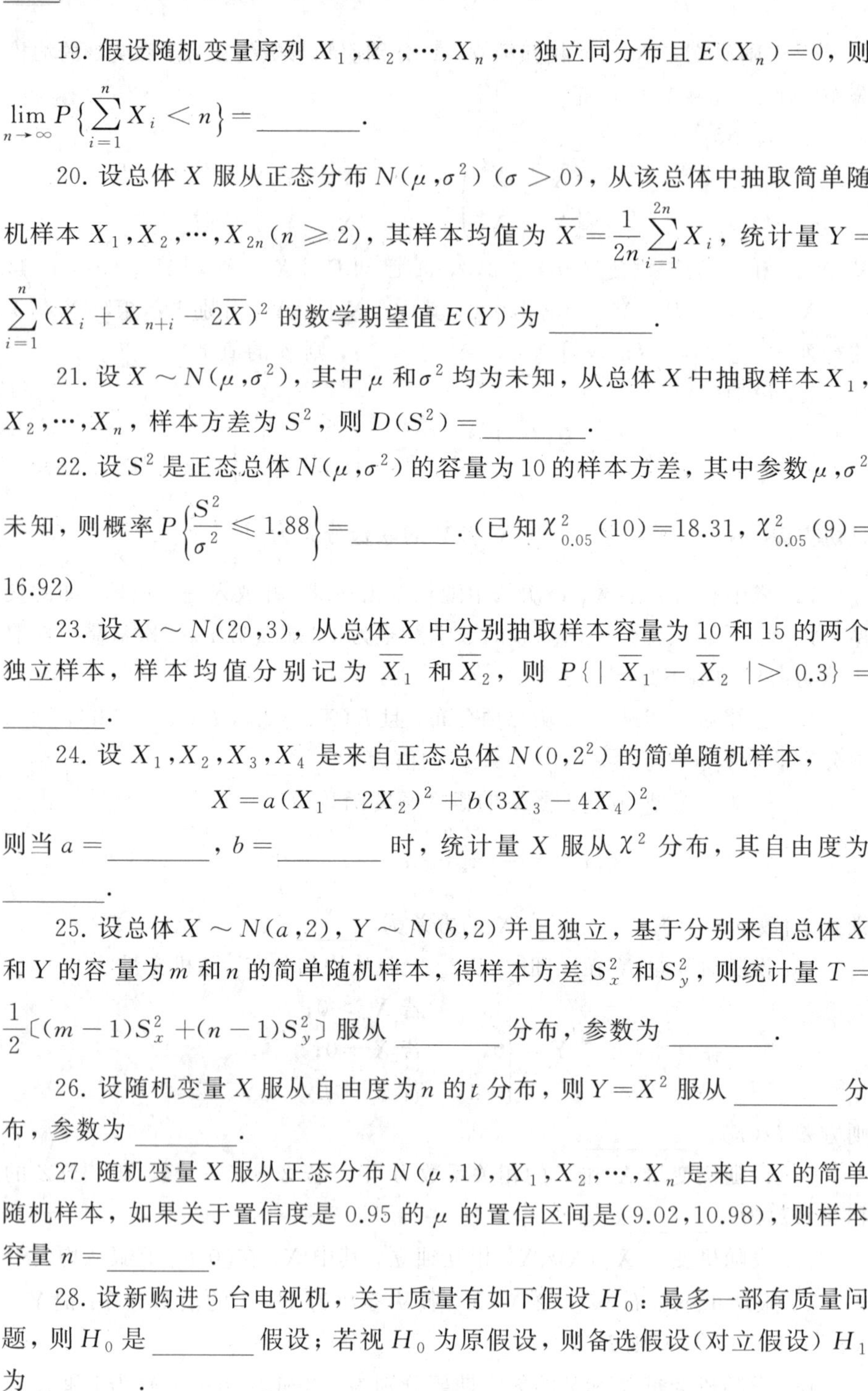

19. 假设随机变量序列 $X_1, X_2, \cdots, X_n, \cdots$ 独立同分布且 $E(X_n)=0$，则 $\lim\limits_{n \to \infty} P\left\{\sum\limits_{i=1}^{n} X_i < n\right\} =$ ________.

20. 设总体 X 服从正态分布 $N(\mu, \sigma^2)$ $(\sigma > 0)$，从该总体中抽取简单随机样本 $X_1, X_2, \cdots, X_{2n}$ $(n \geqslant 2)$，其样本均值为 $\overline{X} = \dfrac{1}{2n}\sum\limits_{i=1}^{2n} X_i$，统计量 $Y = \sum\limits_{i=1}^{n}(X_i + X_{n+i} - 2\overline{X})^2$ 的数学期望值 $E(Y)$ 为 ________.

21. 设 $X \sim N(\mu, \sigma^2)$，其中 μ 和 σ^2 均为未知，从总体 X 中抽取样本 $X_1, X_2, \cdots, X_n$，样本方差为 S^2，则 $D(S^2) =$ ________.

22. 设 S^2 是正态总体 $N(\mu, \sigma^2)$ 的容量为 10 的样本方差，其中参数 μ, σ^2 未知，则概率 $P\left\{\dfrac{S^2}{\sigma^2} \leqslant 1.88\right\} =$ ________.（已知 $\chi^2_{0.05}(10)=18.31$，$\chi^2_{0.05}(9)=16.92$）

23. 设 $X \sim N(20, 3)$，从总体 X 中分别抽取样本容量为 10 和 15 的两个独立样本，样本均值分别记为 $\overline{X}_1$ 和 $\overline{X}_2$，则 $P\{|\overline{X}_1 - \overline{X}_2| > 0.3\} =$ ________.

24. 设 X_1, X_2, X_3, X_4 是来自正态总体 $N(0, 2^2)$ 的简单随机样本，

$$X = a(X_1 - 2X_2)^2 + b(3X_3 - 4X_4)^2.$$

则当 $a =$ ________，$b =$ ________ 时，统计量 X 服从 χ^2 分布，其自由度为 ________.

25. 设总体 $X \sim N(a, 2)$，$Y \sim N(b, 2)$ 并且独立，基于分别来自总体 X 和 Y 的容量为 m 和 n 的简单随机样本，得样本方差 S_x^2 和 S_y^2，则统计量 $T = \dfrac{1}{2}[(m-1)S_x^2 + (n-1)S_y^2]$ 服从 ________ 分布，参数为 ________.

26. 设随机变量 X 服从自由度为 n 的 t 分布，则 $Y=X^2$ 服从 ________ 分布，参数为 ________.

27. 随机变量 X 服从正态分布 $N(\mu, 1)$，$X_1, X_2, \cdots, X_n$ 是来自 X 的简单随机样本，如果关于置信度是 0.95 的 μ 的置信区间是(9.02,10.98)，则样本容量 $n =$ ________.

28. 设新购进 5 台电视机，关于质量有如下假设 H_0：最多一部有质量问题，则 H_0 是 ________ 假设；若视 H_0 为原假设，则备选假设(对立假设) H_1 为 ________.

29. 假设总体 $X \sim N(\mu, \sigma^2)$，由来自总体 X 的容量为 16 的简单随机样

本，得样本均值 $\overline{X}=31.645$，样本方差 $S^2=4$，则检验假设 $H_0: \mu \leqslant 30$，使用统计量 ________，其值为 ________，在水平 $\alpha=0.05$ 下 ________ 假设 H_0.

30. 关于泊松随机质点流的强度 λ（每分钟出现的随机质点的期望数）有两个二者必居其一的假设：$H_0: \lambda=0.5$ 和 $H_1: \lambda=1$. 以 v_{10} 表示 10 分钟出现的随机质点数. 设检验规则：当 $v_{10}>7$ 时否定 H_0 接受 H_1，则检验的第一类错误概率 $\alpha=$ ________；检验的第二类错误概率 $\beta=$ ________（只要求写出表达式）.

(二) 单项选择题

1. 若事件 A, B, C 满足条件 $AB \cup C=B$，$C\overline{AB}=\varnothing$，则(　　).

A. $A \subset C \subset B$　　B. $C \subset B \subset A$

C. $B \subset C \subset A$　　D. $C \subset A \subset B$

2. 设事件 A 与 B 互斥，且 $0<P(B)<1$，则下列结论正确的是(　　).

A. $P(A \mid \overline{B})-P(B)P(A \mid \overline{B})=P(AB)$

B. $P(A \mid \overline{B})+P(B)P(A \mid \overline{B})=P(A)$

C. $P(A \mid \overline{B})+P(B)P(A \mid \overline{B})=P(\overline{A})$

D. $P(A \mid \overline{B})-P(B)P(A \mid \overline{B})=P(A)$

3. 设 A_1, A_2 和 B 是任意事件，且 $0<P(B)<1$，$P(A_1+A_2 \mid B)=P(A_1 \mid B)+P(A_2 \mid B)$，则(　　).

A. $P(A_1+A_2)=P(A_1)+P(A_2)$

B. $P(A_1+A_2)=P(A_1 \mid B)+P(A_2 \mid B)$

C. $P(A_1B+A_2B)=P(A_1B)+P(A_2B)$

D. $P(A_1+A_2 \mid \overline{B})=P(A_1 \mid \overline{B})+P(A_2 \mid \overline{B})$

4. 设 A, B 为随机事件且 $A \subset B$，$0<P(A)<1$，则(　　).

A. $P(BC \mid A) \geqslant P(AC \mid A)$　　B. $P(BC \mid A)<P(AC \mid A)$

C. $P(BC \mid B) \geqslant P(AC \mid B)$　　D. $P(BC \mid B)<P(AC \mid B)$

5. 设 A, B 为随机事件，$0<P(A)<1$，$0<P(B)<1$，则 A 与 B 互不相容或存在包含关系是 A, B 不独立的(　　).

A. 充分必要条件　　B. 充分非必要条件

C. 必要非充分条件　　D. 非必要且非充分条件

6. 当随机变量 X 的可能值充满区间(　　)时，则 $f(x)=\cos x$ 可以成为随机变量 X 的分布密度.

A. $\left[0, \frac{\pi}{2}\right]$　　B. $\left[\frac{\pi}{2}, 0\right]$　　C. $[0, \pi]$　　D. $\left[\frac{3\pi}{2}, \frac{7\pi}{4}\right]$

7. 下列论断中正确的是(　　).

A. 连续型随机变量密度是连续函数

B. 连续型随机变量等于 0 的概率等于 0

C. 连续型随机变量密度 $0 \leqslant f(x) \leqslant 1$

D. 两连续型随机变量之和是连续型的

8. 设连续型随机变量 X 的密度函数与分布函数分别为 $f(x)$ 与 $F(x)$,则(　　).

A. $f(x)$ 可以是奇函数　　　　B. $f(x)$ 可以是偶函数

C. $F(x)$ 可以是奇函数　　　　D. $F(x)$ 可以是偶函数

9. 设随机变量 X 服从正态分布 $N(0,1)$,对给定的 $\alpha \in (0,1)$,数 u_α 满足 $P\{X > u_\alpha\} = \alpha$. 若 $P\{|X| < x\} = \alpha$,则 x 等于(　　).

A. $u_{\frac{\alpha}{2}}$　　B. $u_{1-\frac{\alpha}{2}}$　　C. $u_{1-\frac{\alpha}{2}}$　　D. $u_{1-\alpha}$

10. 设二维连续型随机变量 (X_1, X_2) 与 (Y_1, Y_2) 的联合密度分别为 $p(x,y)$ 与 $g(x,y)$,令 $f(x,y) = ap(x,y) + bg(x,y)$,要使函数 $f(x,y)$ 是某个二维随机变量的联合密度,则当且仅当 a,b 满足条件(　　).

A. $a + b = 1$　　　　B. $a > 0$,且 $b > 0$

C. $0 \leqslant a \leqslant 1$,$0 \leqslant b \leqslant 1$　　　　D. $a \geqslant 0$,$b \geqslant 0$ 且 $a + b = 1$

11. 设 (X,Y) 在区域 $G = \{(x,y) \mid -a \leqslant x \leqslant a, -a \leqslant y \leqslant a\}$ $(a > 0)$ 上服从均匀分布,则概率 $P(X^2 + Y^2 \leqslant a^2)$(　　).

A. 随 a 的增大而增大　　　　B. 随 a 的增大而减小

C. 与 a 无关是个定值　　　　D. 随 a 的变化增减不定

12. 假设随机变量 X 与 U 同分布,Y 与 V 同分布,则(　　).

A. $X + Y$ 与 $U + V$ 同分布

B. $X - Y$ 与 $U - V$ 同分布

C. (X,Y) 与 (U,V) 同分布

D. aX 与 aU 同分布,aY 与 aX 同分布 $(a \neq 0)$

13. 设 X 是连续型随机变量,其分布函数为 $F(x)$,若数学期望 $E(X)$ 存在,则当 $x \to +\infty$ 时,$1 - F(X)$ 是 x 的(　　).

A. 低阶无穷小　　　　B. 高阶无穷小

C. 同阶但不等价无穷小　　　　D. 等价无穷小

14. 对于任意两随机变量 X 和 Y,与命题"X 和 Y 不相关"不等价的是(　　).

A. $E(XY) = E(X)E(Y)$　　　　B. $\mathrm{Cov}(X,Y) = 0$

C. $D(XY) = D(X)D(Y)$　　　　D. $D(X + Y) = D(X) + D(Y)$

15. 假设随机变量 X 与 Y 的相关系数为 ρ，则 $\rho=1$ 的充要条件是(   ).

A. $Y=aX+b\ (a>0)$

B. $\mathrm{Cov}(X,Y)=1,\ D(X)=D(Y)=1$

C. $\mathrm{Cov}(X,Y)=\dfrac{1}{4},\ \sqrt{D(X)}\sqrt{D(Y)}=\dfrac{1}{4}$

D. $D(X+Y)=(\sqrt{D(X)}+\sqrt{D(Y)})^2$

16. 已知随机变量 X 在 $[-1,1]$ 上服从均匀分布，$Y=X^3$，则 X 与 Y (   ).

A. 不相关且相互独立　　B. 不相关且相互不独立

C. 相关且相互独立　　D. 相关且相互不独立

17. 假设随机变量 $X_1,X_2,\cdots$ 相互独立且服从同参数 λ 的泊松分布，则下面随机变量序列中不满足切比雪夫大数定律条件的是(   ).

A. $X_1,X_2,\cdots,X_n,\cdots$　　B. $X_1+1,X_2+2,\cdots,X_n+n,\cdots$

C. $X_1,2X_2,\cdots,nX_n,\cdots$　　D. $X_1,X_2/2,\cdots,X_n/n,\cdots$

18. 设随机变量序列 $X_1,X_2,\cdots,X_n,\cdots$ 相互独立，则根据辛钦大数定律，当 $n\to\infty$ 时，$\dfrac{1}{n}\sum\limits_{i=1}^{n}X_i$ 依概率收敛其数学期望，只要 $\{X_n,n\geqslant 1\}$ (   ).

A. 有相同的数学期望　　B. 服从同一离散型分布

C. 服从同一泊松分布　　D. 服从同一连续型分布

19. 假设随机变量 $X_1,X_2,\cdots,X_n$ 相互独立同分布，且 X_i 具有概率密度 $f(x)$，记 $p=P\left\{\sum\limits_{i=1}^{n}X_i\leqslant x\right\}$. 当 n 充分大时，则有(   ).

A. p 可以根据 $f(x)$ 进行计算

B. p 不可以根据 $f(x)$ 进行计算

C. p 一定可以用中心极限定理近似计算

D. p 一定不能用中心极限定理近似计算

20. $X_1,X_2,\cdots,X_n,\cdots$ 是相互独立的随机变量序列. 在下面条件下，$X_1^2,X_2^2,\cdots,X_n^2,\cdots$ 满足同分布中心极限定理(列维－林德伯格中心极限定理)的有(   ).

A. $P\{X_i=m\}=p^m q^{1-m}\ (m=0,1)$

B. $P\{X_i\leqslant x\}=\displaystyle\int_{-\infty}^{x}\frac{1}{\pi(1+t^2)}\mathrm{d}t$

C. $P\{|X_i|=m\}=\dfrac{c}{m^2}\left(m=1,2,\cdots,\text{常数 } c=\left(\sum\limits_{m=1}^{\infty}\dfrac{2}{m^2}\right)^{-1}\right)$

D. X_i 服从参数为 i 的指数分布

21. 设总体 X 服从正态分布 $N(\mu,\sigma^2)$，其中 μ 已知，σ^2 未知，$X_1,X_2,\cdots,X_n$ 为取自总体 X 的简单随机样本，则下列表达式中不是统计量的是(　　).

A. $\dfrac{1}{n}\sum\limits_{i=1}^{n}X_i$　　B. $\max\limits_{1\leqslant i\leqslant n}\{X_i\}$

C. $\sum\limits_{i=1}^{n}\left(\dfrac{X_i-\mu}{\sigma}\right)^2$　　D. $\dfrac{1}{n}\sum\limits_{i=1}^{n}(X_i-\mu)^2$

22. 假设 $X_1,X_2,\cdots,X_{10}$ 是来自正态总体 $N(0,\sigma^2)$ 的简单随机样本，$Y^2=\dfrac{1}{10}\sum\limits_{i=1}^{10}X_i^2$，则(　　).

A. $X^2\sim\chi^2(1)$　　B. $Y^2\sim\chi^2(10)$

C. $\dfrac{X}{Y}\sim t(10)$　　D. $\dfrac{X^2}{Y^2}\sim F(10,1)$

23. 设随机变量 X 服从分布 $F(n,n)$，记 $p_1=P\{X\geqslant1\}$，$p_2=P\{X\leqslant1\}$，则(　　).

A. $p_1>p_2$　　B. $p_1<p_2$　　C. $p_1=p_2$

D. 因自由度 n 未知，无法比较 p_1 与 p_2 大小

24. 设 $X_1,X_2,\cdots,X_n$ 是来自总体 X 的一个简单随机样本，则 $E(X^2)$ 的矩估计量为(　　).

A. $S_1^2=\dfrac{1}{n-1}\sum\limits_{i=1}^{n}(X_i-\overline{X})^2$　　B. $S_2^2=\dfrac{1}{n}\sum\limits_{i=1}^{n}(X_i-\overline{X})^2$

C. $S_1^2+\overline{X}^2$　　D. $S_2^2+\overline{X}^2$ (其中 $\overline{X}=\dfrac{1}{n}\sum\limits_{i=1}^{n}X_i$)

25. 设 $\hat{\theta}$ 为未知参数 $\hat{\theta}$ 的无偏、一致估计，且 $D\hat{\theta}>0$，则$\hat{\theta}^2$ 是 θ^2 的(　　).

A. 无偏一致估计　　B. 无偏非一致估计

C. 有偏一致估计　　D. 有偏非一致估计

26. 设总体 $X\sim N(\mu,\sigma^2)$，其中 σ^2 已知，若样本容量 n 和置信度 $1-\alpha$ 均不变，则对于不同的样本观察值，总体均值 μ 的置信区间的长度(　　).

A. 变长　　B. 变短　　C. 不变　　D. 不能确定

27. 总体均值 μ 置信度为 95% 的置信区间为$(\hat{\theta}_1,\hat{\theta}_2)$，其含义是(　　).

A. 总体均值 μ 的真值以 95% 的概率落入区间$(\hat{\theta}_1,\hat{\theta}_2)$

B. 样本均值 $\overline{X}$ 以 95% 的概率落入区间$(\hat{\theta}_1,\hat{\theta}_2)$

C. 区间$(\hat{\theta}_1,\hat{\theta}_2)$含总体均值$\mu$的真值的概率为 95%

D. 区间$(\hat{\theta}_1,\hat{\theta}_2)$含样本均值$\overline{X}$的概率为 95%

28. 对正态总体的数学期望μ进行假设检验，如果在显著性水平 0.1 下接受零假设$H_0: \mu = \mu_0$，那么在显著性水平 0.05 下，下列结论成立的是(　　).

A. 必须接受H_0　　B. 可能接受也可能拒绝H_0

C. 必须拒绝H_0　　D. 不接受也不拒绝H_0

29. 自动装袋机装出的物品每袋重量服从正态分布$N(\mu,\sigma^2)$，规定每袋重量的方差不超过C，为了检验自动装袋机的生产是否正常，对它的产品进行抽样检查，取零假设$H_0: \sigma^2 \leqslant C$，显著性水平$\alpha = 0.05$，则下列说法中正确的是(　　).

A. 如果生产正常，则检验结果也认为生产是正常的概率等于 95%

B. 如果生产不正常，则检验结果也认为生产是不正常的概率等于 95%

C. 如果检验结果认为生产正常，则生产确实正常的概率等于 95%

D. 如果检验结果认为生产不正常，则生产确实不正常的概率等于 95%

30. 假设总体X服从正态分布$N(\mu,1)$，关于总体X的数学期望μ的两个假设$H_0: \mu = 0$；$H_1: \mu = 1$. 已知$X_1,X_2,\cdots,X_9$是来自总体X的简单随机样本，$\overline{X}$为其均值，以z_a表示标准正态分布上a分位数，H_0的 4 个否定域分别取为

① $V_1 = \{3|\overline{X}| \geqslant z_{0.05/2}\}$，　② $V_2 = \{3|\overline{X}| \leqslant z_{0.95/2}\}$，

③ $V_3 = \{3\overline{X} \geqslant z_{0.10/2}\}$，　④ $V_4 = \{3\overline{X} \leqslant -z_{0.10/2}\}$.

设相应的犯第一类错误的概率为α_i，犯第二类错误的概率为$\beta_i (i = 1,2,3,4)$，那么(　　).

A. α_i相等，β_i相等　　B. α_i相等，β_i不相等

C. α_i不相等，β_i相等　　D. α_i不相等，β_i不相等

二、补充客观题答案

(一) 填空题

1. 0.3，0.5　**2.** $\frac{[1-(1/N)]^{k-1}}{N}$ $(k = 1,2,\cdots)$，$\frac{1}{N}$ $(k = 1,2,\cdots,N)$

3. $\frac{1}{11}$　**4.** $\frac{19}{42}$　**5.** 9　**6.** $\frac{3}{4}$

7. $P\{X=0\}=\frac{1}{2}$，$P\{X=1\}=\frac{1}{3}$，$P\{X=2\}=\frac{1}{6}$

8. ① $x<0$　② 1　③ $x\geqslant 0$　**9.** e^{-5}　**10.** 0.2

11. $p_{11}=\frac{1}{4}$，$p_{12}=0$，$p_{21}=\frac{1}{4}$，$p_{22}=\frac{1}{2}$

12. $\frac{a}{n}$　**13.** 6，0.4　**14.** 1，$\frac{1}{2}$　**15.** $\frac{8}{9}$

16. 0.9　**17.** 46　**18.** $\frac{1}{12}$　**19.** 1

20. $2(n-1)\sigma^2$　**21.** $\frac{2\sigma^4}{n-1}$　**22.** 0.95　**23.** 0.674 4

24. $\frac{1}{20}$，$\frac{1}{100}$，2　**25.** χ^2，$m+n-2$　**26.** F，$(1,n)$　**27.** 4

28. $\theta\leqslant 1$，$\theta\geqslant 2$　**29.** $t=\frac{\sqrt{16}(\overline{X}-30)}{S}$，3.29，拒绝

30. 0.133 4，0.220 3

(二) 单项选择题

1. B　**2.** D　**3.** C　**4.** C　**5.** B

6. A　**7.** B　**8.** B　**9.** C　**10.** D

11. C　**12.** D　**13.** B　**14.** C　**15.** D

16. D　**17.** C　**18.** C　**19.** A　**20.** A

21. C　**22.** C　**23.** C　**24.** D　**25.** C

26. C　**27.** C　**28.** A　**29.** A　**30.** B

三、补充客观题解答

(一) 填空题

1.解　(1) 因为 A,B 互不相容，所以 $P(A\cup B)=P(A)+P(B)$，故

$$P(B)=P(A\cup B)-P(A)=0.3.$$

(2) 因为 A,B 相互独立，所以

$$P(A\cup B)=P(A)+P(B)-P(A)P(B)=P(A)+P(B)P(\overline{A}),$$

解得

$$P(B)=\frac{P(A\cup B)-P(A)}{P(\overline{A})}=\frac{0.7-0.4}{1-0.4}=0.5.$$

2.解 (1) 有放回方式摸球：设 A 表示"第 k 次摸球时首次摸到1号球"的事件，则 A 发生就等价于"前 $k-1$ 次从 $N-1$ 个号中(除1号外)摸球，第 k 次取到1号球"，不同的摸法共有 $(N-1)^{k-1}\times 1=(N-1)^{k-1}$ 种，基本事件总数为 N^4，所以

$$P(A)=\frac{(N-1)^{k-1}}{N^k}=\left(1-\frac{1}{N}\right)^{k-1}\frac{1}{N}\quad (k=1,2,\cdots).$$

(2) 无放回方式摸球

$$P(A)=\frac{P_{N-1}^{k-1}\times 1}{P_N^k}=\frac{1}{N}\quad (k=1,2,\cdots,N).$$

注 (2)的概率计算结果表明抽签与顺序无关.

3.解 由条件知 $P(H_i)=\dfrac{1}{10}$，$P(A\mid H_i)=\dfrac{i}{10}$. 因此，由贝叶斯公式，有

$$P(H_5\mid A)=\frac{P(H_5)P(A\mid H_5)}{\sum\limits_{i=1}^{10}P(H_i)P(A\mid H_i)}=\frac{\dfrac{1}{10}\times\dfrac{5}{10}}{\sum\limits_{i=1}^{10}\dfrac{1}{10}\times\dfrac{i}{10}}=\frac{1}{11}.$$

4.解 记事件 $A=\{$掷出的三颗骰子所出现的点数成等差数列$\}$，$B=\{$三颗骰子所出现的点数中含有2点$\}$，则概率 $p=P(B\mid A)=\dfrac{P(AB)}{P(A)}$ 为所求.

事实上，由列举法易知，从1,2,3,4,5,6中重复取出三个数构成等差数列的情形有：公差为零的有6种情况：111,222,…,666；公差为1的有4种情况：1,2,3;2,3,4;3,4,5;4,5,6；公差为2的有两种情况：1,3,5;2,4,6；而对公差为1与2的每一个结果有3！种情况，所以有利于 A 的基本事件数为 $6+6\times 3!$，而基本事件总数为 6^3，故

$$P(A)=\frac{6+6\times 3!}{6^3}=\frac{7}{36}.$$

又由上述列举结果，易知有利 AB 的基本事件数为 $1+3\times 3!$，所以

$$P(AB)=\frac{1+3\times 3!}{6^3}=\frac{19}{6^3}.$$

故 $p=\dfrac{P(AB)}{P(A)}=\dfrac{19}{42}$.

5.解 因为 n 阶行列式共有 $n!$ 项，而含 a_{11} 的共有 $(n-1)!$ 项，故不含 a_{11} 的共有 $n!-(n-1)!$ 项. 于是，由题设有

$$\frac{8}{9}=\frac{n!-(n-1)!}{n!}=1-\frac{1}{n},$$

可解得 $n=9$.

6.解 令 $\lambda_1(\alpha_1+\alpha_2)+\lambda_2(\alpha_2+2\alpha_3)+\lambda_3(X\alpha_3+Y\alpha_1)=0$，即

$$(\lambda_1+\lambda_3 Y)\alpha_1+(\lambda_1+\lambda_2)\alpha_2+(2\lambda_2+\lambda_3 X)\alpha_3=0.$$

因为 $\alpha_1,\alpha_2,\alpha_3$ 线性无关，所以 $\lambda_i(1\leqslant i\leqslant 3)$ 必须满足

$$\begin{cases}\lambda_1+\lambda_3 Y=0,\\ \lambda_1+\lambda_2=0,\\ 2\lambda_2+\lambda_3 X=0.\end{cases}$$

欲使该齐次方程组有非零解，其充要条件是

$$\begin{vmatrix}1 & 0 & Y\\ 1 & 1 & 0\\ 0 & 2 & X\end{vmatrix}=X+2Y=0.$$

因此，向量 $\alpha_1+\alpha_2,\alpha_2+2\alpha_3,X\alpha_3+Y\alpha_1$ 线性相关的概率为

$$\begin{aligned}P\{X+2Y=0\}&=P\left\{X+2Y=0,\ Y=-\frac{1}{2}\right\}=P\left\{X=1,\ Y=-\frac{1}{2}\right\}\\&=P\{X=1\}-P\left\{X=1,\ Y\neq-\frac{1}{2}\right\}\\&=P\{X=1\}=\frac{3}{4}.\end{aligned}$$

7.解 考虑三次独立重复试验. 设 $A_i=\{$掷出的数字为“i”$\}$ $(i=0,1,2)$. 随机变量 X 有 $0,1,2$ 等三个可能值，$P\{X=i\}=P(A_i)$，$P(A_0)=\dfrac{3}{6}$，$P(A_1)=\dfrac{2}{6}$，$P(A_3)=\dfrac{1}{6}$，因此

$$X\sim\begin{pmatrix}0 & 1 & 2\\ \dfrac{3}{6} & \dfrac{2}{6} & \dfrac{1}{6}\end{pmatrix}.$$

8.解 因为 $\left(\dfrac{1}{x^2+1}\right)'=\dfrac{-2x}{(x^2+1)^2}$，仅当 $x<0$ 时 $\left(\dfrac{1}{x^2+1}\right)'>0$，即仅

当 $x<0$ 时，$F(x)$ 才单调增，故空格 ① 应填 $x<0$. 在 $x=0$ 处由分布函数的不减性及右连续性得 $F(0-0)\leqslant F(0+0)=F(0)$，即

$$F(0-0)=\lim_{x\to 0^-}F(x)=\lim_{x\to 0^-}\frac{1}{x^2+1}=1\leqslant F(0)\leqslant 1,$$

故 $F(0)=1$. 又由不减性知 $x\geqslant 0$ 时，$F(x)\equiv 1$，故空格 ② 应填 1，空格 ③ 应填 $x\geqslant 0$.

9.解　因为两个独立泊松变量之和仍服从泊松分布，且和的分布参数等于两个变量分布参数之和；又因 $X\sim P(3)$ 及 $Y\sim P(2)$，所以 $X+Y\sim P(5)$，从而

$$P\{X+Y=0\}=\frac{5^0\cdot \mathrm{e}^{-5}}{0!}=\mathrm{e}^{-5}.$$

10.解　$P\{\max\{|X|<0,|Y|<0\}\}$

$$\begin{aligned}&=1-P(\{|X|\geqslant 0\}\cup\{|Y|\geqslant 0\})\\&=1-P\{|X|\geqslant 0\}-P\{|Y|\geqslant 0\}+P\{|X|\geqslant 0,|Y|\geqslant 0)\}\\&=1-0.6-0.6+0.4=0.2.\end{aligned}$$

11.解　由题设易知，$E(X)=\dfrac{3}{4}$，$E(Y)=\dfrac{1}{2}$. 又

$$\mathrm{Cov}(X,Y)=E(XY)-E(X)E(Y)=E(XY)-\frac{3}{8}=\frac{1}{8},$$

故 $E(XY)=\dfrac{1}{2}$. 由于 XY 仅取 0 与 1 两个值，所以

$$E(XY)=1\cdot P\{XY=1\}=P\{X=1,Y=1\}=\frac{1}{2}.$$

再根据联合分布与边缘分布关系，即可求出 X 与 Y 的联合分布.

X \ Y	0	1	$p_{i\cdot}$
0	1/4	0	1/4
1	1/4	1/2	3/4
$p_{\cdot j}$	1/2	1/2	1

12.解　依题意袋中白球数 X 是一个随机变量，X 可取 $1,2,\cdots,n$，且 $\sum_{k=1}^{n}kP\{X=k\}=a$. 若记 $B=\{$第 $n+1$ 次从袋中任取一球为白球$\}$，$A_k=\{$第 n

次交换后袋中有 k 个白球}$(k=1,2,\cdots,n)$. 由全概率公式，得

$$P(B)=\sum_{k=1}^{n}P(A_k)P(B\mid A_k)=\sum_{k=1}^{n}P\{X=k\}\frac{k}{n}$$
$$=\frac{1}{n}\sum_{k=1}^{n}kP\{X=k\}=\frac{a}{n}.$$

13.解 根据公式 $E(X)=np$，$D(X)=np(1-p)$，可得方程组

$$\begin{cases}np=2.4,\\ np(1-p)=1.44.\end{cases}$$

解方程组即得 $n=6$，$p=0.4$.

14.解 将 $f(x)$ 改写成正态分布密度函数的一般形式：

$$f(x)=\frac{1}{\sqrt{2\pi}\sqrt{1/2}}\exp\left\{-\frac{(x-1)^2}{2(\sqrt{1/2})^2}\right\}.$$

由此知，X 服从正态分布 $N\left(1,\frac{1}{2}\right)$，所以 $E(X)=1$，$D(X)=\frac{1}{2}$.

15.解 由题意，知 X 的概率密度为

$$f(x)=\begin{cases}1/3, & -1\leqslant x\leqslant 2;\\ 0, & 其他,\end{cases}$$

故有 $P\{X>0\}=\int_0^2\frac{1}{3}\mathrm{d}x=\frac{2}{3}$，$P\{X<0\}=\int_{-1}^0\frac{1}{3}\mathrm{d}x=\frac{1}{3}$，$P\{X=0\}=0$，

从而，可得

$$E(Y)=1\cdot P\{Y=1\}+0\cdot P\{Y=0\}-1\cdot P\{Y=-1\}$$
$$=P\{X>0\}-P\{X<-1\}=\frac{2}{3}-\frac{1}{3}=\frac{1}{3};$$
$$E(Y^2)=1^2\cdot P\{X>0\}+0^2\cdot P\{X=0\}+(-1)^2P\{X>-1\}$$
$$=\frac{2}{3}+\frac{1}{3}=1.$$

因此，$D(Y)=E(Y^2)-(E(Y))^2=1-\left(\frac{1}{3}\right)^2=\frac{8}{9}$.

16.解 因为 $D(Z)=D(X-0.4)=D(X)$，且

$$\mathrm{Cov}(Y,Z)=\mathrm{Cov}(Y,X-0.4)=\mathrm{Cov}(Y,X)=\mathrm{Cov}(X,Y),$$

故 $\rho_{YZ}=\frac{\mathrm{Cov}(Y,Z)}{\sqrt{D(Y)}\sqrt{D(Z)}}=\frac{\mathrm{Cov}(X,Y)}{\sqrt{D(Y)}\sqrt{D(X)}}=\rho_{XY}=0.9$.

17.解 $D(Y)=D(X_1)+(-2)^2D(X_2)+3^2D(X_3)$

$$=\frac{6^2}{12}+4\times 2^2+9\times 3=46.$$

18.解　随机变量 $X+Y$ 的数学期望等于 0，$X+Y$ 的方差

$$D(X+Y)=D(X)+D(Y)+2\rho\sqrt{D(X)D(Y)}=3.$$

从而，根据切比雪夫不等式，有

$$P\{|X+Y|\geqslant 6\}\leqslant P\{|X+Y-E(X+Y)|\geqslant 6\}$$
$$\leqslant\frac{D(X+Y)}{36}=\frac{1}{12}.$$

19.解　由题设条件及所求概率，即知解答此必须应用大数定律或中心极限定理. 而我们仅知“$E(X_n)=0$”，因而考虑应用辛钦大数定律：$\frac{1}{n}\sum_{i=1}^{n}X_i\xrightarrow{P}0$，即 $\forall\varepsilon>0$，$\lim_{n\to\infty}P\left\{\left|\frac{1}{n}\sum_{i=1}^{n}X_i\right|<\varepsilon\right\}=1$，取 $\varepsilon=1$，有

$$\lim_{n\to\infty}P\left\{\left|\sum_{i=1}^{n}X_i\right|<n\right\}=1.$$

又$\left\{\left|\sum_{i=1}^{n}X_i\right|<n\right\}\subset\left\{\sum_{i=1}^{n}X_i<n\right\}$，所以$\lim_{n\to\infty}P\left\{\sum_{i=1}^{n}X_i<n\right\}=1.$

20.解　设 $Z_i=X_i+X_{n+i}$，则 $Z_1,Z_2,\cdots,Z_n$ 可视为来自总体$(2\mu,2\sigma^2)$的简单随机样本. 样本均值

$$\overline{Z}=\frac{1}{n}\sum_{i=1}^{n}(X_i+X_{n+i})=\frac{1}{n}\sum_{i=1}^{2n}X_i=2\overline{X}.$$

样本方差

$$S_Z^2=\frac{1}{n-1}\sum_{i=1}^{n}(Z_i-\overline{Z})^2=\frac{1}{n-1}\sum_{i=1}^{n}(X_i+X_{n+i}-2\overline{X})^2=\frac{Y}{n-1}.$$

因为 $E(S_Z^2)=2\sigma^2$，所以 $E(Y)=(n-1)E(S_Z^2)=2(n-1)\sigma^2$.

21.解　因为$\frac{(n-1)S^2}{\sigma^2}\sim\chi^2(n-1)$，所以

$$D\left(\frac{(n-1)S^2}{\sigma^2}\right)=\frac{(n-1)^2}{\sigma^4}D(S^2)=2(n-1).$$

从而，有 $D(S^2)=\frac{2\sigma^4}{n-1}$.

22.解　$P\left\{\frac{S^2}{\sigma^2}\leqslant 1.88\right\}=P\left\{\frac{(10-1)S^2}{\sigma^2}\leqslant(10-1)\times 1.88\right\}$

$$=1-P\left\{\frac{9S^2}{\sigma^2}>16.92\right\}$$

$$=1-0.05=0.95.$$

23.解 因为$\dfrac{\overline{X}_1-\overline{X}_2-(20-20)}{\sqrt{3/10+3/15}}=\sqrt{2}(\overline{X}_1-\overline{X}_2)\sim N(0,1)$，所以

$$\begin{aligned}P\{|\overline{X}_1-\overline{X}_2|\}>0.3&=1-P\{\overline{X}_1-\overline{X}_2\leqslant 0.3\}\\&=1-P\{-0.3\leqslant\overline{X}_1-\overline{X}_2\leqslant 0.3\}\\&=1-P\{-0.3\sqrt{2}\leqslant\sqrt{2}(\overline{X}_1-\overline{X}_2)\leqslant 0.3\sqrt{2}\}\\&=1-(2\Phi(0.3\sqrt{2})-1)=2(1-\Phi(0.42))\\&=2\times(1-0.6628)=0.6744.\end{aligned}$$

24.解 设$Y_1=X_1-2X_2$，$Y_2=3X_3-4X_4$. 由数学期望和方差的性质，计算得$E(Y_1)=E(Y_2)=0$，$D(Y_1)=20$，$D(Y_2)=100$. 因此$Y_1\sim N(0,20)$，$Y_2\sim N(0,100)$. 更进一步，有

$$\frac{Y_1}{\sqrt{20}}\sim N(0,1);\quad \frac{Y_2}{\sqrt{100}}\sim N(0,1);\quad Z=\frac{Y_1^2}{20}+\frac{Y_2^3}{100}\sim \chi^2(2).$$

最后一式与$X=aY_1^2+bY_2^2\sim\chi^2(n)$比较，得$a=\dfrac{1}{20}$，$b=\dfrac{1}{100}$，自由度为$n=2$.

25.解 易知$T_1=\dfrac{1}{2}(m-1)S_x^2$，$T_2=\dfrac{1}{2}(n-1)S_y^2$分别服从自由度为$m-1$和自由度为$n-1$的$\chi^2$分布，并且相互独立. 从而，由$\chi^2$分布随机变量的可加性知，$T$服从自由度为$m+n-2$的$\chi^2$分布.

26.解 由自由度为n的t分布随机变量X可以表示为

$$X=\frac{\overline{U}}{\sqrt{\chi_n^2/n}},$$

其中$U\sim N(0,1)$，χ_n^2服从自由度为n的χ^2分布，且U和χ_n^2独立. 由χ^2分布变量的典型模式，可见$\chi_1^2=U^2$服从自由度为1的χ^2分布. 因而，由F分布变量的典型模式，可见随机变量

$$Y=X^2=\frac{U^2}{\chi_n^2/n}=\frac{\chi_1^2/1}{\chi_n^2/n}$$

服从自由度为$(1,n)$的F分布.

27.解 因置信区间长度为$2\sigma z_{\alpha/2}/\sqrt{n}$，$\alpha=0.05$，所以$z_{\alpha/2}=1.96$. 故

$$\frac{2\times 1}{\sqrt{n}}\times 1.96=10.98-9.02,$$

即有$\sqrt{n}=2$，因此 $n=4$.

28.解　以 θ 表示五台电视机中有质量问题的件数，则假设 H_0 可以表示为“$H_0: \theta \leqslant 1$”，包含 $\theta=0$ 和 $\theta=1$ 两种情形，因此是复合假设. 视 H_0 为原假设，则备选假设(对立假设) $H_1: \theta>1$ 或 $H_1: \theta \geqslant 2$ (至少两台有质量问题，包括$\theta=2,3,4,5$).

29.解　检验的统计量为$t=\dfrac{\overline{X}-30}{S/\sqrt{16}}$，其值等于3.29，自由度等于15的否定域为

$$\{t \geqslant t_\alpha(n-1)\}=\{t \geqslant t_{0.05}(15)\}=\{t \geqslant 1.753\},$$

由于 $t=3.29>1.753$，故拒绝假设 H_0.

30.解　由于 v_{10} 服从参数为 10λ 的泊松分布，则

$$\alpha=P\{v_{10}>7 \mid \lambda=0.5\}=\sum_{k=8}^{\infty} \frac{5^k}{k!} \mathrm{e}^{-5} \approx 0.1334,$$

$$\beta=P\{v_{10} \leqslant 7 \mid \lambda=1\}=\sum_{k=0}^{7} \frac{10^k}{k!} \mathrm{e}^{-10} \approx 0.2203.$$

(二) 单项选择题

1.解法 1 (特殊值法)　取 $C=\varnothing$，由题设知，$AB=B$ 等价于$B \subset A$. 从而$C \subset B \subset A$，故选择 B.

解法 2 (计算法)　由于$C\overline{AB}=\varnothing$ 等价于$C \subset AB$，故 $AB \cup C=AB=B$ 等价于 $B \subset A$，因此有 $C \subset B \subset A$，于是选择 B.

2.解　因为 A 与 B 互斥，即 $AB=\varnothing$，所以 $P(AB)=0$. 又因

$$P(A)=P(A\overline{B} \cup AB)=P(A\overline{B})+P(AB)=P(A\overline{B}),$$

$0<P(B)<1$，故 $P(\overline{B})=1-P(B)>0$. 因此

$$P(A)=P(\overline{B})P(A \mid \overline{B})=(1-P(B))P(A \mid \overline{B}),$$

故应选 D.

3.解　应选 C. 由条件知，$P(A_1A_2 \mid B)=0$，但是这不能保证 $P(A_1A_2)=0$ 和 $P(A_1A_2 \mid \overline{B})=0$，故 A 和 D 不成立. 由于 $P(A_1 \mid B)+P(A_2 \mid B)=P(A_1+A_2 \mid B)$ 未必等于 $P(A_1+A_2)$，因此 B 一般也不成立. 由 $P(B)>0$ 及 $P(A_1+A_2 \mid B)=P(A_1 \mid B)+P(A_2 +\mid B)$，可见选项 C 成立：

$$\frac{P(A_1+A_2 \mid B)}{P(B)}=\frac{P(A_1B)}{P(B)}+\frac{P(A_2B)}{P(B)}.$$

4.解 因为 $A \subset B$，所以 $AB = A$. 由于

$$P(BC \mid A) = \frac{P(ABC)}{P(A)} = \frac{P(AC)}{P(A)} = P(AC \mid A),$$

$$P(BC \mid B) = \frac{P(BC)}{P(B)} \geqslant \frac{P(ABC)}{P(B)} = \frac{P(AC)}{P(B)} = P(AC \mid B),$$

所以选择 C.

5.解 由独立性的直观意义可以断言：如果 $0 < P(A) < 1$，$0 < P(B) < 1$，且 $AB = \varnothing$ 或 $A \subset B$ 或 $B \subset A$，那么一个事件的发生必然要影响另一个事件发生的概率，所以 A 与 B 不独立；反之，如果 A 与 B 不独立不能断言 A 与 B 不相容或存在包含关系，所以正确选项为 B.

6.解 由随机变量 X 的分布密度函数 $f(x)$ 的非负性，可知 B,C 不该入选. 因

$$\int_{-\infty}^{+\infty} f(x)\mathrm{d}x = \int_0^{\frac{\pi}{2}} \cos x \ \mathrm{d}x = \sin x \Big|_0^{\frac{\pi}{2}} = 1,$$

$$\int_{-\infty}^{+\infty} f(x)\mathrm{d}x = \int_{\frac{3}{2}\pi}^{\frac{7}{4}\pi} \cos x \ \mathrm{d}x = \sin x \Big|_{\frac{3}{2}\pi}^{\frac{7}{4}\pi} = \frac{\sqrt{2}}{2} + 1,$$

故应选 A.

7.解 应选 B. 因为连续型随机变量取任何给定值的概率都等于 0，A,C,D 显然不成立. 例如，若 X 是连续型随机变量，则 $Y = -X$ 也是连续型随机变量，而 $X + Y$ 不是连续型随机变量；概率密度 $f(x) \geqslant 0$ 但是未必 $f(x) \leqslant 1$；概率密度未必是连续函数(如均匀分布密度).

8.解 应选 B. 由于连续型随机变量 X 的分布函数是非负、单调不减的连续函数，所以 $F(x)$ 既不可能是奇函数，也不可能是偶函数. 又因 X 的密度函数 $f(x)$ 是非负函数，从而也不可能为奇函数. 但 $f(x)$ 却可以是偶函数. 譬如，标准正态分布的密度函数

$$\varphi(x) = \frac{1}{\sqrt{2\pi}} \exp\left\{-\frac{x^2}{2}\right\}$$

就是定义在 $(-\infty, +\infty)$ 内的偶函数.

9.解 因为 $X \sim N(0,1)$，所以 $P\{X < -x\} = P\{X > x\}$. 又因

$$\begin{aligned} P\{|X| < x\} &= P\{-x < X < x\} = P\{X < x\} - P\{X < -x\} \\ &= 1 - P\{X > x\} - P\{X > x\} \\ &= 1 - 2P\{X > x\} = \alpha, \end{aligned}$$

故 $P\{X>x\}=\dfrac{1-\alpha}{2}$. 于是，与题设 $P\{X>u_\alpha\}=\alpha$ 比较，即知 $x=u_{(1-\alpha)/2}$. 故应选 C.

10.解　利用二维随机变量的联合密度函数的性质，可得

$$\begin{aligned}\int_{-\infty}^{+\infty}\int_{-\infty}^{+\infty}f(x,y)\mathrm{d}x\mathrm{d}y&=a\int_{-\infty}^{+\infty}\int_{-\infty}^{+\infty}p(x,y)\mathrm{d}x\mathrm{d}y+b\int_{-\infty}^{+\infty}\int_{-\infty}^{+\infty}g(x,y)\mathrm{d}x\mathrm{d}y\\&=a+b.\end{aligned}$$

对于 B 与 C，因不一定有 $a+b=1$，从而被排除；又对于 A，尽管有 $a+b=1$，但都不能保证 $f(x,y)\geqslant 0$，因而亦不被选入. 而对于 D，它既可保证 $f(x,y)$ 的非负性，又可满足上述积分值为 1，因此正确选项为 D.

11.解　a 增大或减小，区域 G 与 $A=\{(x,y)\mid x^2+y^2\leqslant a\}$ 都随之增大或减小. 由几何概型知，概率

$$P\{X^2+Y^2\leqslant a^2\}=\frac{S_A}{S_\Omega}=\frac{\pi a^2}{4a^2}=\frac{\pi}{4},$$

与 a 无关是个定值，故选择 C. 我们也可以用 (X,Y) 的联合分布密度来计算，由于

$$(X,Y)\sim f(x,y)=\begin{cases}\dfrac{1}{4a^2}, & -a\leqslant x\leqslant a,\ -a\leqslant y\leqslant a;\\ 0, & 其他,\end{cases}$$

所以

$$\begin{aligned}P\{X^2+Y^2\leqslant a^2\}&=\iint\limits_{x^2+y^2\leqslant a^2}f(x,y)\mathrm{d}x\mathrm{d}y=\frac{1}{4a^2}\iint\limits_{x^2+y^2\leqslant a^2}\mathrm{d}x\mathrm{d}y\\&=\frac{\pi a^2}{4a^2}=\frac{\pi}{4}.\end{aligned}$$

12.解　由于边缘分布不能决定联合分布，因而 C 不成立，并由此推知 A,B 不成立，所以选择 D. 事实上，设 $X\sim F_X(x)$，$U\sim F_X(x)$，则 aX 的分布函数

$$G_1(x)=P\{aX\leqslant x\}=\begin{cases}P\left\{X\leqslant\dfrac{x}{a}\right\}=F_X\left(\dfrac{x}{a}\right), & a>0;\\ P\left\{X\geqslant\dfrac{x}{a}\right\}=1-F_X\left(\dfrac{x}{a}-0\right), & a<0,\end{cases}$$

aU 的分布函数

$$G_2(x)=P\{aU\leqslant x\}=\begin{cases}P\left\{U\leqslant \dfrac{x}{a}\right\}=F_X\left(\dfrac{x}{a}\right), & a>0;\\ P\left\{U\geqslant \dfrac{x}{a}\right\}=1-F_X\left(\dfrac{x}{a}-0\right), & a<0,\end{cases}$$

所以 aX 与 aU 同分布,同理 aY 与 aV 同分布. 选项D成立(选项A,B,C都不成立,易于举例予以说明).

13.解 因 $E(X)$ 存在,故 $\int_{-\infty}^{+\infty}|x|f(x)\mathrm{d}x<+\infty$,其中 $f(x)$ 为 X 的密度函数. 所以,当 $x\to+\infty$ 时,

$$\begin{aligned}\frac{1-F(x)}{1/x}&=x(1-P\{X\leqslant x\})=xP\{X>x\}\\&=x\int_x^{+\infty}f(t)\mathrm{d}t\leqslant\int_x^{+\infty}|t|f(t)\mathrm{d}t\to0,\end{aligned}$$

即 $1-F(x)$ 是 $\dfrac{1}{x}$ 的高阶无穷小(当 $x\to+\infty$ 时),故选择B.

14.解 应选C. 由于 $\mathrm{Cov}(X,Y)=E(XY)-E(X)E(Y)=0$ 是“X 和 Y 不相关”的充分和必要条件,可见A与B等价. 由于 $D(X+Y)=D(X)+D(Y)$ 的充分和必要条件是 $\mathrm{Cov}(X,Y)=0$,可见B与D等价. 于是,“X 和 Y 不相关”与A,B和D等价.

至于选项C不成立是明显的. 其实,不难构造反例. 设 X 和 Y 同服从参数为 p $(0<p<1)$ 的0-1分布且相互独立(从而不相关),则

$$D(X)=D(Y)=p(1-p).$$

由 XY 服从参数为 p^2 的0-1分布,可见

$$D(XY)=p^2(1-p^2)\neq p^2(1-p)^2=D(X)D(Y).$$

15.解 显然A,B,C是 $\rho=1$ 的充分条件而不是必要条件,因此选择D. 事实上 $\rho=1$ 等价于 $\mathrm{Cov}(X,Y)=\sqrt{D(X)}\sqrt{D(Y)}$,从而

$$\begin{aligned}D(X+Y)&=D(X)+D(Y)+2\mathrm{Cov}(X,Y)\\&=D(X)+D(Y)+2\sqrt{D(X)}\sqrt{D(Y)}\end{aligned}$$

等价于 $D(X+Y)=(\sqrt{D(X)}+\sqrt{D(Y)})^2$.

16.解 由于 $Y=X^3$,而三次函数具有某种“线性相依性”(当 $x\in[-1,1]$ 时),即 X 与 Y 相关. 从而知 X 与 Y 不独立,因此选择D. 事实上,由题设知 $X\sim f(x)=\begin{cases}1/2, & -1\leqslant x\leqslant1;\\0, & \text{其他},\end{cases}$ $E(X)=0$,

$$E(XY)=E(X^4)=\int_{-1}^{1}\frac{x^4}{2}\mathrm{d}x=\int_0^1 x^4\mathrm{d}x=\frac{1}{5},$$

$E(X,Y)\neq E(X)E(Y)$，所以 X 与 Y 相关，故选择 D.

17.解　切比雪夫大数定律的条件有三个：第一个条件要求构成随机变量序列的各随机变量是相互独立的，显然无论是 $X_1,X_2,\cdots,X_n,\cdots$，还是 $X_1+1,X_2+2,\cdots,X_n+n,\cdots,X_1,2X_2,\cdots,nX_n,\cdots$ 以及 $X_1,\dfrac{X_2}{2},\cdots,\dfrac{X_n}{n},\cdots$ 都是相互独立的. 第二个条件要求各随机变量的期望与方差都存在. 由于

$$E(X_n)=\lambda,\quad D(X_n)=\lambda,\quad E(X_n+n)=\lambda+n,$$

$$D(X_n+n)=\lambda,\quad E(nX_n)=n\lambda,\quad D(nX_n)=n^2\lambda,$$

$$E\left(\frac{X_n}{n}\right)=\frac{\lambda}{n},\quad D\left(\frac{X_n}{n}\right)=\frac{\lambda}{n^2}.$$

因此 4 个备选答案都满足第二个条件. 第三个条件是方差 $D(X_1),D(X_2),\cdots,D(X_n),\cdots$ 有公共上界，即 $DX_n<C$（C 是与 n 无关的常数). 对于 A，$D(X_n)=\lambda<\lambda+1$；对于 B，$D(X_n+n)=D(X_n)=\lambda<\lambda+1$；对于 C，$D(nX_n)=n^2X_n=n^2\lambda$ 没有公共上界；对于 D，$D\left(\dfrac{X_n}{n}\right)=\dfrac{\lambda}{n^2}<\lambda+1$. 综上分析，只有 C 中方差不满足方差一致有界的条件，因此应选 C.

18.解　直接应用辛钦大数定律的条件进行判断，选择 C. 事实上，应用辛钦大数定律，随机变量序列 $\{X_n,n\geqslant 1\}$ 必须满足条件"独立同分布且数学期望存在". 而选项 A 缺少同分布条件，选项 B 及 D 虽然服从同一分布，但不能保证数学期望存在.

19.解　由于 $X_1,X_2,\cdots,X_n$ 相互独立，它们的联合概率密度等于其各边缘概率密度的乘积. 又因 $X_1,X_2,\cdots,X_n$ 同分布，即 $X_i\sim f(x)$，因此 p 可以如下计算：

$$p=\underset{\sum_{i=1}^{n}x_i\leqslant x}{\iint\cdots\int} f(x_1)f(x_2)\cdots f(x_n)\mathrm{d}x_1\mathrm{d}x_2\cdots\mathrm{d}x_n.$$

由于不知道 X_i 的期望与方差是否存在，因此无法判断 p 是否一定可以用中心极限定理近似计算. 综上分析，应该选 A.

20.解　服从独立同分布中心极限定理的随机变量序列 $\{X_n,\ n\geqslant 1\}$ 必须同时满足三个条件：$X_1,X_2,\cdots,X_n,\cdots$ 相互独立；$X_i(i=1,2,\cdots)$ 服从同一分布；$E(X_i)$ 及 $D(X_i)(i=1,2,\cdots)$ 皆存在. 易知选项 A 满足上述条件. 这是

因为 X_i 服从同参数 p 的0-1分布，X_i^2 亦服从同参数 p 的0-1分布，且相互独立，其数学期望与方差都存在. 对于B与C，尽管它们中 $X_1^2,X_2^2,\cdots,X_n^2,\cdots$ 都是相互独立同分布的随机变量，但是其期望均不存在；至于D，因 X_i 的分布参数与 i 有关，虽 $X_1^2,X_2^2,\cdots,X_n^2,\cdots$ 是相互独立的，但不是同分布的随机变量序列，故应选择A.

21.解 因为统计量不得含有任何未知参数，而选项C中的参数 σ^2 未知，所以应选择C.

22.解 因 $X\sim N(0,\sigma^2)$，故 $\frac{X}{\sigma}\sim N(0,1)$，所以 $X_i\sim N(0,\sigma^2)$ 及 $\frac{X_i}{\sigma}\sim N(0,1)$ $(i=1,2,\cdots,10)$，且 $\frac{X_1}{\sigma},\frac{X_2}{\sigma},\cdots,\frac{X_{10}}{\sigma}$ 相互独立.显然，根据 χ^2 分布、t 分布及 F 分布的结构，易知选项A与B不成立. 事实上，$\frac{X^2}{\sigma^2}\sim\chi^2(1)$，$\frac{10Y^2}{\sigma^2}=\sum_{i=1}^{10}\left(\frac{X_i}{\sigma}\right)^2\sim\chi^2(10)$，因此

$$\frac{X/\sigma}{\sqrt{\frac{10Y^2}{\sigma}\Big/10}}=\frac{X}{Y}\sim t(10),$$

故选C. 而

$$\frac{(X^2/\sigma^2)/1}{\frac{10Y^2}{\sigma^2}\Big/10}=\frac{X^2}{Y^2}\sim F(1,10),$$

故不应选择D.

23.解 由题设知 $X\sim F(n,n)$. 而由 F 分布的性质知，若 $X\sim F(m,n)$，则 $\frac{1}{X}\sim F(n,m)$. 现因 $m=n$，故 X 及 $1/X$ 均服从分布 $F(n,n)$. 因事件 $\{X\geqslant 1\}$ 等价于事件 $\left\{\frac{1}{X}\leqslant 1\right\}$，从而有 $p_1=P\{X\geqslant 1\}=P\left\{\frac{1}{X}\leqslant 1\right\}$；又因 $p_2=P\{X\leqslant 1\}=P\left\{\frac{1}{X}\leqslant 1\right\}$，所以 $p_1=p_2$. 故应选C.

24.解法1 $E(X^2)$ 是总体 X 的二阶原点矩，其矩估计量为样本的二阶原点矩. 因此，$E(X^2)$ 的矩估计量是 $\frac{1}{n}\sum_{i=1}^{n}X_i^2$.将它与4个选项比较，显然A与B是不可能的. 因 $\sum_{i=1}^{n}(X_i-\overline{X})^2=\sum_{i=1}^{n}X_i^2-n\overline{X}^2$，故有

$$\frac{1}{n}\sum_{i=1}^{n}(X_i-\overline{X})^2=S_2^2=\frac{1}{n}\sum_{i=1}^{n}X_i^2-\overline{X}^2.$$

显见应选 D.

解法 2　因为 $E(X^2)=D(X)+(E(X))^2$，而 $D(X)$ 与 $E(X)$ 的矩估计量分别为 $S_2^2=\frac{1}{n}\sum_{i=1}^{n}(X_i-\overline{X})^2$ 与 $\overline{X}$，因此 $E(X^2)$ 的矩估计量为 $S_2^2+\overline{X}^2$.

25.解　由题设，知 $E(\hat{\theta})=\theta$ 及 $\hat{\theta}\xrightarrow{P}\theta$，因此 $\hat{\theta}^2\xrightarrow{P}\theta^2$. 又由于

$$E(\hat{\theta}^2)=D(\hat{\theta})+(E(\hat{\theta}))^2=D(\hat{\theta})+\theta^2>\theta^2,$$

所以 $\hat{\theta}^2$ 是 θ^2 的有偏一致估计. 故应选 C.

26.解　由于已知方差 σ^2，因而总体参数 μ 的置信区间的长度 $L=\frac{2\sigma z_{\alpha/2}}{\sqrt{n}}$. 所以，当 n 及 α 不变时，其长度 L 不变，故选择 C.

27.解　根据置信区间的概念，应选择 C. 因均值 μ 是一个客观存在的数. "μ 的 95% 的概率落入区间 $(\hat{\theta}_1,\hat{\theta}_2)$" 之说法是不妥的，因此不选 A，而 B,D 均与 μ 无关，无法由它确定 μ 的置信区间.

28.解　应选 A. 由于在显著性水平 0.1 下的拒绝域包含了在显著性水平 0.05 下的拒绝域，从而在显著性水平 0.1 下接受 H_0，那么在显著性水平 0.05 下亦应接受 H_0.

29.解　H_0 成立意味着生产正常，A 所叙述事件的概率为 $P\{$接受 $H_0 \mid H_0$ 为真$\}$. 由显著性水平 $\alpha=0.05$，得

$$\alpha=P\{\text{弃真}\}=P\{\text{拒绝 } H_0 \mid H_0 \text{ 为真}\},$$

故选择 A. 而选项 B 所叙述事件的概率是

$$\begin{aligned}P\{\text{拒绝 } H_0 \mid H_0 \text{ 不成立}\}&=1-P\{\text{接受 } H_0 \mid H_0 \text{ 不成立}\}\\&=1-P\{\text{取伪}\}=1-\beta\\&\neq 0.95;\end{aligned}$$

选项 C 及 D 所叙述事件的概率分别为 $P\{H_0$ 为真 $\mid$ 接受 $H_0\}$ 与 $P\{H_0$ 不真 $\mid$ 拒绝 $H_0\}$. 它们不能完全由 α 确定.

30.解　根据题设知 H_0 成立时，总体 $X\sim N(0,1)$，且

$$\alpha_i=P\{V_i \mid H_0 \text{ 成立}\}=0.05,$$

即犯第一类错误的概率 $\alpha_i(i=1,2,3,4)$ 相等. 就相同的显著性水平而言，一般说来不同的否定域犯第二类错误的概率 β_i 是不同的，所以应选择 B.

事实上，对同一显著性水平 $\alpha=0.05$，易求得不同的 $\beta_i(i=1,2,3,4)$.比

如取 $i=1$，有 $\beta_1=P\{$接受 $H_0 \mid H_0$ 不成立$\}=P\{\overline{V}_1 \mid H_1$ 成立$\}$. 已知总体 $X\sim N(\mu,1)$，$n=9$，H_1：$\mu=1$，若 H_1 成立，则 $X\sim N(1,1)$ 且 $\overline{X}\sim N(1,1/9)$. 因当 $\alpha=0.05$ 时，反查标准正态分布函数表知，$z_{\alpha/2}=z_{0.025}=1.96$，$\frac{1}{3}z_{0.025}=0.653$. 从而可得

$$\begin{aligned}\beta_1&=P\{3\mid\overline{X}\mid<z_{0.05/2}\mid\mu=1\}\\&=P\left\{\mid\overline{X}\mid<\frac{1}{3}z_{0.025}\,\middle|\,\mu=1\right\}\\&=P\{\mid\overline{X}\mid<0.653\mid\mu=1\}\\&=\Phi\left(\frac{0.653-1}{1/3}\right)-\Phi\left(\frac{-0.653-1}{1/3}\right)\\&=\Phi(-1.04)-\Phi(-4.96)\\&=1-\Phi(1.04)=0.109\,2.\end{aligned}$$

同理

$$\begin{aligned}\beta_2&=P\{\overline{V}_2\mid H_1\text{ 成立}\}=P\{3\mid\overline{X}\mid>z_{0.95/2}\mid\mu=1\}\\&=1-P\{3\mid\overline{X}\mid<z_{0.475}\mid\mu=1\}\\&=1-\Phi\left(\frac{0.02-1}{1/3}\right)+\Phi\left(\frac{-0.02-1}{1/3}\right)=0.999\,5;\end{aligned}$$

$$\begin{aligned}\beta_3&=P\{\overline{V}_3\mid H_1\text{ 成立}\}=P\{3\overline{X}<z_{0.1/2}\mid\mu=1\}\\&=\Phi\left(\frac{0.55-1}{1/3}\right)=\Phi(-1.35)=0.088\,5;\end{aligned}$$

$$\begin{aligned}\beta_4&=P\{\overline{V}_4\mid H_1\text{ 成立}\}=P\{3\overline{X}>-z_{0.1/2}\mid\mu=1\}\\&=1-P\left\{\overline{X}<-\frac{1.65}{3}\,\middle|\,\mu=1\right\}=1-\Phi\left(\frac{-0.55-1}{1/3}\right)\\&=1-\Phi(-4.65)=0.999\,9.\end{aligned}$$

可见 β_i 皆不相同，应选 B.

注 可验证犯第一类错误的概率 $\alpha=0.05$，例如 $i=3$ 时，由 $V_3=\{3\overline{X}>z_{0.1/2}\}$，可知

$$\begin{aligned}\alpha_3&=P\{V_3\mid H_0\text{ 成立}\}=P\{3\overline{X}>z_{0.05}\mid\mu=0\}\\&=P\left\{\overline{X}>\frac{1}{3}z_{0.05}\right\}=1-P\left\{\overline{X}\leqslant\frac{1}{3}z_{0.05}\right\}\\&=1-\Phi(z_{0.05})=1-\Phi(1.65)\\&=1-0.95=0.05.\end{aligned}$$